GLOBAL GOVERNANCE SERIES | 全球治理丛书 |

丛书主编 陈家刚
执行主编 闫 健

互联网全球治理

Global Internet Governance

主编◎王 艳

中央编译出版社
Central Compilation & Translation Press

图书在版编目（CIP）数据

互联网全球治理／王艳主编. —北京：中央编译出版社，2017.2
ISBN 978-7-5117-3263-7

Ⅰ. ①互…

Ⅱ. ①王…

Ⅲ. ①互联网络 - 管理 - 研究

Ⅳ. ①TP393.4

中国版本图书馆 CIP 数据核字（2017）第 019180 号

互联网全球治理

出 版 人：葛海彦
出版统筹：贾宇琰
责任编辑：李媛媛
责任印制：尹　珺
出版发行：中央编译出版社
地　　址：北京西城区车公庄大街乙 5 号鸿儒大厦 B 座（100044）
电　　话：(010) 52612345（总编室）　　　(010) 52612335（编辑室）
　　　　　(010) 52612316（发行部）　　　(010) 52612317（网络销售）
　　　　　(010) 52612346（馆配部）　　　(010) 55626985（读者服务部）
传　　真：(010) 66515838
经　　销：全国新华书店
印　　刷：河北下花园光华印刷有限责任公司
开　　本：787 毫米×1092 毫米　1/16
字　　数：258 千字
印　　张：17.5
版　　次：2017 年 2 月第 1 版第 1 次印刷
定　　价：50.00 元

网　　址：www.cctphome.com　　　邮　　箱：cctp@cctphome.com
新浪微博：@中央编译出版社　　　微　　信：中央编译出版社(ID: cctphome)
淘宝店铺：中央编译出版社直销店(http://shop108367160.taobao.com)　　(010)55626985

凡有印装质量问题，本社负责调换，电话：(010) 55626985

目 录
Contents

总　序

陈家刚

　　全球化是人类历史深刻变化的过程，其基本特征是，在经济一体化的基础上，世界范围内产生一种内在的、不可分离的和日益加强的相互联系。随着全球化这种相互联系、相互影响的加深，诸多复杂的全球性问题也随之出现，例如国家间、国家与非国家行为体之间，以及各类非国家行为体之间的相互关系变化，全球经济金融危机、全球卫生和健康问题、全球性能源危机，以及气候环境问题等。全球问题的增加和积累使全球治理变得日益必要和迫切。虽然人们对"全球治理"的认识还存在分歧，并且用诸如"国际治理""世界范围的治理""全球秩序的治理"等不同概念来表述，但一般而言，"全球治理"是"治理"理念在全球层面的拓展与运用，二者在基本原则和核心内涵上是一致的，人们总是通过理解"治理"的理念来理解"全球治理"。全球治理的兴起，是全球化发展的必然趋势，也是应对全球性挑战、发展与转型的重要政治选择，是包括中国在内的所有国家必须面对的现实。

　　全球治理的兴起，既表明全球化所诱发的全球性问题的不断累积和威胁，也反映出既有全球性体制的局限和不足。全球化进程的加速及其对传统国家主权的冲击，是全球治理变得日益重要的主要原因。当武装冲突、人权问题、资源短缺、能源危机、粮食危机、生态恶化、贫困与饥荒、毒品与跨国犯罪、金融危机、传染病等越来越直接地变成全球性问题时，各个国家、机构或组织内在地需要通过采取联合的、共同的行动，通过具有约束力的国际规则或是各种非正式的安排解决全球性的问题，维护全球性的公共利益。全球问题反映了人类社会生活中共同内容，全球问题所带来的挑战就是人类面临的共同挑战，它所关涉的利益就是人类的共同利益。全球治理的主要目的是要避免全球体系内的危机和动荡。同时，加速发展的全球化带来的跨界和全球性问题，无法仅仅依赖具有自身利益诉求的民族国家得到解决，而是需要国家间以新形式的"超国家治理"为基础通过政治合作加以应对。全球治理中的国家、国际组织、区域组织、非政府组织等将以平等关系，共同承担对于全球性问题的责任。目前的国际体制难以有效解决当前的全球性问题，全球治理需要一系列多层次、多领域、多主体的制度安排。

全球治理超越传统的国际政治、国际关系解释模式，能够有效解决人类所面临的许多全球性问题，确立面向未来的、真正的全球秩序。全球治理超越了传统民族国家的界限，将民族国家与超国家、跨国家、非国家主体有机结合在一起，形成了一种新的合作格局。一些重要的国家集团、国际组织、国际非政府民间组织、非政府社团、无主权组织、政策网络和学术共同体等越来越多地影响全球治理规则和治理机制。全球治理在尊重差异的基础上，日益建构起"和而不同"的价值取向。有效的全球治理既要求各国遵循人类的共同价值，又要求尊重各国的文化传统和多样性需求，从而使人类因为全球化的发展而面临的共同问题有了新的解决路径。

全球治理需要创造一个包容性的结构，以应对各种不确定的预期和挑战。全球治理最大的一个挑战，就是民主超越了民族国家边界而拓展到全球层面后，如何能够更好地得到实践。其次，变革现有治理机制，完善和发展出一套新的全球治理机制，如何赢得越来越多的人们的认同？再则，全球性的治理合作面临着巨大的挑战，有效解决紧迫的全球性问题，还需要不同的行为主体进行合作，采取集体行动，不断完善治理能力。最后，全球治理的理想与现实之间的紧张关系依然存在，国家之外的其他行为者依然受到限制、全球和区域治理机制变得极其脆弱，全球性的公民参与对所有公民团体和政府都是挑战。因此，建构全球治理的长效机制，就需要在国家内的民主与全球民主之间建立起联系；推动全球范围内不同行为的透明度、责任与效率；建构具有公共协调与行政能力的新制度；在共同面对的全球性问题方面推动达成基本共识；重视协商、对话等有效协调机制和方式。推动全球治理发展，需要创造一个包容性的全球治理结构。

全球治理既是当代中国改革发展面临的严峻挑战，也是中国参与全球化进程、塑造大国形象的重要机遇。党的十八大报告明确提出"加强同世界各国交流合作，推动全球治理机制变革，积极促进世界和平与发展"。这是官方对于全球治理问题的最新理论概括和战略判断，它表明，中国正在成为全球治理的重要参与者和治理机制变革的推动者，明确了中国积极参与全球治理的战略选择。全球化的加速推进、全球问题的日益凸显，以及中国国家利益的实际需要，作为一种内在动力和外在诱因，都逻辑地要求中国积极参与全球治理。

全球治理，是一种民主的治理，国家、国际组织、区域组织、非政府组织等将以平等关系，共同承担对于全球性问题的责任；全球治理，是一种规则的治理，全球性规则是治理过程的权威来源，规则的制定与施行是各国及不同组织共同参与的结果；全球治理，是一种诉诸共同利益与价值的治理，维护全球利益是全球治理主体的共同责任；全球治理，是一种协商与合作的治理，维护全球秩序和利益必然是超越暴力和冲突，依赖于协商、对话和合作的治理。

长期以来，中央编译局世界发展战略研究部、中央编译局全球治理与世界发展战略研究中心，立足于中国特色社会主义现代化建设的实际，密切跟踪国际哲学社会科学前沿议题，深入研究全球治理和世界各国发展道路、发展战略，在诸如全球化、全球治理、社会资本、协商民主、风险社会等国际学术前沿领域，以及国家治理、廉政建设、生态文明、党内民主、基层民主、政党政治等重大现实论题等方面，始终处于学术研究前沿并发挥着引领的作用。

《全球治理译丛》总共包括 8 卷，出发点是结合全球治理理论的最新发展，选择若干重点领域，比较全面地收集整理重点研究成果，汇集成册，以为学术界开展深入研究提供基础性资源。本丛书的各卷主编既有中央编译局全球治理与发展战略研究中心的青年研究人员，也有合作网络的专家学者。他们系统梳理和研究全球社会组织、全球冲突与安全治理、全球金融与经济治理、全球劳动治理、全球互联网治理、全球生态治理、全球资源治理等领域，这既是他们基于自身学科实际选择的重点研究领域和方向，同时也符合研究中心密切跟踪国际学术前沿、积极拓展学术合作交流的特色。本丛书汇集的成果大部分是已经翻译并发表的成果，有些成果是各位主编联系作者获得的最新研究成果。当然，有些高质量的成果因为联系不上作者等原因未能收录，也是非常遗憾的事情。作为学术界的青年研究人员，由于水平、能力和经验的不足，在编选、翻译，以及编辑过程中存在这样那样的不足，也请学术前辈谅解并不吝批评。感谢中央编译出版社贾宇琰女士的统筹协调，以及各卷责任编辑的辛苦工作。

陈家刚

2016 年 12 月 20 日于北京

导言　互联网全球治理：挑战与前景

王　艳

互联网诞生到现在已经近 50 年了，它的出现促进了全球化的发展，并使"地球村"的预言变成现实。但同时，也正是因为互联网连接了整个世界，使得互联网治理问题超越了民族国家的范畴，成为一个全球性的问题。在此背景下，构筑更加完善和公平合理的互联网全球治理体系迫在眉睫。互联网治理是指政府、私营部门和民间社会根据各自的作用制定和实施旨在规范互联网发展和使用的共同原则、准则、规则、决策程序和方案。[①] 互联网全球治理不仅是互联网治理的问题，也是国际关系问题，它强调以下三点：一是互联网全球治理是指互联网在全球范围内的治理，它突出了地域范围，即基于互联网无国界的特性，其治理问题也应着眼于全球；二是互联网全球治理强调了参与方的广泛性，即突出在互联网全球治理过程中，主权政府、国际组织、私营部门以及网民的多边参与，不仅发达国家有发言权，发展中国家同样也应占据一席之地；三是互联网全球治理是在当前国际关系的背景下进行的，受制于当前的国际关系格局，但同时也为建构新的国际关系找到了突破点，因此互联网全球治理不仅应关注技术资源方面的全球配置，还应关注互联网

---

① Working Group on Internet Governance（2005），"Report from the Working Group on Internet Governance"，Document WSIS-Ⅱ/PC-3/DOC/5-E，August 3，p. 3.（http：//www. itu. int/net/wsis/docs2/pc3/off5. pdf，登录时间：2015 年 3 月 1 日）

全球治理规则和秩序的重构。

一、互联网全球治理的背景

据国际电联发布的数据显示，到2014年底全球互联网用户将有近30亿，其中有2/3来自发展中国家，这一比例占到了世界人口的40%左右。[①] 毋庸置疑，互联网的普及给人们的生活带来极大的便利，它已渗透到了政治、社会、经济、安全等各个领域，但同时互联网发展的负面效应也在不断显现，网络安全、网络犯罪、网络霸权、网络极端主义等问题与日俱增，这些问题不仅给人们的生活带来困扰，更主要的是威胁到了国家安全。2013年3月斯诺登揭露了"棱镜门计划"，他爆料美国对不少国家的政要进行监听，这一事件震惊了全世界，它引发了国际社会对网络和信息安全的高度关注，同时也将互联网全球治理问题重新提上日程。所以，在互联网全球治理进程中，不仅存在一般意义上的互联网治理问题，同时还因为国际数字鸿沟以及传统国际关系的影响而使形势更加复杂。

（一）全球网络信息安全形势严峻

随着互联网技术的飞速发展，网络信息已成为一个社会正常运转的重要保证，它涉及国家经济、政治、军事、文教等诸多领域，存储、传输和处理的许多网络信息不仅是国家机密，也是政府宏观决策的依据。但是，近年来针对互联网信息攻击的事件也在不断增多，各国的网络系统都面临着很大的威胁。UNODC估计身份盗窃是网络空间犯罪利润最大的形式，在全球范围内，每年约造成10亿美元的损失。在美国，银行其他形式的数据损失可能达到

[①] 《2014年信息与通信技术数据》，载于国际电联官方网站 http://www.itu.int/net/pressoffice/press_releases/2014/23.aspx#.VG22EGflqUk。

每年 3000 万美元至 5000 万美元。① 与此同时，中国所面临的网络信息安全形势也非常严峻。据 2012 年 CNCERT 抽样监测结果显示，在利用木马或僵尸程序控制服务器对主机进行控制的事件中，控制服务器 IP 总数为 360263 个，较 2011 年增加 19.9%，受控主机 IP 总数为 52724097 个，较 2011 年大幅增长 93.3%。②

（二） 美国单边控制互联网顶级域名配置权

由于互联网源自美国，美国一直保持了对互联网治理的单边控制优势。它一方面在全球倡导和推销私营部门治理互联网的理念，另一方面却在行单边控制全球互联网之实。美国一直有对互联网域名及根服务器的控制权，互联网域名系统根区管理包括根区文件的生成、编辑和分发，顶级域的变更均需经互联网名称和编号分配机构（ICANN）及美国政府批准后方可写入根区文件实现全球解析。根区文件对于国家的网络信息安全有至关重要的意义，一旦根服务器的索引文件被篡改，那么整个互联网的路由系统将出错，互联网上的内容和传送的信息将崩溃，所有互联网上运行的关键信息等都将瞬间出错。这在互联网已经成为各国重要基础设施的今天，就意味着各个国家网络信息安全的命脉事实上掌握在美国的手中。对此，除美国以外的国家，都在试图改变美国单边控制互联网治理的局面。

（三） 以互联网为手段的国家颠覆活动猖獗

互联网是虚拟的、没有国界的世界，然而在现实生活中，国家主权却是真实的。互联网的无边界性为一些国家颠覆别国的政权创造了手段上的优势。一些发达国家利用自身在互联网技术发展方面较为先进的优势，不遗余力地利用互联网对他国，尤其是发展中国家进行信息输出和价值渗

---

① http：//www.frbsf.org/banking/audioconf/031413/Call-the-Fed- Cybercrime-3-14-13. pdf。
② 《中国互联网发展报告（2013）》，载于中国互联网协会网站 http：//www.isc.org.cn/hyyj/fzbg/。

透。他们不断倡导网络人权、信息自由流动、互联网贸易自由等观点，并不断挑战传统国家主权理念，指责发展中国家互联网政策，将其作为颠覆他国政权的工具。另外，互联网的发展也加剧了极端主义、恐怖主义在全球的蔓延，为各主权国家的安全与稳定带来威胁。如伊拉克极端组织"伊斯兰国"（ISIS）不断通过互联网发布各类极端信息，并在网上征募成员。

（四）缺乏政府间有效的协调合作机制

目前，在互联网全球治理问题上，国际社会积极推动包括 ITU、WGIG 在内的国际性平台发挥作用，但实际上这些多边合作机制在解决全球互联网所面临的一些重大问题上乏力。互联网全球治理方面起主导作用的仍然是私营部门，私营部门由于权威性不足，在解决涉及公共政策的问题上也很难真正发挥作用，这就使得国际间无法就垃圾邮件、网络犯罪、网络极端主义等互联网负面问题展开有效的合作。造成这种状况的原因主要和一些发达国家的观念相关，包括美国和欧盟在内的一些发达国家认为，互联网治理应该由私营部门推动，应减少政府对它的干预。一些发展中国家虽然在积极推动政府间就互联网治理展开合作，但因为其在互联网技术以及传统国际关系方面的劣势，发展中国家很难有所作为。因此，能解决问题的国际政府间有效的协调合作机制始终没能建立。

与日益严峻的互联网治理形势相对应的是，互联网全球治理秩序较为混乱。有学者指出，"网络空间全球治理是无序或失衡，源于代表各种利益的行为体在国家、市场和社会互动中出现了分化和组合，网络空间出现了不同的阵营分化。"[①] "当前互联网空间全球治理处于一种国际无政府状态，面临着国家网络主权与多元治理主体之间、'网络发达国家'与'网络发

---

① 蔡翠红：《国家—市场—社会互动中网络空间的全球治理》，载《世界经济与政治》2013 年第 9 期。

展中国家'之间以及网络霸权国与网络大国之间等一系列矛盾冲突的严峻挑战。"① 互联网空间的极端重要性及互联网全球治理领域的混战局面使得各层面主体，包括国家、国际组织、私营部门和公民团体围绕互联网治理领域的各种主动权展开了激烈的角逐。

二、互联网全球治理模式之争

（一）美国主导的技术垄断治理模式

互联网发端于冷战时期，1957 年，苏联发射了第一颗人造地球卫星，在"空间竞赛"中赢得了第一轮，这一事件震惊了美国国防部，直接催生了今天互联网的雏形——ARPANET 的诞生。在刚起步时，互联网只是美国一个小型的公共计算机网络，由美国国防部资助，主要用于科学研究和军事目的。直到 1980 年代中期，互联网才开始逐渐向商业方向发展。

随着互联网大规模向民用网络转变，其技术标准、资源分配组织陆续成立。由于美国在互联网技术方面的先发优势，所以这一阶段形成了美国为主导的互联网技术垄断模式。互联网最重要的资源，即域名，由美国两家独立的机构进行控制。一个是美国南加州大学的计算机科学家乔恩·波斯特尔（Jon Postel）博士所领导的 IANA。另一家是网络解决方案公司（NSI），它在".com"，".net"和".org"上管理和行使政策权力，事实上该公司由美国政府操纵。② 随后，乔恩·波斯特尔担任了美国政府的承包商，IANA 最终权力事实上由美国政府所掌握。因此，可以说美国政府实际上主导了互联网资源配置和发展进程。随着接入互联网的国家越来越

---

① 檀有志：《网络空间全球治理：国际情势与中国路径》，载《世界经济与政治》2013 年第 12 期。

② Hans Klein（2002），"ICANN and Internet Governance：Leveraging：Technical Coordination to Realize GlobalPublic Policy"，*The Information Society*，Vol. 18，No. 3，pp. 193 – 207.

多，互联网逐渐成为重要的战略资源，美国对互联网关键资源的垄断地位引起了除美国之外几乎所有国家的一致反对。迫于国际压力，美国于1998年6月发表互联网域名和地址管理白皮书，白皮书建议在保证稳定性、竞争性、民间协调性和充分代表性的原则下，成立一个民间性的非盈利公司（ICANN），参与管理互联网域名及地址资源的分配。ICANN作为非盈利性的国际组织，通过设立董事会和若干咨询委员会等方式，负责互联网协议（IP）地址的空间分配、协议标识符的指派、通用顶级域名（gTLD）以及国家和地区顶级域名（ccTLD）系统的管理。① ICANN的设立使美国政府表面上从国际互联网管理机制中消失，达到了其所提倡的"互联网私营部门主导"的局面，但实际上，"通过ICANN体制，美国成功地建立了一个非国家角色参与，但事实上由其主导的管理机制。美国保留了审视和批准ICANN关于根区文件任何变化的权力。"②

（二）联合国引领的治理模式

随着互联网安全问题逐渐威胁到民族国家的核心利益，美国单边控制的互联网全球治理格局受到了包括各国政府、非政府组织甚至个人网络用户在内的广泛批评，国际社会纷纷呼吁构建互联网全球治理的新秩序。在众多国家的推动下，ICANN、WSIS、WGIG、IGF先后建立，并为推动互联网全球治理多边秩序的构建做出了一定贡献。

1. 世界信息社会峰会第一阶段会议（WSIS）

鉴于ICANN存在的诸多治理问题，在国际电信联盟（ITU）及其成员国

---

① National Telecommunications and Information Administration, "Management of Internet Names and Addresses". （http：//www. ntia. doc. gov/files/ntia/publications/6_5_98dns. pdf）登录时间：2015年3月21日

② Muller, M., Mathiason, J. and Klein, H. （2007）, "The Internet and Global Governance：Principles and Norms for a New Regime", *Global Governance*, Vol. 13, No. 2, pp. 237–254.

的推动下，世界信息社会峰会第一阶段会议（WSIS）于 2003 年在瑞士日内瓦召开，这是互联网的国际治理问题第一次在联合层面进行全面、深入的讨论和协调。来自 176 个国家、50 个国际组织、50 个联合国的组织和机构以及 98 个商业实体和 481 个非政府组织在内，共 11000 多人参加了此次高峰会议。会议共通过了《原则宣言》和《行动计划》两个重要文件。但此次峰会并未就互联网治理、资助落后国家减少互联网络以及消除数字鸿沟方面达成一致，不过建议通过建立联合国网络治理工作组（WGIG）来继续研究如何推动网络治理的变革。

2. 联合国网络治理工作组（WGIG）

联合国网络治理工作组主要有四个任务：一是定义互联网治理；二是确定互联网治理有关公共政策；三是对于政府间组织和其他国际组织，以及发达和发展中国家的企业界和社会团体，各自在互联网治理中的角色和作用，提出能取得共识的方案；四是在完成上述工作基础上，提交报告和建议，供 2005 年 WSIS 第二阶段突尼斯会议磋商。WGIG 小组基于对互联网实际状况的调查，确认了与互联网治理有关的公共政策问题，并将这些问题分为以下 4 个领域：（1）与基础设施和互联网重要资源的管理有关的问题，包括域名系统和互联网协议地址（IP 地址）管理、根服务器系统管理、技术标准、互传和互联、创新和融合技术在内的电信基础设施以及语文多样性等问题。（2）与互联网使用有关的问题，包括垃圾邮件、网络安全和网络犯罪。（3）与互联网有关、但影响范围远远超过互联网并由现有组织负责处理的问题，如知识产权和国际贸易问题。（4）互联网发展的相关问题，特别是发展中国家的能力建设。

在 WGIG 提交的工作报告中，提出了 4 种供国际社会参考的互联网治理模式：（1）成立一个全球互联网理事会。该理事会成员能代表每一个区域的政府成员，并且有其他利益相关者参与。理事会将承担美国政府商务部目前行使的国际互联网治理职能，替代互联网制定名称号码管理公司政府咨询委员会的职能。（2）不成立具体的监督组织。建立成立由所有利益相关者都能平等参加的论坛，以便为公开讨论涉及现有互联网治理问题创造空间。（3）成立国际互联网理事会。每一个国家都不应该在互联网治理方面享有主导权，建议成立国际互联网理事会，由其行使互联网指定名称号码管理公司/互联网指定号码登记局工作等职能。（4）成立综合机构。建议设立综合机构把互联网政策治理、监督和全球协调 3 个彼此相关的领域综合起来加以处理。由政府领导，针对涉及国际互联网的公共政策问题拟定公共政策，并做出决策。由私营部门主导，对全球一级负责互联网技术和业务运作的机构进行监督。

3. 世界信息社会峰会第二阶段会议（WSIS）

2005 年，世界信息社会峰会（WSIS）在突尼斯举行，这次会议的主旨是：为全球范围内信息社会的协调发展制定规划，利用信息通讯技术的潜力，推动实现联合国千年发展目标以及各国经济社会可持续发展，促进人类进步。此次峰会上，各方意见不一：美国希望继续监管 ICANN，欧盟对此表示反对，提议建立"互联网论坛"，包括中国在内的一些国家建议建立一个隶属于联合国的机构监管 ICANN，而 ITU 则希望由其来监管 ICANN。由于各方意见的分歧，此次会议未能就互联网治理机制达成一致意见，最后折中方案是由联合国秘书长设立互联网治理论坛（IGF），该论坛的职责是继续峰会有关互联网治理问题的讨论，并于 2010 年向联合国大会提交结论报告。各方期待 IGF 能就互联网国际治理问题达成妥善解决方案。

4. 互联网治理论坛（IGF）

互联网治理论坛旨在为有关互联网治理方面的问题提供知识资助，就互联网治理中的共同政策问题进行专题讨论。2006 年 10 月 30 日，IGF 在雅典召开第一次会议，来自政府、国家组织、其他实体及媒体的 1500 多名代表参加了会议。通过第一次会议，各利益相关方达成一些共识，具体包括：促进发展中国家的网络能力建设和缩小数字鸿沟是全世界的共同目标和任务；互联网语种的多样化是大势所趋；各国政府以及国际组织之间开展合作，共同抵制垃圾邮件势在必行；有必要通过内容管制来界定"有害"的互联网内容，

以保护未成年人上网安全。此后，IGF 每年举办一次，迄今为止，已经召开过
9 届。2014 年召开的第九届论坛上，主题为"连接五大洲，增强互联网多方
治理"，着重关注新出现的多方互联网治理模式，并希望论坛为互联网治理的
所有相关各方广泛而多样的观点提供全面对话的机会。与会代表集中讨论网
络中立性、网络安全、网络监督、社交媒体、言论自由、数字不平等及其他
互联网相关问题。

从上述分析可以看出，联合国引领的互联网全球治理多边合作方面虽然
取得了一定的成绩，如构建了以 IGF 为核心的国际对话平台，但不可否认的
是，基于美国在互联网技术的发达程度以及对根服务器间接控制的优势，美
国仍然在互联网全球治理问题上居于主导地位。随着世界上主要国家互联网
治理问题突出，大家都在呼吁改变互联网全球治理现状，增大各方在该问题
上的发言权。

（三）　以国家为中心的治理模式

随着互联网相关问题逐渐上升到各个国家的核心利益层面，同时网络安
全等问题不断凸显，目前的互联网治理格局无力解决这些问题，关于改变互
联网全球治理现状的呼声越来越强。虽然联合国倡导下的政府间治理模式一
直没有取得实质性进展，但是关于国家回归的声音在互联网全球治理领域却
持续高涨。如 Drezner 指出，"全球化的研究认为，传统交换障碍的减弱、互
联网的快速兴起，以及网络化非国家行为体的崛起，这几个要素协力削弱了
全球化治理中国家的作用。这种全球化研究是错误的；国家依然是首要行为
体。"[1] 从目前的发展趋势看，国家行为体将在全球网络治理中扮演愈加重要
的角色，这突出表现在 ICANN 对非英文域名管理权的妥协上。[2] 国家在网络

---

[1]　Daniel W. Drezner（2004），"The Global Governance of the Internet：Bringing the State Back In"，*Political Science Quarterly*，Vol. 119，No. 3.

[2]　刘杨钺：《全球网络治理机制：演变、冲突与前景》，载《国际论坛》2012 年第 1 期。

空间全球治理中的作用会越来越强。尽管国家在网络空间全球治理中参与的程度、效果、主动性和积极性并不完全一样，但作为治理主体是绝不能缺位的。① "当前互联网更加贴近现实，也体现了各个国家施加的影响，可以说，互联网很好地适应了各国地域的条件。"②

与此同时，越来越多的国家政府开始认同民族国家对互联网的监管和治理。2012 年 12 月，俄罗斯在联合国国际电信联盟大会上提出 "网络主权" 倡议，呼吁加强各国政府在互联网发展与管理中的作用。印度向联合国提交了一份成立互联网相关政策委员会（CIRP）的提案，建议 CIRP 由联合国大会直接管理，为所有相关的政府机构和国际组织提出建议。巴西于 2014 年 4 月举办了全球互联网治理大会，这是发展中国家为谋求互联网全球治理主动权的一次努力，它历来强调国家在互联网治理中的主导作用。甚至美国也出现了网络空间 "再主权化" 的声音，由 Markle 基金会和格林伯格-昆兰-罗斯纳研究所共同进行的一项研究发现，三分之二的受访者表示 "政府应当制定规则来保护上网的民众，即使这需要某种对互联网的管制"③。中国历来主张以国家为中心的治理机制来取代现存的 "多利益攸关方" 全球互联网治理机制。中国政府将联合国视为全球互联网治理的理想组织，"中国认为联合国在国际互联网管理中的作用应该得到充分的发挥。中国政府支持通过全球范围内的民主程序建立一个权威的、公正的联合国体系下的国际互联网管理组织。"④

---

① 蔡翠红：《国家—市场—社会互动中网络空间的全球治理》，载《世界经济与政治》2013 年第 9 期。

② Jack Goldsmith and Tim Wu（2006），*Who Controls the Internet? Illusions of a Borderless World*，New York：Oxford University Press，p. 41. 转载于王明国：《全球互联网治理的模式变迁、制度逻辑与重构路径》，载《世界经济与政治》2015 年第 3 期。

③ Zoë Baird（2002），"Engaging Government, Business, and Nonprofits"，*Foreign Affairs*，Vol. 81，No. 6，pp. 15 – 20.

④ 中华人民共和国国务院新闻办公室：《中国互联网状况白皮书（2010）》，载于 http：//news. xinhuanet. com/politics/2010 – 06/08/c_ 12195221. htm，登录时间，2016 年 3 月 21 日。

三、主要国家在互联网全球治理中的战略

美国一直都是全世界对互联网管制最宽松的地方，但是随着互联网重要性的不断凸显，美国政府逐渐加强了对互联网的管理。近几年，美国不断加强网络安全顶层制度设计与实践。2003 年 2 月，布什政府发布《国家网络安全战略》报告，正式将网络信息安全提升至国家安全的战略高度。2009 年 6 月，美国国防部正式宣布成立网络战争司令部，提出"攻防一体"的网络信息安全保障体系。美国还在白宫设立了"网络办公室"，并任命首席网络官，直接对总统负责。2014 年 2 月，总统奥巴马又宣布启动美国《网络安全框架》，该框架旨在加强电力、运输和电信等"关键基础设施"部门的网络安全。"网络安全框架"吸纳了全球现有的安全标准以及做法，以帮助有关机构了解、交流以及处理网络安全风险。此外，该框架也就隐私与公民自由问题提出了指导方针。因此，通过该框架，美国私营企业和政府部门可以联手加强对关键基础设施的安全管理。此外，奥巴马还敦促国会就网络安全问题进行立法，以便给予政府部门更多权力处理私营部门的网络安全问题。但美国私营部门一直反对这一要求，美国国会的相关立法也因此陷入僵局。另外，在互联网全球治理问题上，迫于国际压力，美国做出了一定让步。2014 年 3 月 14 日，美国发表声明，宣布将放弃对（ICANN）的管理权，但是具体的实施效果还有待进一步观察。

自 2003 年美国政府颁布《国家网络安全战略》以来，欧盟很多成员国也先后制定了本国的网络安全战略。2010 年，欧盟议会通过了《国家安全战略》，主要内容有：瓦解国际犯罪组织；禁止恐怖主义的扩散；提高公民在网络空间的安全水平；通过跨境合作，加强安全管理；加强欧盟对危机和灾害的适应能力。① 2013 年 2 月 7 日，欧盟颁布了《欧盟网络安全战略：公开、

① COUNCIL OFTHE EUROPEAN UNION, *Internal Security Strategy*. （http：//europa. eu/legislation_summaries/foreign_and_security_policy/cfsp_and_esdp_implementation/jl0050_en. htm.）

可靠和安全的网络空间》。该战略提出的优先战略有五项：（1）加强网络的适应性。（2）开发网络安全相关产业和发展网络安全技术。（3）减少网络空间犯罪。（4）加强与网络空间防御能力相关的政策建设。（5）建立一个连贯的国际网络空间政策，并促进欧盟核心价值观的实现。①

近年来，俄罗斯互联网发展速度极快，但同时，俄罗斯也面临着较为严峻的互联网治理任务。据卡巴斯基实验室发布的报告称，继 2011 年后，俄罗斯 2012 年再度蝉联全球互联网安全风险最高的国家。为有效应对国内外网络信息安全挑战，俄罗斯采取了政府主导型治理模式，建立了较为完善的互联网治理法律法规体系，理顺了互联网管理机构的体制机制。2013 年 8 月，俄联邦安全局公布了《俄联邦关键网络基础设施安全》草案，提出建立国家网络安全防护系统的构想，加大对俄境内网络攻击的预警和处置工作。同时，为保护政府部门网络信息安全，俄计划在 2017 年之前为联邦和地区政府建立专门的网络系统，国家机构将通过这些系统和网络安全使用互联网。此外，俄还积极倡导保护网络主权，主张由国家对互联网进行监管，呼吁对国际互联网空间施予更广泛的国际监督。2012 年 12 月，俄在联合国国际电信联盟大会上提出"网络主权"倡议，呼吁加强各国政府在互联网发展与管理中的作用。

印度于 2013 年 5 月出台了《国家网络安全策略》，目标是"安全可信的计算机环境"。作为推动建立新的全球互联网治理机制的重要部署，印度最近向联合国提交了一份成立互联网相关政策委员会（CIRP）的提案，该委员会旨在建立一个多边的互联网治理机制，改变互联网单边治理的现状，进而在重要领域形成普遍接受的和全球协调的政策。该提案的要点有：一是 CIRP 由联合国大会直接管理，为所有相关的政府机构和国际组织提出建议，以供其考虑、采纳及分享。二是成立相关的咨询委员会。建议在平衡地域代表性的基础上挑选或选举出的 50 个成员国及分别来自民间社会、私营部门、政府及

---

① Cybersecurity Strategy of the European Union: An Open, Safe and Secure Cyberspace. (http://europa. eu/rapid/press-release_IP-13-94_en. htm)

国际组织和技术与学术界的 4 个顾问团体，为 CIRP 提供信息和建议。

巴西于 2014 年 4 月举办了全球互联网治理大会。该大会的主题是"互联网治理的未来——全球多利益相关方会议"，这是发展中国家为谋求互联网全球治理主动权的一次努力。大会采取委员会模式，邀请来自民间社会、私营部门、学术界和技术领域的代表一起确立互联网在全球使用和发展的相关战略指南。此次会议就"多利益相关方模式"的治理原则及未来互联网治理的线路图展开，会议通过了《全球互联网多利益相关方圣保罗声明》，会议坚定捍卫网络自由及多利益相关方的广泛利益。在会议的开幕式上，巴西总统罗塞夫宣布签署《巴西网络民法》。这一法案强调互联网管理的系列原则，包括言论自由、网络中立和隐私保护。

为了在互联网全球治理领域有更大的发言权，中国在组织架构、技术创新、国际关系等方面做了大量的工作。2014 年 2 月 27 日，由习近平总书记担任组长的中央网络安全和信息化领导小组宣告成立，将网络空间安全战略上升到国家安全战略层面，这一举措有效的整合了国内互联网的管理工作，同时也充分显示了中国从顶层设计入手加强互联网治理、保护网络主权的决心。在互联网领域基础设施建设以及核心技术研发方面，着力加强网络基础设施建设，深入实施"宽带中国"战略，加快 4G 发展步伐，全面推进三网融合。在技术标准方面，自 2001 年起，中国就成立了以政府为主导、企业为主体、产学研相结合的十进制网络标准工作组（简称 IPV9）。IPV9 不仅可以解决 IP 地址枯竭和中国向美国长期租借 IP 地址的状况，还可以通过独立建立根域名服务器、路由广播系统以及新的安全验证机制确保中国的信息安全。此外，中国积极构建新的互联网全球治理平台，扩大中国的声音，凝聚更多共识。到目前为止，旨在搭建中国与世界互联互通的国际平台和国际互联网共享共治的中国平台，即世界互联网大会已在中国乌镇召开过两次，在 2015 年举行的互联网大会中，习近平总书记发表了重要讲话，阐明了中国参与互联网全球治理的原则和准则，即"国际社会应该在相互尊重、相互信任的基础上，加强对话合作，推动互联网全球治理体系变革。共同构建和平、安全开放、合作的网络空间，建立多边、民主、透明的全球互联网治理体系。"①

四、中国参与互联网全球治理的路径

随着各个国家重要的战略性基础设施都逐渐信息化，互联网已经和国家的经济安全、能源安全、军事安全等紧密地联系在一起，所以不能仅仅把互联网看作技术场域的产物，而应该把其视为重要的战略资源。作为对核心战略资源的争夺，美国势必要抵住各方压力，继续保持美国在互联网治理方面的绝对优势。而中国等广大发展中国家为保护其核心国家利益，也势必要在互联网全球治理中争得一席之地。这一场角逐事关各个国家的根本利益，所以中国参与互联网全球治理体制构建的道路任重而道远。中国作为互联网大国，积极争取其在互联网全球治理中的发言权，建立起有利于中国及广大发展中国家利益的新的互联网国际治理体系不仅符合中国的核心国家利益，同时也是一个发展中大国的应有之义。但是，综合考量中国在互联网全球治理中所扮演的角色，可以发现，中国虽然已经做了大量工作，但是其影响力仍然比较有限。"尽管中国参与的比较晚，但是中国已经挑战或甚至在一定程度上改变了以美国为首的互联网治理的技术、机构和社会标准。然而，中国在互联网全球治理中所起的作用不应该无限放大和过度渲染。"② 中国应从以下几个层面入手，加紧探索参与互联网全球治理领域的中国路径。

第一，在理念层面，倡导"网络主权"，呼吁国家在互联网治理领域的主导地位。

在网络主权问题上，当前国际互联网治理领域主要存在两种认识：一种是网络"自由"论。他们一方面否认网络主权，将互联网视为公共领域；另一方面却又坚决维护自己国家在网络中的主权，利用先发优势在全球网络空

---

① 习近平：《强调加强沟通，扩大共识，深化合作，共同构建网络命运共同体》，载于新华网，http://news.xinhuanet.com/world/2015-12/16/c_1117480771.htm，登录时间：2016年3月22日。

② Yangyue Liu (2012), "The Rise of China and Global Internet Governance", *China Media Research*, Vol. 8, No. 2, pp. 46-55.

间无限扩展自己的主权边界。另一种就是由中国倡导并得到越来越多国家认可的网络主权论。① 中国坚持《联合国宪章》确立的主权平等原则是当代国际关系的基本准则，覆盖国与国交往各个领域，其原则和精神也应该适用于网络空间。强调尊重各国自主选择网络发展道路、网络管理模式、互联网公共政策和平等参与国际网络空间治理的权利，不搞网络霸权，不干涉他国内政，不从事、纵容或支持危害他国国家安全的网络活动。在互联网治理领域已出现"国家回归"和"国家本位"呼声的背景下，中国始终坚持并积极倡导"网络主权"理念，有助于建立一种国家主导的互联网治理体系。

第二，在技术层面，加大中国在网络技术领域的自主创新能力，摆脱受制于人的局面。

打铁还需自身硬，发展才是硬道理。据《中国网络空间安全发展报告（2015）》显示，微软、英特尔、思科等"八大金刚"对中国的全覆盖已经到了触目惊心的地步，仅思科一家在中国金融业、政府机构、运输系统、基础设施行业，就有50%—80%以上份额。② 为改变核心技术、关键领域长期受制于人的局面，中国有必要密切跟踪世界信息技术发展趋势，以市场需求为导向，提升自主创新能力。美国虽然在互联网技术和标准制定方面有传统优势，但新兴领域的快速发展给各国带来了平等的机遇。中国应利用国内互联网市场庞大的优势，攻克新一代互联网领域的技术难题，主动参与构建互联网的相关技术标准，并加快研究成果的转化应用，确保在新一轮信息科技革命中走在世界前列，以科技实力增强中国在全球互联网中的发言权。

第三，在安全层面，构建合理、有效的网络安全国际合作机制并促进网络法律体系的国际化。

网络的开放性、无国界性决定了网络安全是全球共有的挑战，需要国际社会共同合作来应对。目前，在联合国层面已经有一些探索，比如以 IGF 为

---

① 支振锋：《为互联网的国际治理贡献中国方案》，载《红旗文稿》2016 年第 2 期。

② 唐志斌、唐涛：《中国网络空间安全发展报告（2015）》，北京：社会科学文献出版社 2015 年版，第 174 页。

代表的国际会议、以 ITU 为代表的国际组织、以欧洲《网络犯罪公约》为代表的国际条约等。这些机制在加强国际社会共同打击网络犯罪、维护国际互联网安全方面取得了一些成效，但是仍然呈现碎片化的特征。因此，在未来，加强国际社会的对话，形成有效合力，尽快促成国际社会构建有效、合理的网络安全国际机制是解决网络安全问题的必要路径。

第四，在国际关系层面，用好外交手段，积极参与构建公平而合理的互联网全球治理新秩序。

当前，互联网应当不受单边政府行为控制已成为多数国家的共识。在推动建立互联网全球治理新秩序的过程中，中国同很多发达国家和广大发展中国家有相同的利益诉求和广阔的合作空间。所以，中国要广泛开展网络外交，在互联网全球治理中寻求话语权，共享互联网全球治理权力。首先应积极参加联合国、区域和国际组织的活动，充分利用多边和双边机制开展多层次、多渠道的对话与交流。特别要注重和广大发展中国家的联合，通过集体行动增加发展中国家在互联网全球规则制定中的话语权。其次，推动建立具有广泛代表性的国际组织，协调全球互联网的政策和行动，推动"国际互联网公约"的制定和落实。最后，中国要善于在全球互联网治理问题上主动发声，积极争取和营造对本国有利的国际舆论环境。

GGS 互联网全球治理

Global
Governance
Series

第一部分 │ **概念和规则**

全球互联网治理中有自下而上的内容吗？ [*]

〔美〕丽萨·麦克劳林　　〔美〕维克托·帕卡德　著　　张　汉　译^{**}

一、导言

在过去 15 年中，联合国主办了一系列会议和峰会，呼吁人们关注扶贫、环境意识、人权、消除种族主义以及对女性、土著居民和年轻人赋权等议题。从好的方面说，这些活动促进了人们对全球资源的互通性和不平等分配等方面的关注。从坏的方面说，很多活动提出了冠冕堂皇的宣言，但是它们被搁在一边，而提出的行动计划则从未进入实施阶段。① 信息社会世界峰会是联合国支持的此类活动中最新的一个。在笔者写作本文时，信息社会世界峰会的

＊ 本文首次发表于 *Global Media and Communication*，2005 年第 1 卷第 3 期，第 357—373 页。文章原名 "What is bottom-up about global internet governance?"

＊＊ 作者简介：丽萨·麦克劳林（Lisa McLaughlin），美国迈阿密大学（Miami University-Ohio）传播学系副教授；维克托·帕卡德（Victor Pickard），美国伊利诺伊大学香槟分校（University of Illinois at Urbana-Champaign）传播学研究所博士生。译者简介：张汉，对外经济贸易大学国际关系学院讲师。

① Falk, R. (1998), "The United Nations and Cosmopolitan Democracy: Bad Dream, Utopian Fantasy, Political Project", in Daniele Archibugi, David Held and Martin Köhler (eds), *Re-imagining Political Community: Studies in Cosmopolitan Democracy*, Stanford, CA: Stanford University Press, pp. 309 – 331.

第二阶段峰会正在进行中，其最后一次会议将于 2005 年 11 月在突尼斯首都突尼斯城举行。所以峰会是否将沿袭联合国活动既往的一般模式，还是会有所不同，目前我们对这一问题还无法展开充分讨论。然而，即使我们的关注对象本身是不断变动的，我们也有可能对互联网治理工作组的形成进行批判性的评估。该工作组是应信息社会世界峰会的《原则声明》的要求而建立的，大概也是从信息社会世界峰会的第一阶段峰会中延伸出来的仅有的几个具体行动之一。

自互联网治理工作组建立伊始，国际电信联盟（International Telecommunication Union，ITU）、非政府组织会议（the Conference of Nongovernmental Organizations，CONGO）、联合国非政府组织联络服务中心（the UN NGO Liaison Service）等组织，以及互联网治理小组（Internet Governance Caucus）和互联网治理工作组的成员，就反复强调工作组代表着开放、包容和透明的"最佳实践"，它成为联合国自下而上的组织模式的典范。然而，这一对包容性的要求却不得不做出了妥协，因为在信息社会世界峰会的第一阶段峰会进行了大量讨论，涉及了多重议题，最终这些议题却被削减为两个议程话题，即互联网治理和融资机制，而前者则获得了利益相关者最多的关注。人们原本认为数字互助基金（Digital Solidarity Fund）可以获得足够的支持而运转起来，但是由于这一倡议越来越明显地得不到"北方工业化国家"的支持，因此这种最初的想法也破灭了。基于所有的现实原因，互联网治理成为多国政府所建立的信息社会世界峰会的唯一工作议题了。

一些人承认，作为一个推动关于全球通信政策多元化讨论的平台，信息社会世界峰会的工作还显得很不到位，因此对于这些人来说，信息社会世界峰会所遇到的上述问题并不让人意外。尽管有人积极倡导社区电台项目、出版自由、文化多样性和通信权利，最有权力的利益相关者则代表着政府、联合国的机构以及私营部门，他们有一种预先设定的、新自由主义的议事日程，集中关注的是驾驭新信息技术的力量，特别是互联网，从而通过"电子战略"（e-strategies）解放不发达国家人民的企业家精神，同时通过"电子健康"（e-health）和电子教育（e-education）等倡议强调诸如保健和教育等社会需求。① 随着信息社会世界峰会第一阶段峰会的展开，人们清楚地发现这才是"互联网峰会"最关心的。

在本文中，笔者将把互联网治理工作组的使命放置于一个更大的背景环境中，这将会阐明全球通信政策特别是互联网治理的现状。新统合主义的政策安排以满足新自由主义的经济需求为导向。在随后的部分中，笔者把对互联网治理工作组的分析放置于这样一个理论框架中，该框架是基于对新统合主义的政策安排的批判。人们所知的统合主义是一种长期存在的政策制定的方式，而新统合主义则是其当代的最新版本。作为一种政策共商的战略，统合主义最初用于在福利国家中维持社会均衡，它欢迎工会与商业界和国家就经济政策制定问题建立合作关系。如今，这一政策制定战略已经走向国际，并且得到再造以作为引导公民社会主流化并进入联合国的政策过程的方法。②

互联网治理是在信息社会世界峰会的背景下需要强调的关键议题，笔者的目标并不是去挑战互联网治理的这一地位。笔者的目标是想要超越围绕着互联网治理工作组的"开放性和包容性"的辞藻，从而理解对互联网治理的强调，以及围绕这一议题而建立的工作组，是如何通过包容和排斥机制之间的复杂作用而被制造出来的，而这种复杂作用正是全球新统合主义政策共商的特性。

二、互联网治理工作组

2003 年 12 月 12 日，在标志着信息社会世界峰会第一阶段峰会结束的那一周的活动里，国际电信联盟发布了一条新消息。该消息尽管沾沾自喜于峰

---

① 尽管笔者使用了引号，但是这些"电子参照"（e-references）并不能归于任何单一的文献来源。它们只是用来引发读者关注技术迷（technophilic）式的表述方式，这种方式在联合国和其他政府机构中已经非常常见，它们是对市场语言的模仿。

② McLaughlin, L. (2004), "Coordinating Empire: Cosmopolitan Corporatism and the World Summit on the Information Society", paper presented at the Union for Democratic Communications conference, St. Louis, MO (forthcoming in Television and New Media (2006) under the title "No Investment, No Information Society: Cosmopolitan Corporatism and the World Summit on the Information Society").

会所取得的成绩，但是也指出了两个无法解决的议题。其中一个问题是应该如何对待互联网治理，特别是聚焦于互联网名称与数字地址分配机构（ICANN）或者其他联合国的机构——最有可能的是国际电信联盟——是否有责任对诸如监管域名系统（DNS）等互联网活动进行技术管理。在第一阶段峰会中，就互联网治理中的技术和公共政策问题，政府间的协商未能达成共识。因此，信息社会世界峰会的《原则声明》和《行动计划》要求联合国秘书长科菲·安南建立互联网治理工作组，以协助峰会第二阶段峰会中的协商。

互联网治理工作组专门负责界定什么是"互联网治理"，确定相关的公共政策议题，并且发展"一种关于政府、现有的国际组织和其他国际平台以及发展中国家和发达国家的私营部门和公民社会各自的角色和责任的共同认识"①。分配给互联网治理工作组的任务是"在合适的情况下，在2005年之前进行调查并提出关于互联网治理的行动建议"，而工作组可以最先交付的就是一个2005年7月前需提交的建议报告。该建议将会在2005年11月于突尼斯城所举行的信息社会世界峰会第二阶段峰会闭幕前进行陈述，以供"考虑和合适的行动"（www. wgig. org）。②

就组建互联网治理工作组而展开的咨询工作自2004年初就开始了，并且在据称以"开放模式"组织的数个国际论坛上都铺开了，这使得公民社会、政府和私营部门三个不同方面的组织团体都获得了广泛的参与机会。瑞士外交官马库斯·库默尔（Markus Kummer）被任命为互联网治理工作组的协调人，他表示支持工作组采取一种"开放和包容"的工作程序选任其成员，政府、公民社会和私营部门的代表将分别占到全体成员的1/3。互联网治理工作组秘书处于2004年7月正式运行，其主任尼廷·德赛（Nitin Desai）是信息社会世界峰会秘书长的特别顾问。互联网治理工作组同意安排四次"开放和包容"的会议，目标是最大程度地建立透明度。由于互联网治理工作组主要

---

① World Summit on the Information Society (WSIS) (2003), "Declaration of Principles and Plan of Action", URL (consulted January 2004): www. itu. int/wsis/.

② 本文写于互联网治理工作组报告全文发布之前。因此，笔者的关注点是互联网治理工作组建立的过程，以及互联网治理工作组自2005年6月39日组建以来所参与的活动。

定位于"调查实情"的工作组，而不是一个磋商机构，因此从一开始其讨论工作就具有一定的试探性。一些讨论是在网上进行的，而另一些讨论则采取了闭门会的形式，以及允许非会员旁听的开门会的形式。而在开门会上，旁听的观察员不允许发言。

最开始，互联网治理工作组选定了一些关键议题，包括资源的公平分配，所有人的共享权，互联网的稳定和安全的运行，多语言使用和内容。互联网治理工作组的最初两次会议于 2004 年 11 月和 2005 年 2 月举行，为其报告起草了初步的框架，确定了相关的公共政策议题，并形成了其工作的具体时间表。一系列文件草稿被提请采用，可以在工作组的网站上获取。在互联网治理工作组的会议上所进行的讨论，形成了关于互联网治理的几个共同意见，其中包括治理（governance）不能简化为"政府活动"，互联网治理包含一系列相当广泛的议题，远比简单的 IP 编号和域名管理要广泛。互联网治理工作组的成员也同意，必须建立实际操作的方法以区分技术议题和公共政策议题。互联网治理工作组同意着手处理四项关键性议题，它们可以概括为：

● 关于基础设施和关键性互联网资源管理的议题，包括域名系统和 IP 地址的管理，根服务器系统的管理，技术标准，对等互联（peering）和网络互连（inter-connection），电信基础设施如创新和聚合技术（innovative and converged technologies），以及多语言化。

● 关于互联网使用的议题，包括垃圾邮件、网络安全和网络犯罪。

● 与互联网有关但其影响远超出互联网本身，并且已经有相关组织负责的议题，比如知识产权或国际贸易。

● 与互联网治理中的发展相关的议题，特别是发展中国家的能力建设，性别议题和其他可接入性（access）问题（Working Group on Internet Governance，2004—2005）[①]

正如互联网治理工作组的议题所显示的，在避免使"互联网治理"的定

---

① Working Group on Internet Governance（2004—2005）URL（consulted July 2005）：www. wgig. org.

义显得宽泛而无意义的前提下，工作组决定将采取一种广泛性的工作取向。①
这与把互联网治理的定义限定在互联网名称与数字地址分配机构的工作范围
之内的做法形成了对比，这种限定性的界定固然是包含了技术和政治两方面
的内容，但是似乎使大家将注意力集中于通过一个特定的组织而开展的互联
网技术协调议题。然而，不可否认的是，在第一阶段峰会期间，各国政府就
互联网治理进行的磋商仍主要集中于互联网名称与数字地址分配机构，而且
互联网治理工作组的首要工作事项仍将是域名系统、IP 地址和根服务器系统
的管理。

在信息社会世界峰会第一阶段峰会中，互联网名称与数字地址分配机构
一直是一个有争议和能够引发讨论的议题，因为来自南方发展中国家的代表
挑战其在互联网治理中的角色。互联网名称与数字地址分配机构是一个私营
的非营利机构，在诸如域名管理等互联网活动的技术管理问题经历了 4 年漫
长的争论之后，该机构于 1998 年根据加利福尼亚州的法律而组建。根据美国
商务部"谅解备忘录"分配给互联网名称与数字地址分配机构的具体职能，
互联网名称与数字地址分配机构有权制定政策和管理 IP 地址的分配，在域名
系统中增加顶级域名，并且负责运行根服务器以发布关于顶级域名内容的权
威信息。② 在选择谁可以获得某个特定的域名和决定某个特定地区和国家所拥
有的 IP 地址时，互联网名称与数字地址分配机构有权分配 IPV4 系统中的稀缺
资源。③ 互联网名称与数字地址分配机构也有权通过其"统一域名争议解决政
策"以批准域名争议的解决方式。这些安排给了互联网名称与数字地址分配
机构相当广泛的权威，而其影响也已经变得越来越有争议性。

国际社会中的很多成员把互联网名称与数字地址分配机构看作是一小群

---

① Peake，A.（2004），"Internet Governance and the World Summit on the Information Society（WSIS）"，
Report for the Association for Progressive Communications，URL（consulted June 2005）：http：//rights. acpc.
org/documents/governance. pdf.

② Mueller，M.（2002），*Ruling the Root: Internet Governance and the Taming of Cyberspace*，Cam-
bridge：MIT Press.

③ 需要注意的是，这种"稀缺资源"只是由于人为的原因而稀缺。当国际社会一致同意转向
IPV6 系统时，可用的 IP 数量将以指数方式增加，因此将不再存在任何稀缺问题。

技术精英的专业领域，这些精英与美国商务部有联系。由于该机构缺乏透明度和可问责性（accountability），并推行西方中心模式的治理，因此它已经遭到严厉批评。此外，由于该机构似乎专断地和明显偏向地把最抢手的顶级域名（TLD）和 IP 地址更多的分配给发达国家而非发展中国家，该机构也造成了更多争议。最近，该机构把顶级域名×××授予一个英国商人经营的私人公司，该域名可供色情网站申请使用，由此引发了新的争议。互联网治理工作组的成员、特别是发展中国家的代表特别提起此事，质疑互联网名称与数字地址分配机构在仲裁具有文化敏感性的议题时的合法性。

基于前期的讨论，在 2005 年 4 月举行的第三次会议上，互联网治理工作组聚焦于发展中国家的"能力建设"，并开始起草一份征求意见的问卷，以此为基础以寻求有关行动的政策建议或提案。这一问卷聚焦于四个议题：组织一个国际论坛；对互联网治理的监管，并考虑互联网名称与数字地址分配机构及其政府咨询委员会（Government Advisory Committee，GAC）是否应被其他机构取而代之或者进行改组；现有机构的功能及其协调；国家和国际决策的过程如何相互协调。

第四次也是最后一次会议于 6 月举行，其内容就是评估来自问卷调查的反馈。根据互联网治理工作组网站上发布的会议纪要，几个代表、特别是来自南方发展中国家的代表提出，需要建立一个新的治理主体以取代互联网名称与数字地址分配机构。同样不出人预料的是，互联网治理工作组的成员中有来自国际商会（International Chamber of Commerce，ICC）和互联网工程任务组（Internet Engineering Task Force，IETF）的代表，他们与 IBM 有合作，他们表示，目前的情况是最优的，而且互联网的独特性使其自然形成了用户导向的民主，这种民主不应该服从于集权式的监管。来自这两个组织的代表的观点强化了美国的地位，而美国国务院已经发表声明，称他们欢迎就互联网治理事务进行国际对话与合作，但同时坚称，互联网名称与数字地址分配机构毫无疑问仍是域名系统技术管理的最佳模式。

在一些指导性文件如《美国对待互联网的取向：关于联合国互联网治理工作组的指导性原则》（United States State Department，2005）中，美国倡导这样一种取向：支持私营部门在互联网发展中发挥领导力，在互联网治理中采用市场为基础的工作框架，并通过私营部门的投资和竞争以提供普遍的互联网可接入性。或许略显讽刺的是，美国国务院同样提醒，不应该采取一种具有过分指导性的取向对互联网进行监管。①

三、新统合主义

尽管信息社会世界峰会第二阶段峰会所处理的议题是互联网治理，但是同样需要关注的是，在第一阶段峰会中提出的其他议题也都仍在持续讨论。一些公民组织所关注的议题在峰会的早期没有得到足够的重视，诸如性别、土著居民、文化多样性、人权和贸易等议题，这些公民组织已经脱离了官方议程，而在其他更为开放的论坛上展开对话和采取行动。② 其他公民组织，也包括代表上述利益集团的组织，仍保持着与信息社会世界峰会的联系，但是正如拉博伊所指出的，各种工作组和主题小组现在似乎比第一阶段峰会时更为制度化和官僚化了。③

对于仍留在信息社会世界峰会的公民组织来说，他们正在形成一个新的趋势，即他们所关注的很多利益诉求和议题正通过互联网治理的问题框架进行表述。例如，信息社会世界峰会性别小组关于互联网治理的声明（WSIS Gender Caucus Statement on Internet Governance），就对互联网治理工作组的建立表示欢迎，并称赞其遵守多元利益相关者（multi-stakeholder）的取向，要求其基于人权与发展、性别平衡、培育创新力、语言多样性和社会包容等议题组成

---

① United States State Department （2005），"The United States Approach to Internet Governance：Guiding Principles for the UN Working Group on Internet Governance"，URL（consulted June 2005）：www. state. gov/e/eb/rls/othr/36166. htm.

② 例如"信息社会传播权"（Communication Rights in the Information Society，CRIS）运动、"我们的媒体"（OurMedia/NuestrosMedia）以及世界社会论坛（World Social Forum）和 Incommunicado 05 等支持的活动。

③ Raboy, M. （2005），"The WSIS Prepares to Grapple with Internet Governance"，URL（consulted June 2005）：www. crisinfo. content/view/full/799.

的框架而开展工作。性别小组要求互联网治理采取这一框架的呼吁是引人注目的和非常有必要的。此外，这也可以被看作是性别小组的一个深思熟虑的战略，在这一阶段的峰会中，各国政府就"信息社会"的未来进行了磋商，而互联网治理已经成为与这些磋商密切相关的议题，性别小组借助这一战略可以重申自己的重要性。显然，"互联网治理"与当今的人类发展是相关的。然而，强化互联网治理是唯一重要的议题这种观点也会造成风险，它强化了政府和私营部门的固有观念，即获取新的信息和通讯技术是缩小发展鸿沟的灵丹妙药。

对这种关于"信息社会"的狭隘的、新自由主义式的观念，公民社会的利益相关者在他们自己的宣言中予以拒绝。在信息社会世界峰会第一阶段峰会中，最让公民社会代表们感到挫败的是，虽然他们多次进行批判和干预，但政府所起草的每一版的《原则声明》和《行动计划》，比起早前的版本都更主张采用技术专家治国和市场导向的方式解决发展问题。最后，公民社会代表们同意撰写自己的宣言，即《为了人类需求而塑造信息社会》，该宣言已经在 2003 年 12 月举行的峰会上得到其成员的一致采纳。对于克服特定的"数字"（digital）鸿沟是通向发展之路这种技术决定论的观念，公民社会宣言采取了回避的态度："信息和通讯技术的不平等分配，以及世界上大多数人缺乏信息的获取能力，这通常被称为数字鸿沟，这其实是对已经存在的社会分化结构所呈现的新的不平衡的一种描绘"。① 此外，宣言提醒说，传统的广播媒体比如电台和电视，通常是在发展中国家提供必要信息的最有效的手段。

然而，很多继续参与信息社会世界峰会官方议程的公民社会成员，把他们的大部分精力投入到政府的工作事项中，而这些政府事项未必完全偏离公民社会自己的工作事项。显然，在信息社会世界峰会第二阶段峰会中所举行的大多数公民社会活动，已经以互联网治理为导向。同时，很多公民社会组织似乎已经得了健忘症，他们忘记了第一阶段峰会中所讨论的广泛的议题。已经出现了一些情况，使得公民社会很容易向信息社会世界峰会的官方的、

---

① Civil Society Declaration（2003），"Shaping Information Societies for Human Needs"，URL（consulted January 2004）：www. itu. int/wsis.

预先设定的工作事项让步，而这种健忘症则起到推波助澜的作用。

面对同化压力，公民社会的反对能力可能会遭到侵蚀，这种风险在信息社会世界峰会举行之前就应该能想到。尽管在信息社会世界峰会期间所提出的声明总是标榜其新颖性，我们仍然认为峰会的多元利益相关者形态实际代表的是一种超国家版本的新统合主义。2003 年，国际电信联盟公民社会秘书处的网站，把信息社会世界峰会描述为"政府 + 峰会"（Governmental PLUS Summit），称该峰会将会为"信息社会的新型治理"提供新范式。或许这样说更精确，即信息社会世界峰会所引发的政策协调模式，是对被称为统合主义的旧的政策体制的全新再造。传统的统合主义，意在通过在存在利益冲突的、数量有限的社会群体之间建立合作性的安排，以促进发达资本主义经济体的社会整合和稳定。① 统合主义方法一般被用于经济政策的制定，在国家与以阶级为基础的组织化利益集团领袖之间进行讨价还价时，统合主义提供了一种机制，其中工会和商会是国家最为重要的合作伙伴，由此可以推动阶级合作，避免将会危害国家政治和经济利益的阶级冲突。

在 20 世纪 90 年代，联合国支持举行了一系列会议，公民组织在其中发挥了日益重要的影响力。与此同时，统合主义也发挥了新的作用。在全球治理体制中，新的政治行动者显现出他们的权力，这对传统的全球治理构成了挑战，而政策制定程序也因此进行调整以适应这些挑战。统合主义正有助于理解政策制定程序的调整方式。随着工会的影响力式微，而一些群体则推动所谓"后工业主义"议题如环保、消费者权利和女权，这些群体的权力则在增加，统合主义国家因此也已经创造了针对这些新型利益群体的新的协商机制。②

---

① Lehmbruch, G. (1984), "Concertation and the Structure of Corporatist Networks", in John Goldethorp (ed.), *Order and Conflict in Contemporary Capitalism*, New York: Oxford University Press, pp. 60 – 80.

② 例如，Streeck (1984) 指出，甚至在新统合主义于 20 世纪 70 年代被某些欧洲国家作为一种政策战略而采用之前，在欧洲一体化的政体格局中，新统合主义就作为一种组织化利益表达的模式而被提出来，其目的是治理一个"混合经济体"。当今的欧盟所采用的政策共商的形式，在很大程度上也具有统合主义的特征。Streeck, W. (1984), "Neo-Corporatist Industrial Relations and the Economic Crisis in West Germany", in John H. Goldthorpe (ed.), *Order and Conflict in Contemporary Capitalism*, Oxford: Clarendon Press, pp. 291 – 314.

全球新统合主义尽管与传统的统合主义在很多重要的方面存在分歧，但其宗旨则是基本相似的。面对 NGO 对全球治理体制和跨国公司的挑战，联合国的应对方式是促进国际组织、工商界和公民社会的合作，试图通过收编（co-opt）更为温和的社会群体，以平息激进的反对力量。[①] 自由宪政主义者和一些左翼评论家总是对统合主义持批判态度，前者认为统合主义是一种排他性的手段，它绕开了协商民主和民选政府，而后者认为现有的新统合主义机制使得工人阶级被边缘化，并倾向于把进步性的事业引向资本主义官僚机构的陷阱，无论是在国家层面还是超国家层面。

保守主义者如奥塔韦则对新统合主义持一种非常不同的、怀疑论式的观点。他提出，公民社会组织未经证实的宣称其代表更广泛的社会成员，这些组织所提出的要求，使得全球新统合主义政策安排被强加于联合国和私营部门。基于这一观点，奥塔韦指出，作为一种准国家（quasi-state），联合国已经被公民社会所收编。在她的观念中，统合主义国家，或联合国所代表的准国家，是国家政治集团（body politic）的首脑，因为它承担着协调和调解国家、市场和公民社会这三个部门的利益的任务。与之相反，信息社会世界峰会则逐渐趋向于得出这样的结论，即互联网治理已经占据了舞台的中央。这种结论强化了这样一种观点，即在当今三方对话式的政策共商中，市场已经成为国家政治集团的首脑。[②]

这一观点并不表明民族国家已经变得不重要了。它只是表明，不管情愿

① Dryzek, J. (2000), "Deliberative Democracy and Beyond: Liberals", *Critics*, Contestations. Oxford: Oxford University Press; Offe, C. (1990), "Reflections on the Institutional Self-Transformation of Movement Politics: A Tentative Stage Model", in R. J. Dalton and M. Kuechler (eds), *Challenging the Political Order: New Social Movements in Western Democracies*, Cambridge: Polity Press; Ottaway, M. (2001), "Corporatism Goes Global: International Organizations, NGO Networks and Transnational Business", in Global Governance (September), URL (consulted January 2003): www.ceip.org/files/publications/GlobalCorporatism.asp.

② McLaughlin, L. (2004), "Coordinating Empire: Cosmopolitan Corporatism and the World Summit on the Information Society", paper presented at the Union for Democratic Communications conference, St. Louis, MO (forthcoming in Television and New Media (2006) under the title "No Investment, No Information Society: Cosmopolitan Corporatism and the World Summit on the Information Society").

不情愿，大多数民族国家都把其政策优先从满足本国不同选民的社会和经济需求，转向了满足跨国公司和富裕阶层的经济利益。① 尽管在这两种政策优先之间产生的张力对联合国造成了巨大的压力，但是无论如何，联合国是一个政府间组织，它还是倾向于向最有权势的成员国所持的政策取向让步。

正如奥西奥克鲁（O Siochru）所说，当信息社会世界峰会正在筹备时，国际电信联盟已经与新自由主义沆瀣一气，"生吞活剥关于'信息社会'的意识形态化断言"。② "信息社会"成了一个标签，寓意一个勇敢的新世界，这个新世界以新的动力和与过去彻底告别为特征。这是一种意识形态假定，它与早期的后工业主义和新自由主义修辞学相联系，它更重视容易商品化的信息，而非传播的过程。幸运的是，对于持这种"信息社会"观的人来说，关于互联网的主导性的话语，却避免提及互联网是信息化资本主义发展的主要载体之一这个事实。③ 正如普勒斯顿（Preston）所指出的，在我们所处的新千年中，流行的做法是"钦佩和热心于技术及其可能带来的社会和经济收益"④。当政府无法从新自由主义式的全球化脱身而出的时代条件下，对发展问题采取技术专家治国和市场导向的方式，这种观念已经被打包进有关解放（emancipation）的语言中。因此，国际电信联盟公民社会秘书处把信息社会世界峰会的导向描述为"非技术性的，但是与全球化社会的来临相关，在全球化社会中，人类的解放在某种程度上与沟通的可能性和信息的交换相联系"。（WSIS，2003）

通过宣传信息社会世界峰会，国际电信联盟为所有参与磋商的利益相关者提供了一处场所，这些利益相关者都对协调地方、国家、区域和全球传播

---

① Keane, J. (1998), "Civil Society: Old Images", *New Visions*, Stanford, CA: Stanford University Press.

② O Siochru, S. (2004), "Will the Real WSIS Please Stand Up? The Historic Encounter of the 'Information Society' and the 'Communication Society'", *Gazette 66*, pp. 203 – 224.

③ Dean, J. (2003), "Why the Net is not a Public Sphere", *Constellations* Vol. 10, No. 1, pp. 95 – 112; Schiller, D. (1999), *Digital Capitalism: Networking the Global Market System*, Cambridge, MA: MIT Press.

④ Preston, P. (2001), *Reshaping Communications*, London: Sage, p. 6.

政策感兴趣，他们由此试图克服工业化国家和不发达国家之间的"技术鸿沟"或者"知识缺口"。然而，最初就非常明显的是，信息社会世界峰会声称为所有利益相关者提供了包容性的平台，但是在其议程中，除了少数例外，所有人都仍将原地不动，毫无改变。而这一现象的很大一部分原因，是峰会最初就提议公民社会和私营部门将与政府平起平坐地参与其中，而这是不可能的，尽管（1）这一联合国组织在其政策制定和寻求共识的磋商过程中仍是以国家为中心的，（2）其大多数成员国已经成为新自由主义经济需求的工具。

上述第一方面的现象把对新统合主义战略的使用误解为满足（准）国家合法化需求的方式。通过把有能力动摇政治经济局势的各种选民纳入审议（deliberation）范围，新统合主义避开了对合法化的威胁。当这些群体同意接受强化现状的政治经济结构时，合法化就得到了保障。（Dryzek，2000：96）联合国的几个成员国政府，成功地削减了公民社会和私营部门的参与，其手段包括禁止他们参与在日内瓦召开的"闭门式"政府全体大会，并把他们在相关活动中发言的时间压缩到只有几分钟。正如奥西奥克鲁（O Siochru）所关注到的，与政府相比，"在筹备委员会会议和峰会期间，公民社会需要把更广泛的议题和一系列不同的行动者都以一致的方式集中起来"。① 然而，公民社会对峰会的排他性有一致的感受，也一直承认，需要采取一致的行动使峰会关于"信息社会"的话语不再仅仅局限于狭隘的、新自由主义的方式，这些因素都推动风格各异的公民社会组织以此前并未预料到的更加和谐的方式相互合作。

公民社会大多处于这样的境地，它们需要花费大量的时间进行游说活动以获得接纳，因此而被占用的时间，原本可以用来倡导实质性的、以人为本的工作方式来克服发展水平的鸿沟。然而，一方面，公民社会认识到国际电信联盟违反了其承诺，这激起它们要求参与信息社会世界峰会议程的斗争，然而另一方面，接纳和排斥都有可能对公民社会造成损失，而关于这一点的

① O Siochru, S. (2004), "Will the Real WSIS Please Stand Up? The Historic Encounter of the 'Information Society' and the 'Communication Society'", *Gazette* Vol. 66, p. 214.

思考却显得非常不足。

借鉴德雷泽克（Dryzek）对（新）统合主义令人信服的描述，我们希望聚焦于与当前政策审议中的包容相关的关键性风险。虽然可以本着多元化对话的精神而在最初阶段发出多元利益相关者式的讨论邀请，然而新统合主义的共商都是以被动排斥开始，以被动排斥结束，而是否进行排斥的决定，则依据哪些社会群体能够满足或者威胁既有的经济需求为依据而做出。首先也是最重要的是，国家乃至联合国的需求导向，是避免经济危机和使资本积累最大化。这种需求不可能通过再分配政策得到满足，因为再分配政策"使市场感到恐慌"①。因此，无论多元化的取向能够在何种程度上满足合法化的需求，对于其目标与新自由主义经济需求不相一致的社会群体，这些取向最终都将把他们边缘化。②

必须指出的是，这种形式的排斥不是单纯地强加于公民社会之上的。相反，公民社会倾向于成为政府和私营部门的合作伙伴，尽管可能只是一个优柔寡断的合作伙伴，因为公民社会也在其内部建立起层级结构，产生领导层，而政府则承认其领导层是自己的合作伙伴。③ 但是，因为政府依赖于大公司的投资以维持经济增长，商业利益不可阻挡地在政策审议中占据有利的位置。④ 就此而论，为了获得政府的承认而成为磋商对象，公民社会组织必须接受或者至少愿意取悦于这样一种观点，即"双赢局面"可能源自对政府和私营部门的咨询。在这方面，互联网治理工作组可能是大多数政府和私营部门组织的"梦

---

① Dryzek, J. (2000), *Deliberative Democracy and Beyond: Liberals, Critics, Contestations*, Oxford：Oxford University Press, p. 83.

② 正如胡诺尔德（Hunold, 2001）所描述的那样，多元主义和统合主义的政策共商取向，在当今时代已经变得越来越相互兼容，而在过去，人们则认为它们是相互竞争的政策制定模式。Hunold, C. (2001), "Corporatism, Pluralism, and Democracy: Toward a Deliberative Theory of Bureaucratic Accountability", *Governance*, Vol. 14, No. 2, pp. 151 – 167.

③ Dryzek, J. (2000), *Deliberative Democracy and Beyond: Liberals, Critics, Contestations*, Oxford：Oxford University Press, p. 97.

④ Dryzek, J. (2000), *Deliberative Democracy and Beyond: Liberals, Critics, Contestations*, Oxford：Oxford University Press, p. 18.

之队"。为了获得参与工作组的机会，公民社会的代表被要求接受这样一种观念，即工作组只不过是一个"中立的"、"调查实情"的机构。此外，互联网治理工作组恰巧有一定的包容性，可以满足有关代表性的最为肤浅的一些要求。

的确，作为提名公民社会派驻互联网治理工作组代表的协调机构，互联网治理小组和互联网治理工作组主席马库斯·库默尔一样诚心实意地在选任工作组成员的过程中建立开放性、包容性和透明度。互联网治理小组的协调人于2004年6月报告称，库默尔将以更宽广的视野看待互联网治理，高度重视其成员的多样性，试图在发展中国家和发达国家的代表之间构成平衡，并特别强调性别平衡的必要性。此外，他表示，在互联网治理工作组中获得接纳的标准，将偏向于参与者拥有的互联网治理专长，而非其所占据的"高级别"职位。与之类似，在题为"关于互联网治理工作组的一般结构和操作原则的建议"的文件中，互联网治理小组要求在构成信息社会世界峰会的利益相关者的三个部门之间在参与者代表性方面求得平衡，同时倡导多样性和互联网治理的必备经验两个方面，并特别关注区域和性别多样性。[①]

在提名过程接近尾声时，仍然参与信息社会世界峰会议程的公民社会成员，可以就互联网治理小组的成员构成而感到有所斩获：几乎所有公民社会的被提名人都被接纳为工作组成员，公民社会的代表占到工作组成员的大概1/3，并且（无论多么不完美的）达成了世界各大区域间的平衡。尽管如此，值得注意的是，互联网治理工作组的40名成员中，只有1/8是女性，这说明提名过程非常不幸地未能实现其中一个使命。在互联网治理工作组2005年6月举行的会议同期发布的声明中，性别小组声称，"我们很苦恼地发现，互联网治理工作组至今发表的大量文章中，极少提及性别议题"。[②]

对于理解接纳和排斥的不同形式来说，相比通过计算百分比和文件中

---

① Internet Governance Caucus (2004), "Recommendations on the General Structure and Operating Principles for the Working Group on Internet Governance" (September 2004), URL (consulted June 2005): www.wgig.org/docs/csig-caucus.doc.

② Gender Caucus (2005), "Statement delivered to the Working Group on Internet Governance", URL (consulted June 2005): www.wgig.org/Meeting-June.html.

"性别平衡"被提及的次数而获得的认识，有远比这更重要的东西。随着信息社会世界峰会第一阶段峰会的进行，性别小组报告说，该小组的主要建议已经被整合进峰会的《原则声明》和《行动计划》中。然而《原则声明》仅有几次提及女性赋权、性别平等、女性的机会、妇女和女性作为"特殊需要"群体等议题。而在同一天被各国政府所采纳的《行动计划》，则有不少地方提及性别平等和包容，并且与《原则声明》相比也更多提及妇女和性别议题。在其中自始至终都提及性别和/或女性与信息技术行业中的信息通讯技术职业发展和就业机会，解放妇女的企业家技能，通过对妇女进行培训和能力建设以加强信息通讯技术的创新。也有很多地方提及女性是信息劳动者，但并未提及教育女性使其熟悉互联网治理的多样化的政策取向。

四、结论

所以，全球互联网治理中有自下而上的内容吗？互联网治理工作组的成员们与公民社会的其他成员分享了一些公文，其中表现出一种沾沾自喜的口气。尽管如此，工作组要求其成员拥有互联网治理的专业性和技术性专长，这确保了工作组的成员们不是代表"自下而上的全球化"的使者。我们剩余的人中有些能够参加在日内瓦以及今天的突尼斯城举行的信息社会世界峰会议程，正如他们一样，互联网治理工作组的成员比他们所代表的当地社会的人民更有教育和更尊贵。互联网治理工作组实际上要求其成员都掌握互联网名称与数字地址分配机构的阴谋和使用的语言，这不仅固化了互联网治理工作组的公民社会代表与"底层"（the bottom）的区别，而且阻碍了互联网治理专家与公民社会中其他成员之间的沟通，那些成员仍希望把信息社会世界峰会当作是一个消除发展鸿沟的论坛。最终，自称代表几乎不存在的"自下而上的全球化"，这往好了说是乌托邦，往坏了说是妄想。①

---

① Waterman, P. (2003), "Globalization from the Middle? Reflections from a Margin", in Parallax, January-February, URL（consulted March 2004）: www.parallaxonline.org/expglobalmiddle5p.html.

截止到 2005 年 6 月，据报道互联网治理工作组的工作成效主要是在程序方面的，涉及如何协调小组的工作以记录互联网治理的不同工作方式。互联网治理工作组因其工作成效已经获得广泛赞誉，尽管该小组在闭门会期间的讨论内容尚未公开，而且该小组的研究发现和对策建议也尚未形成最终的报告。公民社会的代表，特别是互联网治理工作组提名委员会成员和互联网治理工作组的成员，都把工作组看作是"最佳实践"的例子和多元利益相关者伙伴关系的一个典范。从这个意义上说，该工作组原本就被授权成为信息社会世界峰会的公民社会利益相关者中最活跃的一个，现在它又模拟了其授权主体即联合国的工作方式，这使得该小组过早地为信息社会世界峰会庆祝胜利。这在国际电信联盟公民社会秘书处最早的网页评论中得到证实。早在信息社会世界峰会第一阶段峰会结束前一年，秘书处宣布"信息社会中的新型治理"将会以"（信息社会世界峰会的）开放过程形态"为样板，在这一过程中，国家、国际组织、公民社会和私营部门将会以伙伴的身份参与一种"新型对话"。①

两年多以后，当笔者完成本文的写作时，当互联网治理工作组的报告仍待完成时，美国国家电信和信息管理局（US National Telecommunications and Information Administration，NTIA）宣布，基于道德和经济需要，美国将不会放弃其对根服务器管理的监控而将其交给私营机构或者国际公共机构。根据该局的报告，"美国将会继续支持以市场为基础的工作方式，支持私营部门在互联网发展中发挥广泛的领导力"。② 这是以美国霸权这种陈词滥调为基础的新瓶装旧酒，因此，或许现在是时候考虑排他性机制了，这类机制将通过制造一个对抗性的公民社会，使其免遭官僚化和体制化的瘫痪，从而有助于民主的发展。

---

① 关于从信息社会世界峰会的话语中清除政治问题的相关评论，请见 Hamelink，C.（2004），"Did WSIS Achieve Anything at All?"，*Gazette*，Vol. 66，No. 3/4，pp. 281－290。

② National Telecommunications and Information Administration（NTIA）（2005），"US Principles on the Internet's Domain Name and Addressing System"，URL（consulted June 2005）：www. ntia. doc. gov/.

互联网与全球治理：一种新型体制的原则与规范[*]

[美] 米尔顿·穆勒　[美] 约翰·马西森　[美] 汉斯·克莱因　著

田　华　译[**]

自 20 世纪 90 年代中期以来，人们便致力于为互联网创建一个全球性的协调和决策框架。这样一个互联网治理的国际体制，至少可以成为为世界各地用户分配网络地址和域名的唯一全球性权威。然而，它还可以做得更多，可能可以推动制定有关来路不明的垃圾邮件、计算机网络安全和表达自由等议题的全球公共政策。过去十年就这一体制而进行的努力，已经有几处活动轨迹：互联网名称与数字地址分配机构（ICANN）、国际电信联盟（ITU）、世界知识产权组织（WIPO）和信息社会世界峰会（WSIS）等多个机构。虽然经过几年的不懈努力，但达成集体共识方面的成果却相当有限。尽管 ICANN 确实做了很多技术协调工作，但该组织并没有在联合国 WSIS 获得正式的国际认可。

---

　*　本文首次发表于 *Global Governance*，2007 年第 13 期，第 237—254 页。文章原名 "The Internet and Global Governance：Principles and Norms for a New Regime"。

　**　作者简介：米尔顿·穆勒（Milton Mueller），美国雪城大学信息研究学院；约翰·马西森（John Mathiason），美国雪城大学马克斯韦尔公民与公共事务学院；汉斯·克莱因（Hans Klein），美国乔治亚理工学院公共政策学院。译者简介：田华，天津社会科学院发展战略研究所副研究员。

而对于 WSIS 而言，虽然它一直都在寻找构建体制的广泛的解决方案，但经过 4 年的讨论之后，它的成功仅限于建立了互联网治理论坛来继续进行讨论。

在下文中，我们将力图解释迄今为止决策者们在体制建设中所获得的十分有限的成绩，然后，我们提出了进一步的建议。利用体制理论中的概念，我们认为决策者们不明智地跳过了体制建设的基础性工作而立即着手处于第二序位的工作。他们并没有试图制定互联网治理国际合作的潜在原则与规范，因此，当他们试图建立全球性规则和程序时，他们无法达成共识。我们将概述体制建设的这一过程，并指出它的薄弱之处。

在文章的后半部分，我们将提出几套实质性的原则和规范，这些可以为互联网治理体制提供初始内容。这些可以作为一份集体性国际协议的初稿。决策者们应当开始制定这样一份集体协议的工作。这可以以构建一份国际框架公约的形式来进行，而我们在此提出的那类集体原则和规范将在公约中得到界定。

一、ICANN、互联网治理及 WSIS

本节将概述互联网体制建设的 10 年发展历程，并对其迄今不算太好的成就进行分析。1997—1998 年间，在一次吸引了国际参与的公共活动中，美国商务部提出建立 ICANN，该机构于 1998 年作为美国加州一家非营利公益企业而成立。ICANN 接管了之前一直被美国政府两大承包商管理的"互联网域名和地址分配"的集中协调工作，这两大承包商分别是：由美国南加利福尼亚大学的计算机科学家、互联网先锋乔恩·波斯特尔（Jon Postel）负责的"互联网数字分配机构"（IANA）；另一个是人们所熟知的网络解决方案公司（Network Solutions），现在被称为威瑞信（VeriSign）公司。ICANN 最初被审慎地设立为一个私营部门、多方参与的治理组织，尽管它逐渐通过政府咨询委员会（GAC）吸纳了一些政府投入。ICANN 仍保留了与美国政府的契约关系，并在三份独立的协议下运作。通过这些协议，美国政府保持着对 ICANN 的单边监管。

ICANN 独特的治理安排是由两方面的关切推动形成的。第一，试图实现"全球"而非"区域性"的域名系统（DNS）管理。在形成互联网和全球电子商务政策的过程中，克林顿政府和 IBM、世通以及美国在线等公司的主要信息技术高管们担心普遍流行的领土管辖主张会侵蚀电子商务。出于某些正当原因，美国政府害怕各国政府将某种不一致的或冲突的国家法律和规则的混合物强加于互联网天然的全球场域。依靠私营部门是解决这一问题的方式之一。克林顿政府的政策呼吁政府应"在分权的、契约式的法律模式上，而非自上而下监管的基础上，建立一个可预期且简单的法律环境"①。这种非国家治理机构将与全球范围的行业利益相关者一起达成"私人契约"，而非服从基于领土管辖的一堆不同的法律。特别是在域名方面，美国在 1997 年"中期"提出"有可能建立一种契约型的、以自我监管为基础的体制，用来处理域名使用和商标法之间所存在的潜在冲突，而无需诉诸法庭"②。

美国的政策不仅受到全球范围对契约式的肯定的驱动，而且受到美国渴望避开既存国际制度的驱动。美国的产业部门和政策制定者长期以来对 ITU 尤为反感。这种反感一部分是发生于 20 世纪 80 年代控制全球数据网络标准之战的结果，另一部分则是由于美国的技术领袖及其通常所持的激进自由主义立场在诸如 ITU 这样一国一票的论坛中常常受到抑制。美国对于欧洲领导的制定一份新的国际条约或章程以管理互联网的努力也保持警惕，担心这会为强行施加类似于 ITU 或者联合国之类的官僚制度打开方便之门。因此，1998 年商务部白皮书指出，在引进国际力量参与治理之时，应避免直接的政府行动。这份白皮书是 ICANN 的创始文件。在对 ICANN 的认定中，美国将其权力委托给"一家新的、非营利性公司，这家公司是由私营互联网利益相关方组成的，负责管理互联网名称和地址系统方面的政策"③。

---

① Bill Clinton and Al Gore（1997），"A Framework for Global Electronic Commerce"，1 July 1997，available at www. technology. gov/digeconomy/framewrk. htm.

② Ibid.

③ US Department of Commerce，National Telecommunications and Information Administration，"Management of Internet Names and Addresses"（white paper），63 FR 31741 – 01，10 June 1998.

在创建 ICANN 之前，ITU 与国际互联网协会（Internet Society）以及 WIPO 在一次建立它们自己的私有域名管理体制的尝试中已经进行过合作。美国政府通过网络解决方案公司控制着域名管理系统的中央协调功能，当美国政府拒绝与 ITU、国际互联网协会和 WIPO 合作时，那一次被称为"通用顶级域名谅解备忘录"（gTLD-MoU）① 的努力就付之东流了。在随后的 ICANN 形成时期，欧洲各国政府担心被这一新的体制排除在外，因而大力促使将各国政府和国际组织纳入到 ICANN 之中。这样做的结果之一将 GAC 添加到 ICANN 的结构中。GAC 设立了一个磋商和建议论坛，但这个论坛并不对委员的委任或者政策施加直接的影响。另一个结果则是做出允许 WIPO 制定管理域名商标冲突的相关规则的决定。形成对比的是，ITU 则很大程度上被边缘化了，尽管它可以经由 GAC 间接地参与到 ICANN 的工作之中。

因此，在 ICANN 的体制中，美国成功地建立了一个由美国自己和非国家行为体控制的治理体制。美国政府使政策制定的功能私有化和国家化，但是仍然为自己留了相当大的权力，这包括美国政府是 ICANN 的承包商，主张对域名系统根（DNS root）的"政策权力"，以及保有审查和批准任何 ICANN 提出的对根区域文档进行更改的权力。最初，美国承诺这一权力是暂时性的；两年后，ICANN 将得以完全私有化并独立。后来，美国推迟并最终收回了这一立场，保留了其对域名系统根的单边权力。

自 2003 年起，ICANN 的活动与 WSIS 开始出现交叉。它们策划了一次联合国峰会，其规模和意图堪比 1992 年的地球峰会和 1995 年的第四次世界妇女大会。② 峰会的理念专注于信息、通讯技术与发展，这是由 ITU 在 1998 年

---

① Milton L. Mueller（2002），*Ruling the Root: Internet Governance and the Taming of Cyberspace*，Cambridge: MIT Press, chap. 7.

② Hans Klein（2004），"Understanding WSIS: An Institutional Analysis of the UN World Summit on the Information Society"，*Information Technology and International Development*，Vol. 1，No. 3 – 4，Spring-Summer，pp. 3 – 13.

构思的①，并于 2001 年得到联合国大会决议的批准②。WSIS 则非同寻常地分两个阶段开会，第一次是 2003 年 12 月在日内瓦召开的峰会，第二次则是 2005 年 11 月在突尼斯召开的峰会。

第一次 WSIS 峰会设立了一个论坛，对 ICANN 的各种批评在这个论坛上得到了正式的表达。南非、中国和巴西三国政府在另外几个发展中国家以及 ITU 的支持下，提出了对当时互联网治理安排的不满，并获得了正式的认可。那些批评者和其他一些人质疑 ICANN 的合法性，不恰当地将 ICANN 描绘成由美国政府单方面创建的机构③，并对 ICANN 能够独立于各国政府或国际协议而做出关于全球公共政策的决定表示失望。

这是关于全球信息基础设施的恰当治理模式的两种不同概念之间的冲突。不满的国家联合世界上最老牌的政府间组织，宣称需要建立一种更加传统的政府间模式——或者至少是一项由主权国家做出的多边决定，以批准或者修订现有的制度安排。它们也抗议互联网及其治理都由美国支配。其他一些人，包括那些捍卫 ICANN 的私营部门、国际互联网协会和美国政府，则淡化对"互联网治理"的迫切需求，或者声称目前影响互联网的混合型治理结构从根本上说是充分的，不需要再修修补补了，这些广泛的结构包括 ICANN，WIPO 协议，互联网工程任务组（IETF）和 ITU 标准，以及其他一些条例。

在第一次峰会上形成的"2003WSIS 第一阶段行动方案"要求成立一个互联网治理工作组（WGIG）。WGIG 的任务包括：（1）制定互联网治理的可行定义；（2）确定与互联网治理有关的公共政策议题；（3）就各国政府、现有政府间组织和国际组织、其他一些论坛以及来自发展中国家和发达国家的私

---

① Resolution 73 (1998), "Plenipotentiary Conference of the ITU, Minneapolis", available at www. itu. int/council/wsis/R73. html.

② General Assembly Res. 56/183, 90th Plenary Meeting, 21 December 2001.

③ US Department of Commerce (1998), National Telecommunications and Information Administration, "Management of Internet Names and Addresses" (white paper), Docket No. 980212036 – 8146 – 02, 5 June 1998, available at www. ntia. doc. gov/ntiahome/domainname/6_5_98dns. htm.

营部门或民间团体各自的角色和职责形成共识。① 于 2004 年 11 月成立的
WGIG，是一个由 40 人组成并基本均衡地代表了企业、政府和民间团体三方
的组织。几轮公共协商之后，WGIG 于 2005 年 7 月发布了一份报告。② 虽然创
建 WGIG 的初始动力来自于对 ICANN 的不满，但是工作组拓宽了互联网治理
的概念，使之囊括了与互联网相关的所有类型的公共政策。

2005 的最终报告刻意避免了定义互联网，但报告的确提出了一个广义的
互联网治理定义，该定义直接来自于体制理论。报告的主要建议是创建一个
新型且多方参与的论坛来处理互联网问题。正如报告中所说，"［论坛］可以
解决……很多问题，而这些问题是跨领域、多维度的，而且这些问题要么影
响一个以上的机构而无法由任何一个机构单独解决，要么没有以某种协调的
方式来解决。"③ 该报告除了提及论坛应该向所有利益相关者开放，并尤其应
吸纳那些发展中国家的利益相关者之外，并没有提及很多论坛方法和程序方
面的细节。在角色和职责这些根本问题上，这份报告看起来受到政府应该控
制"公共政策"这样一种共识的影响，但将互联网的"技术管理"和"日常
操作"留给私营部门和民间团体去做。然而，这是一个重大的概念上的错误，
因为就互联网而言，政策议题通常与技术方面和操作方面的决策密不可分地
联系在一起。而且，报告没有直接回应互联网的全球属性这一问题，也没有
回应互联网可能给各国政府的合法性及其能力所带来的限制。

报告在对政府监督问题的讨论中没有达成明确的共识，这反映出报告的
混乱。报告只是设法在一个非常简短的纲要格式中，列出四种差异相当大的
组织模式。因此，WGIG 的这份报告反映的只是早期对互联网治理的理解。
WSIS 第二次峰会于 2005 年 11 月在突尼斯举行，此次大会制定了《信息社会

---

① World Summit on the Information Society, "Plan of Action", Doc. WSIS－03/GENEVA/DOC/5－
E, 13 December 2003, pp. 6－7.

② WGIG Final Report, "Report of the Working Group on Internet Governance", available at www.
wgig. org.

③ Château de Bossey (2005), "Report of the Working Group on Internet Governance", UN Doc. 05.
41622, p. 11, available at www. wgig. org/docs/WGIGREPORT. pdf.

突尼斯议程》。① WSIS 的参与者无法就任何 ICANN 政治监督的具体变更达成一致意见，但是《议程》的措辞挑战了目前 ICANN 体制一些具体的方面，并未长远的变更奠定了基础。《议程》宣布，各国政府，不仅仅是美国，在域名系统根和互联网公共政策监管方面，应享有"平等的地位和责任"②。《议程》呼吁制定"与互联网关键资源协调管理相关的公共政策议题的全球通用原则"③。然而，就如何推动这些原则所提出的机制却是模糊不清的。唯一一个实质性的变化是创建了一个多方参与的互联网治理论坛（IGF）。从广义的角度看，这一论坛不过是没有得出结论的互联网峰会的继续。

由此可见，WSIS 四年的讨论既没有对 ICANN 产生任何实质性的影响，而且也没有对全球互联网治理框架作出界定。ICANN 将继续维持原样运转，但其合法性问题仍然存在：WSIS 的最终《议程》刻意避免点名提及 ICANN，未对其授予明确的合法性，同时也没有显现出替代性的安排。WGIG 的最终报告虽然为治理草拟了四种可能的组织安排，但没有任何一个在最终的 WSIS 峰会上得到进一步深化。IGF 作为 WSIS 的主要产品，也只是一种继续审议的机制。

这样一种没有定论的结局只能部分地通过以利益为根本的政治来加以解释。的确，保存 ICANN 并保留美国对其单方面的控制权，符合美国的政治利益。然而，其他政策制定者甚至无法设想某种替代 ICANN 的机构，或者提出某种国际体制的更宏大的愿景，这说明在结局中发挥作用的不是利益，而是观念。

下面，我们用体制理论来解释这些事件。该理论认为，国际制度是通过等级化的协议建立起来的。所谓等级化的协议，是指从原则开始，经由规范，而后发展成关于规则和决策程序的共识。④ 在史蒂文·克拉斯纳（Steven D. Krasner）的原文全文中，体制的经典定义是"或明或暗的原则、规范、规则

---

① Tunis Agenda for the Information Society，WSIS – 05/TUNIS/DOC/6（Rev. 1） – E，18 November 2005，available at www. itu. int/wsis.

② Tunis Agenda, par. 68.

③ Tunis Agenda, par. 70.

④ Steven D. Krasner（1983），"Structural Causes and Regime Consequences：Regimes as Intervening Variables"，in Steven D. Krasner（ed. ），*International Regimes*，Ithaca：Cornell University Press.

和决策程序，围绕这些，行动者的各种期待汇合于某个国际关系的特定领域"①。

体制具有大量的认知内容。体制原则可以包括在某一政策领域受到行动者认可的因果关系科学理论，或者包括依据权利和义务而界定的关于公正的概念以及行为标准。规范是价值判断，或者是行为的指导。包含"规则和决策程序"，这意味着体制也可以将原则和规范转为正式组织、明确的规则、甚至法律。

体制的要素是一种等级结构，以"原则"为其基础。在实践中，体制建构能够体现出体制等级不要要素之间的有序关系。首先，原则是被认同的。没有关于问题或者议题属性的认同，就无法就接下来要做什么达成共识。规范是指各方应该遵循的标准和义务，关于规范的共识高度取决于关于原则的共识。一旦原则和规范得到认同，那么用来指导或禁止行动的规则也就可以被定义了。最后一步，决策程序及其赖以执行的组织也可以建立起来了。

就决策程序和组织达成一致意见是谈判建立体制的最后一步。这部分地是因为这一步牵扯到被体制中各方称之为"财务含义"的内容。然而最为重要的是，这一步反映出这样一个事实，即规则、程序和组织必须同时依据原则和规范来判定适当与否。对原则和规范的接纳将在很大程度上决定哪些规则、程序和组织会被认为是适当的；相反，无法就原则达成共识将会阻碍规范、规则、程序和组织的发展。

1992 年《联合国气候变化框架公约》便是一个明显的例子。这份《公约》是就基础性的体制原则达成的一份国际协议，例如气候变化正在发生和人类污染对于造成气候变化负有重大责任等基本事实。如果没有就科学因果关系所暗含的原则形成共识，那么就限制污染形成更高级别的共识将是不可能的。就基础性体制原则形成共识是就更高级别的规则和程序形成共识的一项必要先决条件。

---

① Steven D. Krasner（1983），"Structural Causes and Regime Consequences: Regimes as Intervening Variables", in Steven D. Krasner（ed.），*International Regimes*, Ithaca: Cornell University Press, p. 19.

WSIS 对互联网治理的讨论之所以陷入混乱，是因为它没有遵循体制形成的这种逻辑顺序。WSIS 体制建构的方式具有严重缺陷：它专注于具体的政策议题和重新安排组织与程序，却没有首先就体制的潜在原则与规范形成共识。结果就是一个混乱的过程，在这一过程中，由于各方没有就基本的事实和假设达成共识，因此实际议题没有任何进展。

二、全球互联网的原则

希望上文已经证明了 WSIS 进程存在的潜在问题，我们现在就如何解决问题提供一些具体的建议。互联网治理体制需要的是原则和规范。我们将提供这些原则和规范。克拉斯纳将原则定义为关于事实、因果关系和公正的信条。在本节，我们提供一套原则，也就是基本的定义和事实的陈述。在任何一次建立互联网治理体制的尝试中，都必须认识到和考虑到这些原则。我们提出七项原则：

1. 定义：互联网
2. 定义：互联网治理
3. 事实：互联网标准构成全球共享（Global commons）
4. 事实：互联网主要由私人网络组成
5. 事实：互联网包含了端到端的设计
6. 事实：互联网需要排他性的、协调性的资源分配
7. 事实：互联网是非区域性的

1. 定义：互联网

任何互联网治理体制都必须建立在理解互联网是什么之上。互联网的两个本质特征，一个是软件（不是硬件），一个是"互联"网络（而不是简单的网络）。互联网并不是由电线、无线电波、电缆或终端等物质性基础设施组成的，尽管它需要借助这些物质性的媒介来运转。我们所说的"互联网"实际上是一套用来在网络上发送数据的标准化的软件指令集（称之为"协

议"），以及一套全球性的独特地址，这样就可以知道数据将发往何处。互联网协议可以在任何物质技术之上运转。

这里第二个重要的基本概念是"网络互联"。利用互联网协议，业已存在的网络可以彼此交流，这样，即使只有一种符合标准的跨网络的通信容量（communication capacity），用户也可享有一种全球网络的功能。沟通所赖以存在的实际网络由个人组织所有和运营，这些组织可能是私营的，也可能是公共的，它们要么为自己的内部用户运营网络，要么将网络通道卖给外部用户。

因此，我们可以提出以下体制原则：互联网是全球数据的通信容量，其实现依靠公共和私人电讯网络之间的互联。互联所依靠的是互联网协议（IP）、传输控制协议（TCP）和其他一些协议，例如 DNS、分包路由协议，这些协议对于实现全球范围的 IP 互联是必不可少的。

2. 定义：互联网治理

政治学中的治理指的是有序化的过程，通过这些过程，不同的要素可以在某个系统中得以协调。我们依据有意的有序化和合法性来定义治理。通过有序化，可以根据某些计划实现协调；借助合法性，对共同体产生影响的决策将会对该共同体的成员负责。因此，互联网治理由有意的决策组成，做出这些决策的是互联网共同体。

互联网共同体是由上文所讨论的网络和互联协议的所有者、运营商和用户组成的。他们要么提供通信容量，要么使用那些容量。重要的是，这一互联网共同体的定义将非国家行为体作为参与方包括进治理之中。如果理解互联网是如何分配决策权力的，那么对国际治理安排的建构方式进行革新，就是不可避免的，甚至某种程度上是必须的。

互联网大致在三个不同的领域需要治理。所谓治理，指的是有意为之的、正当的有序化过程。每一个领域服务于不同的目的，需要不同类型的过程和方法，所以，为了制定高水准的规则和程序，对不同领域做出区分是非常重要的。首先是技术的标准化。这涉及就网络协议、数据格式达成共识，并将这些共识编制成文件。因为标准可以使机器和人的行为结构化，所以将其作为有意有序化过程的一部分是很有用的。第二是资源的分配。在互联网中，资源意味着"虚拟资源"，也就是互联网标识符，例如，域名、IP 地址和协议的端口号等。这些标识符都是专用的，因为，它们作为地址必须是唯一且排他的，只有这样才能保持正常运转。① 资源也可能是稀缺的，需要定量配给。分配过程协调了互联网资源向用户的分配，维持了唯一性，并使消费定额化。第三个治理领域是人的行为，这取决于界定和执行规章、法律及政策。前两个治理功能涉及到技术系统的具体化问题和协调问题，而人的行为的治理则是要对"人"的行动下命令。这包括对诸如垃圾邮件、网络犯罪、版权和商标纠纷、消费者保护、以及公共安全和私人安全等领域制定全球公共政策。上述讨论帮助我们将互联网治理定义为：互联网治理指的是由互联网协议连接而成的网络的所有者、运营商、开发商和用户做出的集体决策，用以制定政策、规则、技术标准争端的解决程序、资源分配以及人参与全球网络互联活动的行为准则。

在考虑更进一步的原则之前，我们先停下来观察此处提出的定义性的原则如何能够减少更高级别的政策辩论中的混乱。这些定义围绕互联网治理问题勾画出了一条清晰的边界。互联网治理的"狭义"的概念仅包括了 ICANN 及其资源分配功能，而看似无所不包的"广义"的定义则与信息和沟通有关。当定义上的争论集中于如何区分这两种定义之时，这些定义就消除了 WSIS/WGIG 进程早期阶段所面临的问题。② 然而这两种极端的定义方式都没有抓住要害。将互联网治理的概念局限在 ICANN 是很武断的。很多其他有意有序化形式瞄准的是交流以及基于互联网协议的行为。显而易见的例子包括用于管理互联网版权资源分配的 WIPO 协议，和就网络犯罪和互联网电子商务制定的国际公约。清晰定义互联网治理应使治理活动的多样性变得便于理解。

与此同时，上述定义与这样一种广泛的趋势相冲突，即模糊互联网治理

---

① Milton L. Mueller (2002), *Ruling the Root: Internet Governance and the Taming of Cyberspace*, Cambridge: MIT Press, chap. 2.

② Don MacLean (ed.) (2004), *Internet Governance: A Grand Collaboration*, New York: United Nations ICT Task Force.

和一切形式的通讯和信息的治理之间的界限。互联网只是信息和通讯技术（ICTs）的一个小部分。许多与 ICTs 有关的重要治理问题，例如，频谱分配或者电讯基础设施融资与发展，都独立于互联网协议的使用而存在。并非所有问题都可以通过制定互联网治理的原则、规范或者规则来实现。许多涉及物质性基础设施的问题，最好在国家层面上解决。我们的定义更加明确地专注于全球网络互联这一具体问题。如果我们的定义能够被接受并被连贯地使用，那么将会防止互联网治理成为一些与互联网本身没有什么关系的其他问题的替代品。

3．事实：互联网标准构成全球共享

上文已经提供了一些基本的定义，接下来我们转向一组事实陈述。互联网是以全球性的、非专有的标准为基础的，可供任何人自由使用。这些标准是公开发布并且可以被任何人免费使用的"开放源代码"软件。因此，这些标准构成了一种全球共享。

4．事实：互联网主要由私人网络组成

不同于标准和软件协议，由互联网协议连接而成的网络并不是开放的，不是非排他的，也不是非专有的。互联网是由私人拥有和管理的网络，是异质性的，属于家庭、小型企业、大型企业、非营利性组织、以及那些（通常是私有的）互联网服务供应商的商业网络。

互联网的上述特征对于理解其如何运作以及如何被管理至关重要。通过促进异质网络之间的互操作性，互联网为网络运营和政策方面的私有化和分权留有余地。互联网还促进了软件应用程序的私有化和分权化，并促进了提取信息内容能力的提高。

这一原则意味着互联网对于全球治理的需求不像很多系统那样迫切。私人网络或用户可以设置电子"栅栏"、使用过滤器，或者采取这样一些做法，即一定程度上可以使自己免受一些不喜欢的交流形式的骚扰，同时又能保持某种形式的兼容性，并保持与世界上其他用户的互相联系。关于政府与治理

的传统观念意味着一致性，而互联网则容许在应对同一个问题时政策发生变化。①

5. 事实：互联网包含了端到端的设计

端到端的设计是互联网少数通用的建构原则之一。端到端意味着网络的设计对于任何特定的服务或者应用程序并不是最优的；它只提供基本的数据传输，而将针对用户的应用程序的安装启用留给与网络终端相联的设备。② 这使得网络可以作为某种相对中立和透明的平台来服务于种类尽可能多的应用程序和服务，包括那些设计者从未想到过的服务。通常认为，端到端原则可以促进创新、网络成长和市场竞争。

虽然我们提出共享、私人网络和端到端是三种不同的原则，但最好将三者视为相互关联的。归根到底，互联网是私人的；但在核心标准的层面上，它又是公共的。端到端原则确保了私人领域和公共领域之间互为补充、相得益彰。在与互联网有关的应用程序、内容和网络的市场中，应采用可以实现互操作的中立的协调机制。采用端到端原则，共享和协调机制被刻意地最小化了，这为改革和创新提供了最大的范围。同时，系统的不同部分之间却有清晰的区分，有的部分属于私人行动和控制的范畴，有的部分属于全球协调的范畴并拥有非排他性的通道。

6. 互联网需要排他性的、协调性的资源分配

互联网的共享特征在许多方面都是一个伟大的推动者，但它也存在一个重大的制约因素。互联网的标准创造了资源空间，这需要排他地、一对一地将资源分配给用户。我们所说的"资源空间"指的是名称、地址和协议参数

---

① D. R. Johnson and D. G. Post（1997），"And How Shall the Net Be Governed? A Meditation on the Relative Virtues of Decentralized, Emergent Law", in Brian Kahin and James Keller（eds.），*Coordinating the Internet*, Cambridge：MIT Press.

② J. Saltzer, D. Reed, and D. Clark（1984），"End-to-End Arguments in System Design", *ACM Transactions on Computer*, Vol. 2, No. 4, pp. 277–288.

值；更具体地说，这意味着要对 DNS 根服务器、顶级域名分配、IP 地址分配，以及与地址分配密切相关的路由表管理等工作负责。排他性和唯一性需要某种协调。解决协调问题可以有不同方式，例如，可以将权力集中到一个单一组织，例如 ICANN 和区域性互联网注册组织（RIRs），或者可以将不同的分配权力相互关联起来，但是，如果只有唯一一个互联网，那么就不可避免需要协调。

7. 事实：互联网是非区域性的

互联网建立沟通的方法是非区域性的。这是至关重要的原则之一，也是 WSIS 进程多次未能解决的问题。互联网的名称与地址创建了一个通常不依赖于真实地理环境的虚拟空间。其路由结构也不依赖于政治上的辖区，而路由数据包的成本对于距离也毫不敏感。这为人际间的互动、从而也就为政策和治理创造了一个非区域性的场域。但是，不可以理所当然地认为这在技术上是与生俱来的。在互联网发展的最初阶段，曾经有可能使其遵从国家边界。当时，国家性或区域性的地址分配政策也可能被采纳，而不是目前以供应商为基础的地址分配。全球顶级域名，例如，". com"，". net"和". org"也本来可能不被采纳，每个人都可能被迫在国家代码之下注册互联网名称。但这并不是互联网的发展之路，现在，任何迫使互联网遵从区域模式的尝试都将涉及巨大的转换成本。事实上，互联网是非区域性的，必须认识到这是一项原则。

三、全球互联网的规范

克拉斯纳将规范定义为以权利和义务为依归的行为标准。规范是建立在原则基础之上的。[①] 规范带动了规则和程序。考虑到上文所提到的原则，我们

---

① Steven D. Krasner (1983)，"Structural Causes and Regime Consequences：Regimes as Intervening Variables"，in Steven D. Krasner (ed)，*International Regimes*，Ithaca：Cornell University Press.

提出以下互联网体制的规范。

规范一是"技术模式应被保留下来"。互联网模式在许多方面有着无与伦比的成功记录，包括促进交流，提供公共信息通道，技术上迅速适应条件的变化，有效利用现有基础设施等。因此，未来的互联网体制一定不能违背互联网的基础建构原则，也就是标准共享，网络、内容和服务的责任分散化，端对端架构等。有很多倡导团体和利益团体强调建构模式中的一个方面的特征，却忽视了另一个方面的特征。称互联网是一种"共享"或者一种"全球公共物品"的那些人忽视了私人行动所发挥的关键作用，忽视了网络中的排他性以及市场的力量。还有一些人犯了相反的错误。双方都未能看到，互联网模式有力地、互补性地将标准共享，网络、内容和应用程序的市场，以及端对端的架构结合在一起，这解释了互联网的成功和持续增长。

第二项规范是我们"不应允许共享被私有化"。基础设施、软件或服务的所有权不应在商业供应商手过于集中，以至于威胁到互联网核心标准的开放、非专有特性。全球竞争政策倡议和标准化行动，尤其是软件专利问题，更应遵循这一规范。出于同样的原因，第三项规范是我们"不应把标准共享转变为某种过度管制私人市场的基础"。过度应用端对端原则可能会成为在边缘地带管制行为的借口。最糟糕的情况是，这样的管制会改变互联网的本质特征，使其从一种可以给所有连网的人增加价值的联合，变成一种强制契约而将用户捆绑在功能失调的、次优的关系之中。虽然应该采取行动避免网络互联标准本身的私有化，但是，部分用户使用新技术、采用甚至可能是不兼容的新标准的自由也不应该被限制。

第四项规范是"技术协调与标准化功能不应负载政策功能"。为了实现协调，某种权力的集中化是不可避免的，认识到这一点之后，这项规范的目的就在于抵制这样一种诱惑，即利用对关键资源的控制来对某些政策领域施加影响，而这些政策与资源本身并没有关系。例如，为了促进审查或者为了将知识产权法的实行应用到互联网的技术管理上，域名既可以被保留下来也可以被拿走。将资源分配和政策执行功能捆绑在一起，通常会导致过于集权、干扰决策、缺乏正当程序和妥协性的技术管理。在可能的情况下，资源分配程序应该是统一、客观且不带有个人色彩的，并专注于在终端协调那些分散的私人活动。[①] 这意味着对互联网欺诈和互联网犯罪方面的监管必须针对负有责任的终端，而不是针对网络互联过程本身。应该抵制的观念是，对互联网传播内容的监管应通过在传播渠道内部施加控制，而不是通过制裁发送方和接受方。通过控制互联网的技术架构来控制用户，这种行为抑制互联网的增长，并会给无辜的人带来巨大的外部性。可以拿其他处理非法行为的努力来打个比方，例如，若要处理贩毒问题，最好的方法是解决毒品的供给和需求，而不是试图阻止贩运。

第五项规范是"应尽量分散和限制互联网控制权集中的方面"。注意到的一个事实性原则是，互联网对于协调的需求带来了一定程度的权力集中。作为一项规范，我们认为这种权力应该广泛分散、严加限制，并对其严格制衡以防滥用。因此，当前由美国政府单边控制 DNS 根是不可取的。但传统的"多边"控制根区域档又是不够的，这可能使事情变得更糟。因此，必须制定或维持制衡措施以防止各国政府联合起来对集中化的互联网咽喉要道的任何可能的滥用。WSIS 未能就美国单边控制取得进展的原因之一是，很多互联网用户担心美国的权力会被其他人攫取，而这些人滥用权力的几率与美国相等，甚至更大。在这项规范被认可且制度性程序被制定出来以制服滥用集权之前，目前的状况很可能延续。

最后提出的规范是"应保持多方参与治理，并使其具有合法性"。这项规范是与私人网络和全球范围有关的原则的逻辑延伸。实际上，互联网是网络运营商和用户的全球联盟，不应仅仅通过各国之间的协议就采用自上而下的方式进行管理。以互联网为基础的通信不应服从民族国家的边界，互联网的"公共利益"不能仅由领土国家单独充分代表。技术专家、教育和科研机构、私营公司、终端用户和民间组织等相互重叠的群体，构成了一个非正式且多样化的"互联网共同体"。那些会影响应用程序的负责互联

---

① M. Mueller and L. McKnight (2004), "The Post-Com Internet: Toward Regular and Objective Procedures for Internet Governance", *Telecommunications Policy*, Vol. 28, No. 7 – 8, pp. 487 – 502.

网标准的组织尤为多样化，并且主要依赖于志愿资助。因此，那些传统政府间的治理模式在互联网中是不适宜的。作为一项规范，我们认为治理制度的结构安排应该利用这种多样性和能量，其方式依据每一个相关方向在治理中的具体角色向其授权。一种新型的治理体制应该寻求利用互联网自我治理的能力，以补充并审查政府拥有的合法强制的能力。所以，仅有三方代表（政府、企业和民间团体）的说辞是不够的；我们必须密切关注治理结构中代表的细节，并确保必须克服棘手的集体行动问题的终端用户及个人得到充分授权。必须策略性地安排政府监督和监管的形式，而且还要对其仔细限制并使之合法。

四、继续前进：一份框架公约

是什么推动决策者不断前进去探索这样的基础性协议呢？WSIS 和 IGF 的主要成果仅仅是提供了一个继续讨论的场所，而没有为谈判有意义的协议提供任何基础。我们从 WSIS 的案例认识到，就适用于互联网国际治理的基础原则和规范达成共识并不容易。这种处境与 20 世纪 80 年代应对气候变化时所面临的处境非常相似。在气候变化的案例中，第一步是承认问题存在并确认问题的维度。第二步是就应该采用规范达成共识。与互联网治理类似，在气候变化案例中，大量的国家行为体和不同的国际组织卷入其中，（简单列举几个：世界气象组织、联合国环境规划署、联合国教科文组织），非政府组织表现出了极大的兴趣。这一案例使我们认识到，任何新体制的建立都必须在国际法中拥有稳固的基础，因此，互联网治理体制也需要一份国际公约。

涉及的各国政府和各个国际组织并未寻求在一个单一的协议内解决气候变化的所有问题，而是决定制定一份他们称之为"框架公约"的东西。这一公约将建立国际行动赖以展开的原则和规范，并为就更加细节化的安排进行谈判建立一套程序，这对于处理气候变化问题是必要的。公约的缔约国会议变为监督机构和谈判场所，其秘书处将提供必要的研究。《联合国气候变化框架公约》于 1992 年被采纳并为随后的谈判奠定了基础，而谈判为解决气候变化问题带来了进展。

互联网治理的情况与其十分相似。各国政府和众多国际组织（例如：ITU、WIPO、世界贸易组织、UNESCO 和联合国本身）均参与进来，还有许多企业、非政府组织和个人也投身其中。解决互联网治理的任何努力都必须牢牢地以国际法为依据，这意味着一份公约应成为一种提供必要支持的手段。就原则、规范，以及解决以后会出现问题的程序进行谈判的时机已经成熟了。

制定一份《联合国互联网治理框架公约》看来是值得各国考虑的合理之选。那么，这样一份公约应该包含哪些内容呢？首先，它应清晰地界定治理问题及其边界。如同《联合国气候变化框架公约》那样，公约应对互联网的重要事实或原则做出能够获得共识的界定，还应清晰地建立起规范并应用于互联网治理之中。这可以包括上文列举的原则和规范，或者至少是这样一些要素，即维持作为某种交流渠道的互联网的公开性与自由。一份框架公约应该提及那些需要进一步达成共识的领域，特别是存在体制间冲突的领域（如知识产权和表达自由）。第二，规范应该清晰地说明民间团体和私营部门的作用，在正式的治理过程中，它们对于发展和维护互联网至关重要。虽然有一些民间团体参与国际决策的先例，但是，鉴于企业和民间团体在互联网上独特的重要作用，框架公约将会是一次在全球治理中推进这些要素的机会。第三，公约应就何时应该谈判形成协议，这是一种建立在纠纷基础上的启动机制，或者随着互联网的运转而启动谈判。公约可以就何时需要附加法律协议形成概念，其形式可以是公约的议定书。第四，公约应授权缔约国会议扮演监工，监督那些有限的与互联网相关的问题，这些问题被认为适合于治理。重要的是，缔约国为企业和民间团体充满活力地参与到治理功能中来奠定了基础。

为使《联合国互联网治理框架公约》制定出来并获得共识，接下来还有大量工作要做。WGIG 的报告便是这些工作中的一部分，另外 WSIS 的最终议程以及 WSIS 制定的民间团队宣言都是这些工作中的一部分。当然，政府也将发挥关键的、很可能是决定性的作用。对于保护和促进互联网这一世界上最重要的全球服务之一，公约将是一个巨大的机遇。

总之，决策者如果想前进几步，那么就先要后退一步。迄今为止，由于就原则和规范缺少共识，互联网治理的体制建构过程已饱受困扰。对于解决这些潜在的问题并促进分享理解和共识，一份框架公约将是恰当的政策机制。本文提出的一系列体制原则和规范至少提供了一个范例，但对于所需要的集体协议至多只是第一份初稿。

ICANN 与互联网治理：利用技术协调实现全球公共政策[*]

[美] 汉斯·克莱因 著　　田　华 译[**]

一、互联网治理

互联网通常被誉为自由交流的安全区域。但福鲁克（Froomkin）却认为它是能绕过规则的"现代祸根"[①]；莱斯格（Lessig）也将其视为"无法控制的区域"[②]。就像约翰·佩里·巴洛（John Perry Barlow）所说的："我们聚集的这个地方是没有统治者的"。[③] 因此，互联网对"治理"提出了挑战。虽然，互联网治理存在各种形式（例如：美国在线的聊天室或美国境内计算机的政府法规），但总的来说，它并没有制定且实行一个连贯、有效且有权威的

---

* 本文首次发表于 *The Information Society*，2002 年第 18 期，第 193—207 页。文章原名 "ICANN and Internet Governance：Leveraging Technical Coordination to Realize Global Public Policy"，译文有删节。

** 作者简介：汉斯·克莱因（Hans Klein），美国乔治亚理工学院公共政策学院。译者简介：田华，天津社会科学院发展战略研究所副研究员。

① Froomkin, Michael（1997），"The Internet as a Source of Regulatory Arbitrage"，in Brian, Kahin, and Charles Nesson（eds.），*Borders in Cyberspace*，Cambridge，MA：MIT Press, pp. 129 – 163.

② Lessig, Lawrence（1999），*Code and Others laws of Cyberspace*，New York：Basic Books.

③ Ibid.

规则。问题的原因在于其存在两个技术性特征：一个是难以控制全球范围内的互联网传播，另一个则是与政府监管部门之间的管辖权冲突。然而，这种互联网的"不可治理性"正在发生改变。在劳伦斯·莱斯格（Lawrence Lessig）的书中记载了各种取消匿名用户的方法，以便促进法律的实施。正如之前的那些技术一样，由于互联网在社会中的重要性，令其应在现存的管理架构中做出整合。①

最重大的进展，是创建互联网名称与数字地址分配机构（ICANN）来控制互联网。ICANN 创建于 1998 年，是一家私营且非营利性机构，在官方授权下，执行核心互联网资源（尤其是域名）的技术协调工作。其公司虽然位于美国加州，但其权力已经直接或间接地覆盖了互联网的所有用户。若创建、颁布和执行规章等机制都落实到位的话，ICANN 便可以有效治理或彻底改变互联网。那么，互联网便不再是无法控制的"祸根"。

在下文，我将对 ICANN 进行详细的分析，目的是指出技术、管理和治理之间的相互关系，解释计算机网络寻址系统是如何成为治理系统的。为此，我将解释什么是治理，互联网域名系统（DNS）是怎样运作的，以及前者是如何通过后者来实现的。因此，本研究将从历史起源②、法律地位③以及制度设计④等视角对 IACNN 进行深入的研究。为此，我首先考虑的是技术和制度因素抑制互联网管理的问题。然后，才会讨论什么是治理。接下来，我将从技术和管理层面检测域名系统，确定治理的特征。其后，对 ICANN 的互联网治理机制进行分析，并说明治理机制在实践中是如何运作的。最后，我将检测 ICANN 的全球公共政策，考虑 ICANN 的合法性，并推测未来的管理领域。

---

① Hughes, and Thomas P. (1983), *Networks of Power: Electrification in Western Society, 1880 – 1930*, Baltimore, MD: Johns Hopkins University Press.

② Mueller, Milton (1998), "The Battle over Internet Domain Names: Global or National TLDs", *Telecommunication Policy*, Vol. 22, No. 2, pp. 89 – 107; Klein, Hans (2001b), "The Feasibility of Global Democracy: Understanding ICANN's at Large Election", *Info*, Vol. 3, No. 4, pp. 333 – 348.

③ Froomkin, Michael (2000), "Wrong Turn in Cyberspace: Using ICANN to Route around the APA and the Constitution", *Duke Law Journal*, Vol. 50, No. 17, pp. 17 – 184.

④ Post, David (1998), "Cyberspace's Constitutional Moment", *American Lawyer*, November.

二、互联网治理的问题

无论是支持还是反对特定的法规，人们普遍认为互联网是很难被管理的，例如，在互联网上复制音乐、软件和其他形式的知识产权变得十分简单，虽然非法复制只是少数事件，但这种侵犯著作权的行为却呈上升趋势。[①] 各国政府试图对互联网的全球性以及其内部的管辖权冲突进行控制，但均以失败告终。[②] 在某种程度上，管理的壁垒来自于技术问题。网络传播不经过中心渠道，而是通过一些独立的网络进行传播。[③] 制度因素也是管理的基础。因此，是互联网的挑战建立了管辖区。[④] 公共权力在国家手中，其基本特征是控制地理学意义上的区域。[⑤] 然而，互联网"无限"的本质却违背了公共权力的地域基础。[⑥] 网络的全球化与规章是不匹配的。为此，我们应退一步，从理论的高度去思考治理的细节。解释什么是治理？管理需要什么？互联网治理又需要些什么？

在《民主及其批评者》一书中，罗伯特·达尔定义了治理，并指出要如何实现它。他确定了一套"政治秩序的假设"，指出治理系统所需的最基本条

---

① Fryer, Bronwyn (1995), "The Software Police: They Hear From the Snitch You Copied that Disk, They Send in the Marshals to Bust Your Ass. No Joke", Wired, May.

② Andrews, Edmund (1999), "German Court Overturns Pornography Ruling Against Compuserve", *New York Times*, November 18.

③ Cerf, Vint, and Kahn, Robert (1974), "A Protocol for Packet Network Interconnection", *IEEE Transactions on Communications*, COM - 22 (5), pp. 637 - 648.

④ Johnson, David, and Post, David (1997), "The Rise of Law on the Global Network", In Brian, Kahin, and Charles Nesson (eds.), *Borders in Cyberspace*, Cambridge, MA: MIT Press, pp. 3 - 47; Perritt, Henry (1997), "Jurisdiction in Cyberspace: The Role of Intermediaries", In Brian, Kahin, and Charles Nesson (eds.), *Borders in Cyberspace*, Cambridge, MA: MIT Press, pp. 164 - 204. Cambridge, MA: MIT Press.

⑤ Schroeder, Ralph (ed.) (1998), *Max Weber, Democracy and Modernization*, New York: St. Martin's Press, pp. 107 - 134.

⑥ Holitscher, Marc (1999), "Debate: Internet Governance", *Swiss Political Science Review*, Vol. 5, No. 1, pp. 115 - 116.

件。我称其为"治理机制"。套用达尔的定义，我们可以确定四个机制。第一，是"权力机构"。治理需要管理者或最高统治者，无论是作为个人还是群体，必须由实体制定出适用的政策。第二，是"法律"。法律执行政策决议，可能会以税收、许可证或者是绑定规则的形式进行。第三，是必须有一些机制来实施"制裁"，去惩罚那些违反法律的人。最后，需要对"管辖区"进行定义。这四个机制将使治理变为可能①；但是，如果权力机构、法律、制裁和管辖区落实不到位，便会引起互联网管理上的困境。

三、简介 DNS 与治理

若要理解 ICANN，必须首先理解域名系统（DNS）。在此，我通过两个方面来分析 DNS。首先，我把它视为一个简单的非分布式系统。从这一角度看，DNS 的治理特征是最容易理解的。在后面的部分，我将检验 DNS 的分布式内部结构，并提出各种机制来理解管理与决策。

1. DNS：互联网的控制点

互联网实际上包含两个"系统"，一是通讯系统（TCP/IP 协议）；二是寻址系统（域名系统）。通讯系统是众所周知的互联网系统，但它非常分散，以至于根本不成系统，只是一组可供计算机相互发送数据包的网络协议。与其形成鲜明对比的是，寻址系统（域名系统）则是集中的②，几乎所有的互联网通讯都依赖这一系统。我们可以将 DNS 比喻为互联网的电话簿和电话号码查询服务系统。在一台计算机要与另一台计算机进行通讯之前，就像打电话一样，必须通过电话号码查询服务进行拨号，这是沟通的前提。在内部，DNS 由数据库和动态查找服务系统组成。数据库包括域名和 IP 号码的数字

---

① Dahl，Robert（1989），*Democracy and Its Critics*，New Haven，CT：YaleUniversity Press，pp. 106 - 107.

② Albitz，Paul and Liu，Cricket（1998），*DNS and BIND*，Cambridge，MA：O'Reilly.

对。域名是字母数字，是互联网中电脑的标识符。IP（网络协议）号码（或地址）是便于机器识别的数字标识符。例如，计算机的域名可能是 mycomputer. org，与其对应的 IP 号码则可能是 12. 34. 56. 78。DNS 解决了从域名到 IP 号码的转换。DNS 计算机名称转换又被称为"名称服务器"。只有转换之后，用户才可以发送电子邮件或进行网络沟通。

在大多数浏览器中，这两个过程是立即可见的。一旦用户输入域名，浏览器将发布一条"查找主机"的信息来显示它与 DNS 的相互作用。只需几秒钟便可完成，IP 号码返回，沟通可以开始。有时候也会出现名称转换失败的情况。例如，当用户拼错名字，生成一条错误消息，便会显示"无法找到主机"的信息，当然也没有号码返回。通过观察浏览器中的信息状态，用户可以观察名称转换的过程。

DNS 的核心是互联网的"名称空间"。名称空间列出了几乎所有互联网上的计算机。对大多数用户来讲，被列入 DNS 的计算机名单，就等于进入了私人网络的网关。从某种意义上说，名称空间就"是"互联网。为了存在于互联网中，计算机必须被列入名称空间。没有清单（域名和 IP 号码），计算机是无法被找到的。若从名称空间的清单上删除计算机，该计算机将从可寻列表中消失。可以说，控制了名称空间数据库，便可以有效地控制互联网。这也是我接下来将详细讨论的问题。

按照当前的设计，名称空间必须遵守一些原则。[1] 系统的设计者声称，名称空间必须是"唯一的"，它必须由单一实体进行管理。在互联网上只能有一个数据库构成最终的计算机清单。互联网使用的唯一的名称空间"是技术的需要，不是政策的选择"。[2]

---

① Internet Architecture Board（1999），"Request for Comments 2826：IAB Technical Comment on the Unique DNS Root"。（http：//www. rfceditor. org/rfc. html）；ICANN（2001），"Third Status Report under ICANN/US Government Memorandum of Understanding"，3 July. （http：//www. icann. org/general/statusreport-03jul01. htm）

② Internet Architecture Board（1999），"Request for Comments 2826：IAB Technical Comment on the Unique DNS Root"。（http：//www. rfceditor. org/rfc. html）

2. 管理

DNS 是一个多技术系统；也是一个管理和政策系统。下面，我将继续把 DNS 视为单一的非分布式数据库，我们可以按照单一管理员或政策权力机构来检验 DNS。政策权力机构制定了通用规则来改变名称空间，例如，被许可的域名、注册名称空间费用以及添加或删除名称的限制条件等。DNS 的独特需求意味着政策权力机构和管理员的垄断。由于必须有唯一的名称空间和唯一的管理员进行管理，那么，就必须服从于唯一的政策权力机构。"DNS 协议的设计与执行是基于唯一所有者或维修者的假设"。① 用这种方法，名称空间可以确保可靠的运行。因此，DNS 技术的集中是管理和政策的集中。用户必须通过管理员在名称空间添加其用户名（号码对），在注册成功的前提下，才可以使用互联网。每个在 DNS 上注册的计算机都会与 DNS 中心管理员和"网络管理员"签约。名称空间中的合约规定了规则和条件，例如，提供联系方式、支付年费、承认 DNS 管理员的角色等等。因此，这些合约造成了政策的中央集权式管理。

3. DNS 与互联网治理

在这个简化版的 DNS 中，只要对权力机构、法律、制裁和管辖区这四个机制进行一些小的修改，我们便可以很容易地意识到治理的可行性。

第一，DNS 定义了互联网的中央权力机构。名称空间的独特需求需要唯一的中央权力机构，并适用于名称空间中所有的服务器。这使 DNS 政策权力机构成为了真正的管理实体。由于其决策领域是简单的，不得不扩大到公共领域，例如，知识产权监管或控制的内容，而扩张很少有技术壁垒。因此，在互联网上实现治理，需要通过政策权力机构扩展管理的范围。第二，DNS 还定义了法律。互联网的法律是包含在域名注册合约中的。与网络管理员签

---

① Internet Architecture Board（1999），"Request for Comments 2826：IAB Technical Comment on the Unique DNS Root"．（http：//www. rfceditor. org/rfc. html）

定的合约为其行为制定了详细的规则。面对范围的扩大，合约也不得不做出相应的扩展。第三，DNS 提供了一个强有力的制裁机制：域名控制（即，从名称空间删除用户名）。如果网络管理员不服从规章，便会从名称空间的名单中除名。同样，DNS 也可以熟练解决管辖区问题。DNS 政策权力机构的管辖区域延伸到了互联网中的每台计算机。每一个网络管理员可以根据合约，对DNS 的政策权力机构进行束缚。因此，DNS 提供了实现治理机制的手段。

为了充分理解互联网治理，有两个附加的注意事项必须被解决。首先是实用性，这意味着需要将政策权力机构延伸到个人用户。因为签订域名注册合约是中央权力机构和网络管理员之间的事情，个人用户不会直接受到规章的影响。当用户获得账户时，网络管理员通常要求他们签署一项协议。用这种方法，规章可以从中心 DNS 管理员"流"到网络管理员那里，然后再到达用户手中。间接的，所有互联网用户都可以通过中央 DNS 管理员进行管理。若网络管理员未能与用户签署合约，用户将在互联网上被除名。第二个考虑的问题是在本质上更加规范。DNS 政策权力机构是通用调节器，那么，必须认真思考它的"合法性"问题。由于决策范围的扩大，DNS 的权力机构必须基于一些适当的原则。基本权力机构可由政府掌握或由新组成的代表机构来实现。

在早期的互联网发展阶段，将互联网名称空间假设为一个简单的集中式数据库是正确的。在 20 世纪 70 年代，整个名称空间中有名为"hosts. txt"的文件。[①] 然而，到 1983 年左右，随着网络的持续发展，研究人员开始重新设计名称空间，将其分解为多个、相互连结的部分。最终，名称空间变得不那么集中，而权力分散使互联网治理变得更加复杂。

四、DNS 与治理：分布式系统

事实上，名称空间是一个"分布式数据库"。每秒钟都发生成千上万次的

---

① Mockapetris, Paul（1983），"Domain Names – Concepts and Facilities"，Request for comments 882. Published by Internet Architecture Board.（http：//www. rfc-editor. org/rfc. html）

名称转换，一个集中的 DNS 计算机应付不来。相反，名称空间可以将工作分配给多台计算机来解决这一问题。

名称空间是局部且分散的数据库，每个局部的数据库被称为"区域档"（或区域）。一个区域包括全部数目对列表的子集。每个区域与一个名称服务器（或称之为"服务器"——名称转换的软件程序）和一台"主机"相连接。因此，整个名称空间是一个分布式计算机数据库和名称转换系统，由区域档、名称服务器程序和主机三部分组成。

在任何分布式计算机数据库中，各部分之间的关系都是认真建构的。不同的区域彼此相连，形成了一个金字塔形结构。在层级的顶端是唯一的区域——"根"。根区域的下方连接了多个区域，这些区域的下方依次又连接了更多的区域。其层级可以被清晰的界定："根"区域和"顶级"区域连接，"顶级"区域再与"二级"区域连接，然后，"二级"区域再与"三级"区域连接，依此类推。虽然，一个给定的区域可以向下连接多个区域，但是它却只可以向上连接一个区域。无论是直接或间接地，所有区域都只能向上连接到唯一的根区域。因此，在名称空间中仅存在一个根。

在分布式计算机数据库中的子树被称为"域名"。一个域名由一个区域和所有区域下的层级构成。域名从顶级区域开始被称为"顶级域名"（TLDs）；下一级被称为"二级域名"，依此类推。整个系统构成了域名系统。"区域和域名"往往可以交替使用，但前者指的是一个文件，后者则指的是在其子树中的文件及所有较低层级的文件。著名的顶级域名包括："．com"，"．org"和"．net"。名称空间中的最大域名"．com"连接了数以百万计的低层域名。一个互联网地址，例如，mycomputer．com 便是由二级域名（my computer）和顶级域名（com）所组成的。一连串不同层级的域名由"．"隔开。

这种分布式层级展示了自上而下的控制关系。在名称空间，任何区域档都可以在区域下修改或解除链接。当一台服务器通过一系列的链接与根相连，那么它便存在于名称空间中。层级中的每一台服务器都控制着其下面的服务。假如我想要为我的公司设定互联网电子邮件服务。我已经有一个公司内部网络，现在我想将我的网络与互联网相连。我必须在 DNS 区域档中注册主机的域名和 IP 地址。名称空间是一个分布式计算机数据库，有许多我可以链接的区域档：在弗吉尼亚州注册一个名为 . com 的区域档，或在英格兰注册一个 . uk 的区域档，我总公司主机的区域档为 . holding company（它本身是与 . com 区域档链接的）。通过注册，我的主机进入了一个可用的区域档，它变成了名称空间的一部分，存在于互联网中。同样，如果我进入该区域档解除链接（取消域名），我的主机将从互联网上消失。通过修改区域档来使我进入或退出网络不是由我控制的，而是由上一级区域档管理员处理，在互联网上，我的存在依赖于上一级的管理。

1. 管理

在分布式 DNS 中，每个域都有一个管理—政策对。这些组织依据名称空间的分布式结构被组织起来：总的 DNS 管理是多重组织层级，每个管理员都控制下级管理员，在顶层的是根管理员。

每个管理员在其域下拥有权力，对其区域档进行直接的垄断式控制（以确保分配的名称空间是唯一的）。当其注册了一个较低层级的主机时，便会将权力委托给更低层级的管理员，让其控制较低区域档。权力从负责全部名称空间的根区域管理员一直流向最底层区域的个人主机。每个管理员都受其高层的管理。通过这种方式，在根制定的政策可以通过不同层级直接或间接地传递下去。规章可以流向整个层级直到个人网络管理员，甚至个人用户手中。

因此，对根区域的管理尤为重要。所有互联网上的主机直接或间接地从根授权。根的政策权力机构被授予直接控制所有顶级域名或间接控制所有低层级域名的权力。根区域的权威延伸到了整个互联网。

2. DNS 的历史因素

到目前为止，我讨论了 DNS 作为一个分布式数据库的功能及结构；而历史分析则概述了 DNS 名称空间及其管理层级的演变过程。自 20 世纪 70 年代起，计算机科学家开始对互联网的管理和政策制度进行研究，主要研究机构集中在互联网工程任务组（IETF）、互联网架构委员会（IAB）、美国南加州大学的科学信息研究所（ISI）和互联网社会（ISOC）。① 特别是美国南加州大学的计算机科学家乔恩·波斯特尔（Jon Postel）博士，在 DNS 发展的过程中发挥了关键的作用。在美国政府的科研项目中，波斯特尔提出了"互联网已分配数字权"（IANA）。在 IANA 中，波斯特尔保持了根区域档，授权添加新的顶级域名（TLDs），选择管理员代表权力机构去执行众多任务。随着互联网的发展，波斯特尔所做出的研究价值随之增加，到了 20 世纪 90 年代，他的研究已具有全球的影响力。而且，根的政策权力机构是属于他的。但自从他担任了政府承包商的角色后，最终权力正式转移到了美国政府手中。

1984 年，在一份被称为 RFC920 的文件里，波斯特尔和同事乔伊斯·雷诺兹（Joyce Reynolds）定义了名称空间的发展轨迹以及顶级区域和域名的数量。尽管名称空间只有一个根区域档，波斯特尔和雷诺兹在 1984 年宣布，顶层由大约 250 个区域档组成。这个区域档的数量不是技术需求，它可以更多或更少。RFC920 还详细说明了如何使用字符串来识别区域档。250 个顶级域名被分为两组：第一组是 6 个"通用顶级域名"（即 gTLDs："．gov"，"．edu"，"．com"，"．org"，"．mil"和"．net"）；第二组是 244 个"国家代码顶级域名"（即 ccTLDs：基于 ISO3166-1 标准的国家代码，例如，．uk 代表英国，．fr代表法国，．jp 代表日本，等等）。文件指出在域名中的特定字符串没有技术意义，只是唯一性的体现。然而，被选出的字符串却有重大的政治意义，显示出使用者来自不同的区域。在一定程度上，250 个顶级域名定义名称空间是以功能（例如：．com 代表商业、．mil 代表军事等等）和地缘政治（国家名称）为基础的。RFC920 定义了 DNS 的结构和命名方式，实现了顶级域名必须由单一管理员去维护区域档和操作服务器。

虽然波斯特尔／IANA 拥有根的政策权力，但根管理员是一家私营公司：

① Leiner, Barry, Cerf, Vinton, Clark, David, Kahn, Robert, Kleinrock, Leonard, Lynch, Daniel, Postel, Jon, Roberts, Lawrence, and Wolff, Stephen（2000），"A brief history of the Internet by those who made the history, including Barry Leiner, Vinton G. Cerf, David D. Clark, Robert E. Kahn, Leonard Kleinrock, Daniel C. Lynch, Jon Postel, Lawrence G. Roberts, Stephen Wolff", August.（http：∥www. isoc. org∕internet∕history∕）

网络解决方案公司（NSI）。NSI 从 IANA 接管了域名，但它实际上却是由美国政府操纵的。NSI 在". com"、". net"和". org"上管理和行使政策权力。". com"的发展，使 NSI 变得更加强大。1994 年美国政府打开了互联网的商业用途，. com 的注册量爆增。到 20 世纪 90 年代末，". com"已经拥有了超过 1000 万注册用户，超过了名称空间的一半。名称空间的增长不是 DNS 的固有特性，而是一种不可预见的发展。最终，". com"域名包含了全部名称空间，并与根竞争整个网络的重要性。①

与 NSI 形成对比的是，国家代码顶级域名的管理员与 IANA 相类似：它们通常是非营利组织，通常与大学的研究中心合作。因为 IANA 根据国家代码定义了区域档，为每个国家创建了一个区域档，每个国家只有一个管理员。它们构成了一个潜在的国家垄断：. fr 只能由法国注册，. uk 也只能由英国注册，等等。国家代码顶级域名系统在组织上的垄断令人联想到国家电话公司系统（PTTs），它在许多国家都是国家垄断的。2000 年 10 月，整个名称空间由超过 3000 万个数目对组成。其中，绝大部分名称空间的增长都在顶级域名". com"中，NSI 已经注册了超过 1800 万台主机；NSI 的". org"和". net"顶级域名包含了 500 万台主机；剩余的名称空间主要是分布在不同的国家代码级域名中。

20 世纪 90 年代末，DNS 比之前的系统更加复杂。首先，它是分散的。1983 年，hosts. txt 变成了分散的 DNS。② 其次，多年以来许多非技术的发展已经形成了系统。大多数顶级域名生成了国家代码标识符，并与它们实际相关的地缘政治实体（国家）相连接。". com"几乎包含了全部的名称空间。在非营利社区中，DNS 管理员、网络解决方案公司成为了商业巨头。最重要的是，波斯特尔担任了美国政府的承包商后，最终权力转移到了美国政府手中，这也使 DNS 更加复杂且充满了潜在的冲突。

---

① Mueller, Milton (1999), "ICANN and Internet Governance: Sorting through the Debris of 'Self-regulation'", *Info*, Vol. 1, No. 6, pp. 497 – 520.

② Mockapetris, Paul (1983), "Domain Names – Concepts and Facilities", Request for comments 882. Published by Internet Architecture Board. (http://www.rfc-editor.org/rfc.html)

3. 治理

在这一节，我认为从理论上讲，DNS 的技术方法可以将治理变为可能。首先，分权不会影响法律和制裁这两种机制的实现。即使增加多个层级，仍然可以将规则带给最下层的用户。分权需要向下产生更多的串联，但不会影响机制。同样，取消域名仍然是一种制裁。根下面的名称空间管理员，都会垄断控制其区域档，并可以对下一层的主机解除链接。但是，分权却会使另外两个治理机制更加难以实现。因为，分权打破了权力机构与管辖范围，特别是在国家代码顶级域名方面。IANA 为所有的名称空间制定了规则，并宣布它们的层级。然而，通用顶级域名和国家代码顶级域名的差别会抑制这两个治理机制的统一。

国家代码顶级域名是与国家联系在一起的，大多数国家已经具有政策权力机构：即他们本国的政府。各国政府会要求与他们国家相匹配的国家代码顶级域名的管辖权。尽管各国的域名比 IANA 的 DNS 层次低一些，但是由 IANA 来行使各国的权力是不妥当的。即使一个国家不知道 DNS，IANA 如此积极主动的行使政策权力也是不妥当的，结果是会引发该国政府的行动。因此，根的政策权力机构在国家代码顶级域名中行驶权力是十分困难的。

在国家代码顶级域名中，权力机关过剩，这让事情变得更加复杂了。国家代码顶级域名是互相独立的，每个域名都可以在其本身的区域中制定自己的政策，这可能会导致大量政策的分歧与冲突。DNS 的分权创造了数以百计的权力机构，每个机构都在其国家代码顶级域名中暗藏了管辖权。因此，互联网的综合治理又变成了不可能的任务。

相比之下，在通用顶级域名中，综合治理又变成了可能。IANA 可以管理像 ".com"，".org" 和 ".net" 等域名。它们在 DNS 中拥有的权力都是由 IANA 授权的。此外，虽然通用顶级域名只有 6 个，但它们却拥有最多的用户。在这些域名中，有效的权力机构仍然会影响大多数互联网用户。可以说，在 DNS 中完全整合治理是不可能的，但一个切实可行的治理程度是可以实现的。在 ".com"，".org" 和 ".net" 中实现一个权力机构和一个管辖区还是比较简单的。

为了进一步减少权力的分散，IANA 和各国政府会寻求政策的协调。尽管有上百个国家代码顶级域名，但是注册是分布不均的。像 . uk 或 . jp 的域名比其他域名，例如，. bg（保加利亚）申请的多。IANA 和最大的国家代码顶级域名之间的协调，会带来互联网治理的整合。此外，还可以通过对那些不服从国家代码顶级域名权力者施加压力，而实现整体政策一致性。

在本节结束之前，还有最后一个问题必须解决，即美国政府的角色。尽管 IANA 是 DNS 的最高权力机关，但 IANA 本身是受美国政府操控的，即美国是互联网的最终权力机关。可是，当发现本国需要在互联网上服从于美国的时候，将再一次引起其他国政府与美国政府之间的紧张关系。

4. 互联网名称与数字地址分配机构（ICANN）

在回顾了 DNS 之后，我们现在可以转向对互联网名称与数字地址分配机构（ICANN）的讨论。ICANN 创建于 1998 年，并于 1999 年发布了全球公共政策，在域名中定义了知识产权。接下来，我将通过权力机关、管辖区、法律和制裁，来确定 ICANN 的个体特征。

20 世纪 90 年代末，DNS 已经受到来自各界的重大压力。互联网已经迅速发展并超越了原先的体系，尤其是 IANA 的私人性质，其合法性是基于人的名誉（波斯特尔），这使 IANA 变得并不稳定。另一个压力来自于企业家希望与 NSI 竞争垄断地位：他们开始提出替代名称空间、制定新顶级域名（例如：. web）、独立注册等方案①，这将威胁并使名称空间碎片化。此外，IANA 的全球性是另一个问题。联合国的国际电信联盟参与了进来，各国政府和欧盟委员会（European Commission）也对此产生了兴趣，它们认为美国控制这个全球信息，威胁到了它们的主权。主权和管辖区争议继续升温。激烈的冲突也开始出现在域名与商标中（例如：. coca-cola. com）。联合国的世界知识产

---

① Mueller, Milton（1998），"The Battle over Internet Domain Names: Global or National TLDs", *Telecommunication Policy*, Vol. 22, No. 2, pp. 89 – 107.

权组织（WIPO）和美国利益集团在巨大的政治压力下设定了域名的商标管理。① 互联网在冲突中不断向前发展。

一些地方已经出现了通过研究社群、商标利益、通讯企业和国家政府的过程，来创建一个新的机构来取代 IANA。② 在此，我对 ICANN 的长期争议十分感兴趣。ICANN 最好被理解为一套半自动化体系。这套体系不仅包括作为公司的 ICANN，还包括一些外部实体，例如，各国政府委员会和顶级域名管理员。为了区分 ICANN 的这套体系和 ICANN 公司，我将前者称为 "ICANN 系统"，而后者则称为 "ICANN"。四个治理机制被混合在 ICANN 的管理系统中，所以很难界定。在下文，我将依据其治理关系功能，分析 ICANN 所起到的重要作用。

5. 权力机构与管辖区

新的 ICANN 公司取代了波斯特尔成为根的政策权力机构，独立于任何个人之上运行，解决了 ICANN 的稳定性问题。在一定程度上，ICANN 也解决了政府间的冲突。尽管其权威将扩展至全球，其权力机构在表面上依然是非政府化的，并且不会与各国政府的主权相冲突。

波斯特尔被取代后，其合法性的来源从专业技术与个人声誉转变为问责制。ICANN 的董事会代表了不同的功能和地区。在 19 名董事中，9 名代表技术专家，另外 9 名代表用户，1 名主管则是组织中的高级职员。然而，ICANN 董事会本身是受制于美国政府的。美国商务部（DOC）保留了根的最终控制权。尽管媒体大肆宣传其私有化，但美国从未完全放弃其在互联网上的权力。DOC 的官方 "情况说明书" 指出："美国商务部并不打算将权力转移到任何

---

① Shaw, Robert (1997), "Internet Domain Names: Whose Domain is This?", *Coordination of the Internet*, 1997, Cambridge, MA, MIT Press.

② Mueller, Milton (1999), "ICANN and Internet Governance: Sorting through the Debris of 'Self-regulation'", *Info*, Vol. 1, No. 6, pp. 497 – 520; Klein, Hans (2001a), "Online Social Movements and Internet Governance", *Peace Review*, Vol. 13, No. 3, pp. 403 – 410.

实体中去，它将直接管理根服务器"。①

在根的下面，合约扩展到了 ICANN 的权力机构以及通用顶级域名和国家代码顶级域名的管理员。自从 NSI 管理以来，几乎所有的通用顶级域名均在美国的压力下参与了 ICANN。经过一些讨价还价之后，NSI 和 ICANN 在 1999年达成协议。ICANN 从此获得了最多域名的政策权力。ICANN 和各国政府之间的暗自较量，在美国政府咨询委员会（GAC）中有所体现。GAC 是 ICANN的官方咨询委员会，各国政府可以在此开会、讨论和协调他们的行动。每个国家都有维护属于其国家代码区域档的权利。同时，各国政府也可以在 GAC协调政策。

GAC 的第一个动作便是建立政策权力机构的合法性。首先，GAC 宣称："互联网命名系统就其功能而言，是一种公共资源，在公共利益或共同利益中，其功能必须受到管理"。② 通过将 DNS 定义为与电磁波谱相类似的公益事业，GAC 为政府的监管方式准备了方案。然后，GAC 与各国政府的公共利益相连接并指出："相关的公共政策权力机构［国家代码域名］与其相关政府有关"。③ 这表明国家权力机构要求国家顶级域名要在他们的管辖之下。

ICANN 称国家代码顶级域名的权力来自于它的根；如果管理员没有遵循ICANN 的政策，ICANN 会重新委派另一个权力机构进行管理；或是由国家代码顶级域名管理员管理，他们引用了本地互联网社区权力机构的政策（而不是 ICANN 或政府的)。④ 这个方法会令管理员对各自祖国的互联网用户负责，而不是对他们的政府或 ICANN 负责。

———————————

① DOC（U. S. Department of Commerce）（1999），"Domain Name Agreements between the US Department of Commerce, Network Solutions, Inc. , and the Internet Corporation for Assigned Names and Numbers（ICANN)", Fact sheet, 28 September 1999.

② Governmental Advisory Committee（2000），"Principles for Delegation and Administration of ccTLDs", Presented at ICANN Board Meeting, 23 February.（http：//www. icann. org/gac/gaccctldprinciples-23feb00. htm）

③ Ibid.

④ Postel, Jon and Reynolds, Joyce（1984），"RFC：920：Domain Requirements", USC Information Sciences Institute.（ftp：//ftp. isi. edu/in-notes/rfc920. txt）

GAC 提议，ICANN 的权力重新委托给各国政府："当 ICANN 被相关政府或公共机构通知，［管理员］已经违反了条款……ICANN 应该以最快的方式迅速重新委托"。① 只要本国政府允许，国家代码管理器可以使用根。在这样的安排下，ICANN 已被列入国家政府的下一级。在撰写本文时，国家代码顶级域名的权力分散问题仍未得到解决。GAC 论坛允许各国政府协调各种政策，并开始为国家管理器开发"最佳实践"文档，以便各国可以使他们的业务标准化。② 一旦公共政策被制定，每个国家便可以在其管辖区内颁布和实行。

可见，权力机构的多样性导致了管辖权的分散。ICANN 称管辖权覆盖了整个名称空间，因此也遍及了所有用户。同样，美国的管辖权也遍布 ICANN，因此也覆盖了整个名称空间。然而，在国家代码顶级域名中，各国政府要求管辖权，这也阻止了 ICANN 和美国在名称空间实现统一的管辖区。不过，绝大多数互联网用户还是在 ICANN 的管辖区中。

6. 政策与制裁

尽管 ICANN 管理用户，但它与用户间没有直接的接触。它具有四层系统，包括：顶层的 ICANN、底层的用户以及中间的两个组织：注册和"注册商"。顶部的 ICANN 利用其权力制定规章；下面的注册用来维护区域档并操作服务器（如前所述）；再下面的注册商，为用户提供界面，他们以顾客为导向执行任务，向用户出租和提供域名服务，通常还会捆绑一些额外的服务，例如互联网接入服务等；最后，是底层的用户。

自上而下的合约跨越了这些层级，合约注册包含了 ICANN 的规章制度，其中包括与注册商有关的法规和与网络管理员有关的合约。合约条款定义了互联网的法律。若注册违反了合约，域名会被重新授权；若注册商违反了合

---

① Governmental Advisory Committee (2000), "Principles for Delegation and Administration of CcTLDs", Presented at ICANN Board Meeting, 23 February. (http：//www. icann. org/gac/gaccctldprinciples-23feb00. htm)

② Ibid.

约，会不准其访问注册表，因此他们将不能再为用户提供域名；若用户违反了合约，他们的域名将被从名称空间删除或分配给其他人。

ICANN 的注册商合约评审①是颁布法律的主要机制。任何希望成为注册商的组织，必须遵守该合约的条款。条款包括一个开放式的要求："注册商应当遵守……ICANN 采用的所有政策"。但 ICANN 会不断改变政策和协议评审（例如：纠正更新协议）。这明显给了 ICANN 广泛行使治理活动的权力。合约的条款规定必须在注册商和用户之间实行，保证法规可以从 ICANN 流向注册商及最终用户。这些规章通过清晰的制裁是可以实施的："为解决争端，［域名］持有人须同意，其域名注册可被暂停、取消或转让给任何人"。

五、全球公共政策

到目前为止，我们还没有提及 ICANN 是否具有治理互联网的能力或者治理系统是否是合法的。在这一节中，我将对这些更具争议性的话题进行研究。

1. 全球公共政策

ICANN 在 1999 年 8 月首次发布了第一个重大政策：统一调节纠纷政策（UDRP），这是知识产权领域中强制执行的决策程序②，也是 ICANN 的第一个全球公共政策。UDRP 阐明在实际情况下，ICANN 的治理机制是怎样运作的。

在 20 世纪 90 年代末，域名变得十分有价值，例如，yahoo. com 和 amazon. com 已成为企业的重要资产。随着域名价值的上升，在名称权利方面也出

---

① ICANN (1999a), "Registrar Accreditation Agreement", 12 May. （http：//www.icann.org/ra-agreement-051299.html）

② ICANN (1999b), "Uniformdispute Resolution Policy (UDRP)", 24 October. （http：//www.icann.org/udrp/udrp-policy-24oct99.htm）

现了纠纷。据说一些人抢注他人商标，然后再翻过头来卖给商标的主人。有时所有权与合理使用的权利相冲突。① 现有的商标法不足以解决这种纠纷：因为，商标法是国家的，但很多时候这是国际纠纷。在域名中用法律机制来解决国际争端，是昂贵且不适用的。

ICANN 的统一调节纠纷政策为解决域名纠纷问题制定了程序，从而有效地设定了所有权的规则。仲裁可以转让有争议的域名。这是一个"自愿"系统，当事人不满意仲裁的结果，依然可以通过法律程序解决。然而，现有的法律途径都是非常昂贵的，在大多数情况下，统一调节纠纷政策对产权问题做出决定便是最终的决定，实际上，UDRP 已具有法律效力。

统一调解纠纷政策的实现说明，ICANN 这四种治理机制的作用。首先，统一调节纠纷政策通过工作人员和各种部门的投入，最终通过了 ICANN 的批准，发展了起来。第二，通过注册商委任协议，将政策转变为法律。ICANN 为注册商进入名称空间制定了 UDRP 的条件，在注册商和用户的协议中必须包括 UDRP。第三，UDRP 包含制裁：若用户拒绝接受，便被禁止访问名称空间；当用户违反了 UDRP，他们的名字会被删除或重新分配给他人。最后，UDRP 使用了 ICANN 的管辖区，管理"．com"，"．net"和"．org"等域名的使用。而在国家代码顶级域名中，则通过国家代码管理员使用 UDRP。

在创建 UDRP 中，ICANN 制定了全球公共政策。UDRP 管理一些由政府来管理的所有权规则的公共价值，例如，商标、版权和知识产权。虽然 UDRP 管理的域名领域十分狭小，但这是进入决策的重要的第一步。

2. 合法性

如果 ICANN 制定全球公共政策，那么，它应被合法性、责任以及公平等

---

① Kleiman, Kathryn (1999), "Brief of Amicus Curiae Association for the Creation and Propagation of Internet Policies", Worldsport Networks Limited v. Artinternet S. A. and Cedric Loison. U. S. District Court for the Eastern District of Pennsylvania, No. 99 – Cv – 616. (http://www.domain-name.org/worldsport.html)

政策标准评估。事实上，它暴露出的问题大多会引发争议。① 这里我简单回顾了一下，问题出现在 ICANN 董事会的合法性上。

创建 ICANN 的政策是围绕着美国商务部"白皮书"而制定的，"白皮书"定义了 ICANN 的原则。两个原则与合法性相关：ICANN 应该致力于"私人，自下而上的协调"，它应致力于"表达……［提供］显著增长的互联网用户社区的投入"。② 其中的一些原则成为了 ICANN 在法律，特别是在表达机制中的体现。③

在许多情况下，这些合法性原则并不令人信服。ICANN 的第一个董事会是由 9 个人临时组成的。此举引起了很多公众的抗议，其任命的第一组临时董事被认为是没有公众参与和协商的产物。即其选拔过程是暗中进行的。然而，正是这个董事会颁布了统一争端解决政策。但 ICANN 董事会的人员配置并不均衡。在 1999—2000 年间的一系列会议中，专家董事力图清除、减少或推迟选举董事。④ 因此，他们反复修订了公司章程，约束董事会的行为。2000年 7 月，一名高级政府官员宣布："在修改章程后，董事会越来越给人留下傲慢的印象"。⑤

ICANN 早期的董事会更倾向于由专业人才来代表互联网用户，会选择那

① Weinberg, J. (2000), "ICANN and the Problem of Legitimacy", *Duke Law Journal*, Vol. 50, No. 1, pp. 187 – 260; Froomkin, Michael (1999), "A Commentary on WIPO's 'The Management of Internet Names and Addresses: Intellectual Property issues'", *Version* 1.0, 17 May. (http://www.law.miami.edu/~amf/commentary.htm); Klein, Hans (ed.) (2001c), "Global Democracy and the ICANN Elections" [special issue], *Info*, Vol. 3, No. 4, pp. 255 – 257.

② Department of Commerce (1998b), "Management of Internet Names and Addresses" [white paper], *Federal Register*, 63 (111).

③ Klein, Hans (2000a), "Cyber-Federalist No. 4: an Analysis of the ICANN Named Board Nominees", August 8 [online]. (http://www.cyberfederalist.org)

④ Klein, Hans (2000a), "Cyber-Federalist No. 4: an Analysis of the ICANN Named Board Nominees", August 8 [online]. (http://www.cyberfederalist.org)

⑤ Wilkinson, Christopher (2000), "Spoken Comments before the ICANN Board of Directors", (http://cyber.law.harvard.edu/icann/yokohama/)

些电信巨头，例如，法国电信、富士通、德国电信和威瑞森公司。① 董事会决策的合法性影响了所有互联网用户。随着 ICANN 制定全球公共政策，它缺乏合法性的问题引起了人们的关注。尽管 2000 年的选举为 ICANN 带来了一些用户代表，但他们未能完全体现代表的作用。②

3. 未来的政策

机构不是静态的实体，随着时间的推移，通常会扩展它们的活动范围。作为一个互联网治理实体，未来 ICANN 将颁布的政策是什么？在此处，我将简单地预测一下。

ICANN 也许最有可能在知识产权保护领域进行政策的扩张。这种扩张与其进程及初始的发展方向一致。③ 统一调节纠纷政策可以为一些名人、驰名商标、地理名称等扩展特别注册权。在所有权和电子商务的服务中，ICANN 会成为全球监管机构。

控制名称空间也可以用于促进社会正义。ICANN 和国家代码顶级域名的垄断会为服务筹集资金来克服全球的数字鸿沟，使贫穷国家支付比发达国家更少的上网费用。一些来自发展中国家的 ICANN 董事支持这一政策。

ICANN 的功能也可以用于内容监管。网站违反规定会被吊销域名、接受审查或将域名重新分配给他人，例如，voteauction. com 网站便因包含非法内容而被取消域名。域名注册商删除其注册号来限制它的内容。④ 从理论上讲，

---

① Klein, Hans (2000b), "System Development in the Federal Government: How Technology Influences Outcomes", *Policy Studies Journal*, Vol. 28, No. 2, pp. 313 – 328.

② Klein, Hans (2000b), "The Feasibility of Global Democracy: Understanding ICANN's at Large Election", *Info*, Vol. 3, No. 4, pp. 333 – 348.; Klein, Hans (ed.) (2001c), "Global Democracy and the ICANN Elections" [special issue], *Info*, Vol. 3, No. 4, pp. 255 – 257.

③ Froomkin, Michael (1999), "A Commentary on WIPO's 'The Management of Internet Names and Addresses: Intellectual Property issues'", *Version* 1.0, 17 May. (http://www.law.miami.edu/~amf/commentary.htm)

④ Perritt, Henry (2001), "Electronic Commerce: Issues in Private International Law and the Role of Alternative Dispute Resolution", *WIPO Forum on Private International Law and Intellectual Property*, Geneva, January.

ICANN 可以用同样的机制来实施管理。

ICANN 可以成为税收的工具，变成政府向电子商务收税的手段。由于域名只属于唯一的供应商，用户将不得不支付费用，否则将被拒绝访问。事实上，一些人已经指责了 ICANN 征税问题。[①]

最后，ICANN 可能还会成为美国国家政策的工具。在战争或恐怖主义国家反对美国的时候，美国可以将他们的域名从网络中删除或重新分配给他人。ICANN 的政策与美国国家政策早已联系在一起。尽管美国没有继续其狭隘的国家利益，但这个潜在的冲突引起了关注。[②]

六、结论

简单识别 ICANN 在互联网治理中的作用，是十分重要的。这引发了对建立哪种治理的关注。ICANN 否定了对互联网是一个仁慈的无政府状态区域的看法。事实证明，互联网是"可以"被控制的。DNS 提供了一个自上而下的控制基础，ICANN 利用它去制定政策。未来将会看到其更为深远的意义。出于这个原因，ICANN 未来应该关注所有互联网用户。在 ICANN，我们看到了三种技术形式。

第一种形式，客观的技术特征形成了管理和调节系统。特别是，分布式计算机数据库的技术特征设置了重要的政策参数。单一名称空间需要创建一个中央控制点。因此，这种需要唯一的标识符的情况，也出现了控制和垄断的问题。也许这些技术设计特点不是绝对必要的。然而，至少历史呈现的这些技术特点足够使它们成为"必要的"。任何试图改变 ICANN 的地位，使其变为监管机构的做法，可能不得不被重新设计。

---

① McCullagh, Declan (1999), "ICANN too tax you", Wired News, 18 June. (http://www.wired.com/news/print/0, 1294, 20293, 00. htm 1); Ward, Mark (2000), "Net groups in World Wide Wrangle", BBC News, 4 July. (http://news.bbc.co.uk/hi/english/sci/tech/newsid817000/817657.stm)

② Cisneros, Oscar (2001), "Dot-PS: Domain without a country", *Wired News*, January 12. (http://www.wired.com/news/politics/0, 1283, 41135, 00. html)

第二种形式，技术形成社会是工程师的职责。国家代码顶级域名的选择是历史的决定，并产生了深远的影响。早在互联网发展时期，这一决策已经被制定了，参与者都是工程师。这些工程师决定了互联网域名应与地缘政治实体相关联。但他们并没有为每一个国家的注册分布打基础，也没有主张国家的权力。工程师之所以做出这样的决定，是因为他们控制了 ICANN 早期的发展。

第三种形式，是技术影响社会，为一些决策提供合法性。当决策有"技术"分类的话，那么，精英们便可以暗自将决策变得合法化，这导致了政策将从公众中消失。① 尽管没有技术培训，ICANN 的律师声称他们通过专业技术，做出了中立的选择。②

ICANN 利用互联网实现了对全球公共政策的控制。ICANN 的技术形成了社会，技术专家制定了意义深远的政策，感兴趣的社会团体充分利用了技术的合法性。最重要的是，下个世纪全球信息基础设施的规章制度已经被创建。

① Lessig, Lawrence (1999), *Code and Others Laws of Cyberspace*, New York: Basic Books.

② McLaughlin, Andrew (2000), "ICANN: Myths and reality", TIES Conference, Paris, April.

全球互联网共治的伦理：内在动机与开源软件*

〔韩〕崔崇居 〔韩〕金在元 于 水 著　 王 艳 编译**

一、引言

　　全球互联网管制的一个关键性矛盾是全球互联网允许个人和集体性决策的同步制定。开源软件开发项目正在全球快速增长。在过去的几年里涌现了数以千计的开源软件开发项目，这使得全球范围内的虚拟社区增多且规模得到扩张。近期，包括信息科学和管理学在内的大量跨学科著作从量化和信息技术视角分析了这种现象的增多。① 本文旨在从"内在动机"②、知识创造以

　　＊　本文首次发表于 *Journal of Business Ethics*，2009 年第 90 卷第 4 期，第 523—531 页。文章原名 "Global Ethics of Collective Internet Governance：Intrinsic Motivation and Open Source Software"。

　　＊＊　作者简介：崔崇居（Chong Ju Choi），伦敦城市大学卡斯商学院，金融、贸易、航运系；金在元（Sae Won Kim），高丽大学国际研究生院；于水，中国，北京，海淀，21 世纪投资有限公司。译者简介：王艳，中央编译局世界发展战略研究部助理研究员。

　　①　Spaeth，S.，M. Stuermer，S. Haefliger and G. von Krogh（2007），"Sampling in Open Source Software Development：The Case for Using the Debian GNU/Linux Distribution. Proceedings of the 40th Annual Hawaii International Conference on Systems Sciences"，*IEEE*，pp. 1－7；Zeitlyn，D.（2003），"Gift Economies in the Development of Open Source Software：Anthropological Reflections"，*Research Policy*，Vol. 32，No. 7，pp. 1287－1291.

　　②　Frey，B.（1997），"A Constitution for Knaves Crowds out Civic Virtues"，*The Economic Journal*，Vol. 107，pp. 1043－1053.（doiTO. 1 111/1468－0297. 00205）；Frey，B. and A. Stutzer（2007），"Should National Happiness be Maximized？"，Working Paper，University of Zurich.

及当今社会的互动性的角度来分析开源软件社区①。我们认为我们的分析对全球互联网、商业伦理及 21 世纪全球互联网治理有重要意义。

开源软件的扩张已经引起了各种学术及实际问题，包括集体行为的本质②、个人及社会创新的本质、隐私权以及知识产权在互联网上的交易的本质。如今有超过 10000 个开源软件项目基本上遵循相同的互联网社区准则，即项目如规定的那样可以免费使用软件。③ 最显著的例子包括 Linux、Apache、Perl 等编程语言。

文献中的观点主要分为两派，一是更经济、自利，以市场为基础的思想派别。④ 该学派认为开源软件现象可以用传统的新古典经济学的逻辑以及个人声誉发展模型来分析；是一种与报酬相类似的内在动机。由于市场信息的反映以及个人名声大振，项目开发的参与者可以增加他们的潜在薪资。⑤ 第二类是基于互惠关系、亲属关系、礼物经济学的社会学及人类学学派。⑥ 该模型以与礼物有关的人类学文献为基础。⑦ 亲属关系、信任以及互惠关系促使了这个

---

① Buey, E. (2004), "Interactivity in Society: Locating an Elusive Concept", *The Information Society*, Vol. 20, pp. 373 – 382. (doi: 10. 1080/019722440490508063); Sundar, S. (2004), "Theorizing Interactivity's Effects", *The Information Society*, Vol. 20, No. 5, pp. 385 – 389.

② Olson, M. (1965), *The Logic of Collective Action*, Cambridge, MA: Harvard University Press; Ostrom, E. (1998), "A Behavioral Approach to the Rational Choice Theory of Collective Action", *American Political Science Review*, Vol. 92, No. 1, pp. 1 – 22; Raymond, E. (1999), *The Cathedral and the Bazaar: Musings on Linux and Open Source by an Accidental Revolutionary*, Sebastopol, CA: O'Reilly.

③ Von Hippel, E. and G. von Krogh (2003), "Open Source Software and the Private-Collective Innovation Model: Issues for Organization Science", *Organization Science*, Vol. 14, No. 2, pp. 209 – 223.

④ Iannacci, F. (2002), "The Economies of Open-Source Networks", Conference Paper, London School of Economics, Department of Information Systems, London; Lerner, J. and J. Tirole (2006), "A Model of Forum Shopping", *American Economic Review*, Vol. 96, No. 4, pp. 1091 – 1113. (doi: 10. 1257/aer. 96. 4. 1091)

⑤ Spence, M. (1974), *Market Signaling*, Cambridge: Harvard University Press.

⑥ Zeitlyn, D. (2003), "Gift Economies in the Development of Open Source Software: Anthropological Reflections", *Research Policy*, Vol. 32, No. 7, pp. 1287 – 1291.

⑦ Mauss, M. (1955), *The Gift*, London: Routledge Publishers; Strathern, M. (1992), *Reproducing the Future: Anthropology, Kinship and the New Reproductive Technologies*, Manchester: Manchester University Press; Titmuss, R. M. (1970), *The Gift Relationship*, London: Allen and Unwin.

社会人类学方法①用于开源软件发展研究，并且更为接近"内在动机"模型②。商业伦理的相关文献在开源软件的全球性现象方面的代表性相对不足。

本文综合互惠性和动机的两种已有理论，着重研究了商业伦理及全球互联网治理背景下的跨学科争论。我们尝试综合的第一种理论是心理契约，它由 Schein（1965）和 Levinson 等人（1962）在 19 世纪 60 年代率先提出。Rousseau 及其团队心理契约方面的研究工作在近期取得了更进一步的进展。③开源软件程序员在全球的软件开发程序员社区中有着某种心理契约，他们通过信誉与共享价值及专业背景联系在一起。由于个人及个别的商业行为被看作是违反了全球开源软件社区的心理契约，开源软件的集体公开供给是有可能的。

另一种理论是内在动机，该理论由社会心理学家提出④，并由经济学家进一步完善。⑤ 心理学家一直对内在动机与外在动机之间的区别有极为浓厚的兴趣。⑥ 这种兴趣也在一定程度上反映出外在价值与内在价值之间的鲜明对比，外在价值与某些被视作为达到某种目的的手段相关，而内在价值与纯粹地寻求其自身的终极目标的经历相关。有着强烈内在动机的人们会消极应对与他

---

① Schwimmer，B.（1995），"Kinship and Social Organization（revised January 2001）. An Interactive Tutorial"，http：//www. umanitoba. ca/anthropology/kintitle. html.

② Frey，B. and A. Stutzer（2007），"Should National Happiness be Maximized?"，Working Paper，University of Zurich.

③ Morrison，E. and D. Robinson（1997），"When Employees Feel Betrayed"，*Academy of Management Review*，Vol. 22，pp. 226 – 256；Rousseau，D.（1989），"Psychological and Implied Contracts in Organizations"，*Employee Rights and Responsibilities Journal*，Vol. 2，pp. 121 – 139.

④ Deci，E.（1975），*Intrinsic Motivation*，New York：Plenum；Deci，E. L，R. Koestner and R. M. Ryan（1999），"A Meta-Analytic Review of Experiments Examining the Effects of Extrinsic Rewards on Intrinsic Motivation"，*Psychological Bulletin*，Vol. 125，No. 3，pp. 627 – 668；Pittman，T. S. and J. F. Heller（1987），"Social Motivation"，*Annual Review of Psychology*，Vol. 38，pp. 461 – 489.（doi：10. 1146/annurev. ps. 38. 020187. 002333）

⑤ Frey，B.（1997），"A Constitution for Knaves Crowds out Civic Virtues"，*The Economic Journal*，Vol. 107，pp. 1043 – 1053.（doiTO. l 111/1468 – 0297. 00205）；Frey，B. and A. Stutzer（2007），"Should National Happiness be Maximized?"，Working Paper，University of Zurich；Kreps，D.（1997），"Interaction Between Norms and Economic Incentives"，*American Economics Review*，Vol. 87，No. 2，pp. 359 – 364.

⑥ Deci，E.（1975），*Intrinsic Motivation*，New York：Plenum.

们的内在激励行为相关的金钱补偿或奖励。文献中的一个典型例子是，对于献血者而言，金钱补偿低估了他们的社会价值及个人动机，也因此导致了更低的献血意愿。[①]

开源软件开发可以看作既有利己主义及经济市场的特征，又有互惠性及基于礼物的人类学分析。[②] 本文中，我们通过着重分析"内在动机"、社会交互性[③]、全球知识创新，尝试研究文献中有关开源软件开发的争辩。互惠性是我们分析的基础。两者对有关 21 世纪网络社会中的个人和社会的内在动机与外在动机之间的平衡方面的全球商业伦理研究都有深刻的影响。

二、互惠性交易与开源软件

开源软件全球增长现象的概念框架根源于"交易"的概念。[④] 特别是在代理理论的标准（简单）模型中，经济学家把金钱的流通假定为购置产品或自给，因此由于没有外在激励，人们只需维持最低程度的必要性工作即可；社会心理学家以两个参与者之间的关系作为前提来考虑交易；而人类学家考虑了交易在特定的团体或组织内的不同功能。虽然使用这个广义的概念有助于建立更加抽象化的理论和问题的确定，但是交易的概念不明确，可能无法

[①] Frey, B. (1997), "A Constitution for Knaves Crowds out Civic Virtues", *The Economic Journal*, Vol. 107, pp. 1043 – 1053. (doiTO. l 111/1468 – 0297. 00205); Frey, B. and A. Stutzer (2007), "Should National Happiness be Maximized?", Working Paper, University of Zurich; Titmuss, R. M. (1970), *The Gift Relationship*, London: Allen and Unwin.

[②] Mauss, M. (1955), *The Gift*, London: Routledge Publishers; Titmuss, R. M. (1970), *The Gift Relationship*, London: Allen and Unwin; Zeitlyn, D. (2003), "Gift Economies in the Development of Open Source Software: Anthropological Reflections", *Research Policy*, Vol. 32, No. 7, pp. 1287 – 1291.

[③] Spaeth, S., M. Stuermer, S. Haefliger and G. von Krogh (2007), "Sampling in Open Source Software Development: The Case for Using the Debian GNU/Linux Distribution", Proceedings of the 40th Annual Hawaii International Conference on Systems Sciences, IEEE, 2007, pp. 1 – 7; Newhagen, J. (2004), "Interactivity, Dynamic Symbol Processing, and the Emergence of Content in Human Communication", *Information Society*, Vol. 20, pp. 395 – 400.

[④] Durkheim, E. (1974), *Sociology and Philosophy*, New York: Free Press.

获得具体的结论。人类学家和社会心理学家试图强调交易的互惠性关系。[①]

在开源软件开发的分析过程中可能也会产生类似的矛盾。对于开源软件而言，全球社区有拟人化的特征，因此与雇员忠诚于组织有相似之处。[②]

与那些多数假定在交易过程中无任何矛盾的完全自由竞争型的传统经济学模型相比，行为主义心理学家已表明以社会结构、人际交往及关系为基础的非完全自由竞争和交易模型可以更好的反映实际情况，但复杂程度极高。[③]社会资本的结构和关系的影响在以知识为基础的产业中尤为明显。[④]

和 Durkheim（1974）一样，我们从区分价值—经济价值这两个不同的概念开始，在经济价值中，社会的相互作用是可以忽略的，而理想的价值是由社会的强相互作用创造的。前者主要应用于商品交易中。在商品的市场交易中，资产在市场上以特定的价格被集中、定量、定值的交易。[⑤] 市场价格作为一种通用且透明的机制，有利于这些实物资产的交易。同时，隐性的和无形的资产，例如知识，难以估价，因此其价值由参与者或组织视特定的情况来定。[⑥] 从概

---

① Titmuss, R. M. （1970）, *The Gift Relationship*, London：Allen and Unwin.

② Morrison, E. and D. Robinson （1997）, "When Employees Feel Betrayed", *Academy of Management Review*, Vol. 22, pp. 226 – 256; Rousseau, D. （1989）, "Psychological and Implied Contracts in Organizations", *Employee Rights and Responsibilities Journal*, Vol. 2, pp. 121 – 139.

③ Burt, R. （1992）, *Structural Holes*, Cambridge：Harvard University Press; Polyani, M. （1957）, *The Great Transformation*, New York：Rinehart and Company.

④ Dalle, J. -M. and N. Jullien （2003）, "Libre Software：Turning Fads into Institutions？", *Research Policy*, Vol. 32, pp. 1 – 11. （doi：10.1016/S0048 – 7333 （02） 00003 – 3）; Hertel, G., S. Niedner and S. Herrmann （2003）, "Moti vation of Software Developers in Open Source Projects", *Research Policy*, Vol. 32, pp. 1159 – 1177. （doi：10.1016/ S0048 – 7333 （03） 00047 – 7）; Lanzara, G. and M. Morner （2003）, "The Knowledge Ecology of Open-Source Software Project", Paper Presented at EGOS 19th Colloquium, Cophenhagen, July 3 – 5, 2003; Spender, J. C （1996）, "Making Knowledge the Basis of a Dynamic Theory of the Firm", *Strategic Management Journal*, Vol. 17 （Winter）, pp. 45 – 62.

⑤ Gell, A. （1982）, "The Market Wheel：Symbolic Aspects of an Indian Tribal Market", *Man*, Vol. 17, pp. 470 – 491. （doi：10.2307/2801710）

⑥ Grant, R. M. （1996）, "Knowledge, Strategy and the Theory of the Firm", Strategic Management Journal, Vol. 17, pp. 109 – 122. （doi：10.1002/ （SICI） 1097 – 0266 （199602） 17：2 < 109：：AID – SMJ796 > 3.0. CO；2 – P）

念的角度来看，交易比网络所涵盖的范围更广，并且在整个社会学学科都没有统一的定义。① 在经济学领域，前文所提及的代理理论简单模型中的交易包含了金钱或者有货币价值的产品的流通，以及交易参与者以合理的个体行为获得的自身收益。② 对于人类学家来说，交易对特定参与者或组织群体有重要的作用。③ 在心理学和社会学研究中，交易被看作是参与者之间关系的派生结果。④ 尽管在社会科学研究中，对交易没有一个统一的定义，一个有形的目标——资产或资源，认为在该过程中形成交易。知识和技能型的资产，例如开源软件，为交易的理论提供了两个重要的研究领域。第一，网络交易的本质与市场交易的本质之间的区别，尤其是当网络被冠以长期性和战略性的特征的时候。第二，如开源软件之类的无形资产或资源的交易的过程和本质。⑤

三、知识产权与开源软件

市场的纯竞争性质与参与者之间更多的合作性质之间有两点根本性的区别。一个显著的区别是网络中的合作从根本上要求进行交易和知识产权的分析，以及如何形成更有效的交易机制。另一个区别是由于特定参与者的动机

---

① Toyne, B. (1989), "International Exchange: A Foundation for Theory Building in International Business", *Journal of International Business Studies*, Vol. 20, No. 1, pp. 1 – 17; Uehara, E. (1990), "Dual Exchange Theory, Social Networks and Informal Social Support", *American Journal of Sociology*, Vol. 96, No. 3, pp. 521 –557.

② Ostrom, E. (1998), "A Behavioral Approach to the Rational Choice Theory of Collective Action", *American Political Science Review*, Vol. 92, No. 1, pp. 1 –22.

③ Toyne, B. (1989), "International Exchange: A Foundation for Theory Building in International Business", *Journal of International Business Studies*, Vol. 20, No. 1, pp. 1 –17.

④ Granovetter, M. (1985), "Economic Action and Social Structure: The Problem of Embeddedness", *American Journal of Sociology*, Vol. 78, pp. 1360 –1380. (doi: 10. 1086/225469)

⑤ Spaeth, S., M. Stuermer, S. Haefliger and G. von Krogh (2007), "Sampling in Open Source Software Development: The Case for Using the Debian GNU/Linux Distribution", Proceedings of the 40th Annual Hawaii International Conference on Systems Sciences, IEEE, 2007, pp. 1 – 7; Von Hippel, E. and G. von Krogh (2003), "Open Source Software and the Private-Collective Innovation Model: Issues for Organization Science", *Organization Science*, Vol. 14, No. 2, pp. 209 –223.

和利益可能会与社区里的其他参与者有分歧，这就需要对长期关系的性质进行共有集体价值分析。① 然而，在大量关于网络管理的文献中，上述有关交易、产权、集体所有权的问题都没有得到充分的分析，尤其是在将它们应用于开源软件方面的研究。

然而，上述问题在社会人类学②、法律和经济学③、政治科学④等学科已有基础性的研究。上述学科的这些著作已分析了交易作为一个过程的本质，以及在合作情况下（例如网络）的动机和利益分歧。关键的区别是有形的实物资产，例如设备，可以在市场上估值和计价；市场价格作为一种通用、透明的机制，有利于实物资产的交易。正在交易中的商品、资产是有形的、定量的，且以特定的价格计量。⑤ 同时，具有隐性和社会要素的无形资产，例如开源软件，难以实现估价，其价值有参与者或组织依据特定的背景或情况来定。⑥ 与纯粹的经济学和货币价值相对应，开源软件具有象征性价值。⑦ 社会

---

① Etzioni, A. (1988), *The Moral Dimension*, New York: Free Press; Olson, M. (1965), *The Logic of Collective Action*, Cambridge, MA: Harvard University Press.

② Blau, P. (1964), *Exchange and Power in Social Life*, New York: Wiley; Ekeh, P. (1974), *Social Exchange Theory*, Cambridge: Harvard University Press; Levi-Strauss, O. (1996), *The Elementary Structure of Kinship*, Boston: Beacon Press.

③ Alchian, A. (1965), "The Basis of Some Recent Advances in the Theory of Management of the Firm", *The Journal of Industrial Economics*, Vol. 14, No. 1, pp. 30 – 41. (doi: 10. 2307/2097649); Coase, R. (1960), "The Problem of Social Cost", *The Journal of Law & Economics*, Vol. 1, pp. 1 – 44. (doi: 10. 1086/466560); Posner, R. (1992), *Economic Analysis of Law*, Boston: Little.

④ Olson, M. (1965), *The Logic of Collective Action*, Cambridge, MA: Harvard University Press; Ostrom, E. (1998), "A Behavioral Approach to the Rational Choice Theory of Collective Action", *American Political Science Review*, Vol. 92, No. 1, pp. 1 – 22.

⑤ Gell, A. (1982), "The Market Wheel: Symbolic Aspects of an Indian Tribal Market", *Man*, Vol. 17, pp. 470 – 491. (doi: 10. 2307/2801710)

⑥ Polyani, M. (1957), *The Great Transformation*, New York: Rinehart and Company; Spender, J. C. (1996), "Making Knowledge the Basis of a Dynamic Theory of the Firm", *Strategic Management Journal*, Vol. 17 (Winter), pp. 45 – 62.

⑦ Bourdieu, P. (1977), *Outline of a Theory of Practice*, Cambridge: Cambridge University Press; Douglas, M. and B. Isherwood (1979), *The World of Goods: Towards an Anthropology of Consumption*, London: Allen Lane; Zeitlyn, D. (2003), "Gift Economies in the Development of Open Source Software: Anthropological Reflections", *Research Policy*, Vol. 32, No. 7, pp. 1287 – 1291.

人类学领域的研究表明，存在多用途货币的社会中，我们可以观察到不同的交易平行范围：有形的物品，例如食物和原材料，可以交换到多用途的金钱；货币价值不确定的无形物品仅可以作为礼物给予，而不能交换到金钱。①

尽管上述的交易范围可以看作是市场交易和社会交易的区别②，社会和社区主导型资产，例如开源软件，至少可以部分依赖有形资产的交易范围之外的其他不同范围。反过来，这又会使无形资产（例如开源软件）的经济财产权利和集体所有权的转让和保护变得复杂。

（一）产权的定义

合作的本质要求网络上的参与者不断进行交易。③ 对于交易中的这种持续性，则需要网络上的参与者相互理解产权。在社会科学的文献里，财产产权的定义主要有两种：由国家拟定的传统且更加法制的产权定义，以及与资产或资源相关联的经济学产权定义。④ 基于文献和我们先前有关外在价值和内在价值的讨论，我们如此区分上述的产权：法律意义上的产品是外在的，因为权力本身是达到最终形式的途径；而经济学产权是内在的，因为权力本身就是目的。

---

① Appadurai, A. (1986), *The Social Life of Things*: *Commodities in Cultural Perspective*, Cambridge: Cambridge University Press; Sahlins, M. (1972), *Stone Age Economics*, Chicago: Aldine Atherton; Simmel, G. (1978), *The Philosophy of Money*, London: Routledge.

② Baker, W. (1990), "Market Networks and Corporate Behavior", *American Journal of Sociology*, Vol. 96, No. 3, pp. 589 – 625. (doi: 10. 1086/229573); Marsden, P. and K. Campbell (1984), "Measuring Tie Strength", *Social Forces*, Vol. 63, No. 2, pp. 482 – 501; Mizruchi, M. and J. Galaskiewicz (1993), "Networks of Interorganizational Relations", *Sociological Methods and Research*, Vol. 22, No. 1, pp. 46 – 70.

③ Burt, R. (1992), *Structural Holes*, Cambridge: Harvard University Press.

④ Demsetz, H. (1967), "Toward a Theory of Property Rights", *The American Economic Review*, Vol. 57, pp. 347 – 359.

产权要求权力得到认可和执行。[①] 法律意义上的产权趋向于被公认并由政府或/和国家进行执行。Ellickson 在他的研究中已表明，在高度法制化的社区里，例如美国，社会执行力通常代替了法律契约。[②] Demsetz 表明，随着特殊资源价值的增加，经济学产权变得更为重要；然而，这仍然要以某种透明的、单方面的市场估价为前提。[③] 基于互联网的资产，例如开源软件，为了合理的进行开发和使用，要求建立资产的合作和交易机制，需要考虑资产产权的转让、获得及保护。由于存在社会要素和隐性要素，开源软件的经济学产权是一个尤为复杂的问题。

（二）产权执行

North（1991）曾表示"协议如何执行是经济绩效最重要的也是唯一的决定因素"。本文的理论框架也认为与产权相关的协议的执行对于促进公用产品和公共财产资源（例如开源软件）发展的集体行动的延续是至关重要的。法律和经济学领域的学术研究表明：

……如果清晰地定义产权，合约的执行制度才更有价值……更好地定义产权有利于交易的开展，交易额会随着产权值的增加而增加。

关于网络以及组织之间的社会结构和关系的研究认为，产权的执行是相对自动的，以确保经济财产权利的平稳转让并得到保护。[④] 如果假定参与者都

---

① Demsetz, H. (1967), "Toward a Theory of Property Rights", *The American Economic Review*, Vol. 57, pp. 347 – 359；North, D. (1991), "Institutions", *Journal of Economic Perspectives*, Vol. 5, No. 1, pp. 97 – 112；Posner, R. (1992), *Economic Analysis of Law*, Boston：Little.

② Ellickson, R. (1991), *Order Without Law*, Cambridge：Harvard University Press.

③ Demsetz, H. (1967), "Toward a Theory of Property Rights", *The American Economic Review*, Vol. 57, pp. 347 – 359.

④ Bradach, J. and R. Eccles (1989), "Price, Authority, and Trust", Annual Review of Sociology, Vol. 15, pp. 97 – 118. (doi：10.1146/annurev. so. 15.080189.000525)；Burt, R. (1992), *Structural Holes*, Cambridge：Harvard University Press；Zajac, E. and C. Olsen (1993), "From Transaction Cost to Transaction Value Analysis：Implications for the Study of Interorganizational Strategies", *Journal of Management Studies*, Vol. 30, pp. 131 – 145.

是网络会员，且他们的背景情况相一致，这就会变得更为可能。例如，在相关的研究中，Landa 表明了伦理背景在网络的形成过程中是如何发挥至关重要的作用的，而且这也非常依赖于促使合作达成和以信任为基础的所需的非正式社会规范和机制。①

然而，当今全球商业环境中参与者的背景并非简单、相同，而是多种多样。全球竞争的本质已经促使了不同国家、行业、文化的参与者之间形成了战略网络和合作。这样的多样性使得合作性决策的制定变得非常复杂，一直以来是社会人类学、法律、经济学等社会科学的研究内容）。② 当今全球商业环境中的持续变化和不确定性使多样性进一步复杂化。所有的这些因素导致全球性网络中开源软件的产权实施无法自动进行。

四、心理契约和内在动机

大多数开源软件方面的文献主要关注市场与社会及公共商品要素之间的关系，以及它与新技术的关联。③ 而本文侧重于研究产权突出开源软件的心理要素和社会要素的重要性。我们认为这些框架可以将心理契约和内在动机方面的研究工作综合起来。

---

① Landa，J. (1994)，*Trust*，*Ethnicity*，*and Identity*，Ann Arbor：University of Michigan Press.

② Greif，A. (1993)，"Contract Enforceability and Economic Institutions in Early Trade"，*The American Economic Review*，Vol. 83，No. 3，pp. 525 – 548；Posner，R. (1992)，*Economic Analysis of Law*，Boston：Little；Schelling，T. O. (1960)，*The Strategy of Conflict*，Cambridge，MA：Harvard University Press.

③ Lerner，J. and J. Tirole (2006)，"A Model of Forum Shopping"，*American Economic Review*，Vol. 96，No. 4，pp. 1091 – 1113. (doi：10. 1257/aer. 96. 4. 1091)；Spaeth，S.，M. Stuermer，S. Haefliger and G. von Krogh (2007)，"Sampling in Open Source Software Development：The Case for Using the Debian GNU/Linux Distribution"，Proceedings of the 40th Annual Hawaii International Conference on Systems Sciences，IEEE，2007，pp. 1 – 7；Von Hippel，E. and G. von Krogh (2003)，"Open Source Software and the Private-Collective Innovation Model：Issues for Organization Science"，*Organization Science*，Vol. 14，No. 2，pp. 209 – 223.

（一）心理契约

心理契约这个词来源于 Schein 和 Levinson 等人的著作。这些著作将心理契约定义为组织与雇员之间关于职责方面互惠性的期望。Levinson 和 Schein 认为心理契约是指特定的互惠性和对相互共享的期望。然而，Rousseau 表明由于承诺、默认契约以及可以或不可以由雇员和他们的雇佣组织共享的期望方面的问题，如此的认定并不容易实施。① 近期的更多著作，例如 Morrison 和 Robinson 分析了违背心理契约的重要性以及对组织内部动机的负面影响。②

我们认为开源软件的开发者与通过诸如信任、共享价值、职业背景等因素联系在一起的全球社区开发者之间有某种心理契约。在软件开发者的眼里，开源程序有人性的特征，因此这种情况与心理契约是类似的。由于过多的个人行为和商业行为被看作是违背了全球开源软件社区的心理契约，因此集体所有的、供公共使用的开源软件是有可能的。

（二）内在动机

开源软件项目和社区的扩张已引发了针对开源软件和社区的程序开发者动机的争论。纯粹的基于市场的经济学观点将其视为一个有趣的难题：

为什么几千位一流的程序员会无偿的提供公共产品？经济学的解释是这种动机与个人名誉有关系，个人名誉可以增加开源软件开发者将来的收入和就业机会。③

---

① McLean Parks, J. and E. Conlon (1995), "Compensation Contracts: Do Agency Theory Assumptions Predict Negotiated Agreements?", *Academy of Management Journal*, Vol. 38, No. 3, pp. 821 – 838.

② Morrison, E. and D. Robinson (1997), "When Employees Feel Betrayed", *Academy of Management Review*, Vol. 22, pp. 226 – 256.

③ Lerner, J. and J. Tirole (2006), "A Model of Forum Shopping", *American Economic Review*, Vol. 96, No. 4, pp. 1091 – 1113. (doi: 10. 1257/aer. 96. 4. 1091)

Frey 和他的团队通过区分内在动机和/或金钱动机以及内在动机和/或心理动机来反映其真实面目。① 在早期的认知社会心理学家的研究中②都将内在动机作为了研究内容，这些文献认为金钱回报可能会削弱内在动机。Titmuss 也表达了类似的观点：有偿献血会削弱献血的社会价值和动机，并会降低献血的意愿。③

越来越多针对开源软件现象的学术讨论趋向于分为两派。一派认为开源软件是为个人名誉以及未来收入增加期望等经济利益所驱动的，该观点为大多数经济学家认同。④ 另一派基于社会和集体价值，认为是受由私人提供公共物品的框架所驱动。⑤ 我们的框架试图通过心理学角度来为这两极分化的分析建立联系。心理契约及其违背和内在动机的重要性都表明了心理学要素在开源软件扩增方面的重要性。

五、互联网管制的伦理：不局限于开源软件

商业伦理和互联网管制方面的一个问题是开源模式是否可以移植到其他

① Frey, B. and A. Stutzer (2007), "Should National Happiness be Maximized?", Working Paper, University of Zurich.

② Deci, E. (1975), *Intrinsic Motivation*, New York: Plenum; Pittman, T. S. and J. F. Heller (1987), "Social Motivation", *Annual Review of Psychology*, Vol. 38, pp. 461 – 489. (doi: 10.1146/annurev. ps. 38. 020187. 002333)

③ Frey, B. and A. Stutzer (2007), "Should National Happiness be Maximized?", Working Paper, University of Zurich; Titmuss, R. M. (1970), *The Gift Relationship*, London: Allen and Unwin.

④ Iannacci, F. (2002), "The Economies of Open-Source Networks", Conference Paper, London School of Economics, Department of Information Systems, London; Lerner, J. and J. Tirole (2006), "A Model of Forum Shopping", *American Economic Review*, Vol. 96, No. 4, pp. 1091 – 1113. (doi: 10.1257/aer. 96. 4. 1091)

⑤ Harhoff, D. (1996), "Strategic Spillovers and Incentives for Research and Development", *Management Science*, Vol. 42, No. 6, pp. 907 – 925. (doi: 10.1287/mnsc. 42. 6. 907); Raymond, E. (1999), *The Cathedral and the Bazaar: Musings on Linux and Open Source by an Accidental Revolutionary*, Sebastopol, CA: O'Reilly; Zeitlyn, D. (2003), "Gift Economies in the Development of Open Source Software: Anthropological Reflections", *Research Policy*, Vol. 32, No. 7, pp. 1287 – 1291.

工业领域。随着英特尔和三星实施类似于 Red Hat 与 Linux 的组合功能，半导体元件能在开源模式下开发吗？许多行业都有商业实体之间以集体行动的形式进行合作；全球互联网允许此类的全球协作。在诸如生物技术之类的领域，不太可能将大工程分解为几个小的组成部分，这与开源软件集体行为的特征是一样的。许多行业，如生物技术，还要求大量的资本，没有初步的资金投入，开源软件型的合作是不可能的。由其他行业提供创新和开源式的文化——此类集体行为的商业伦理意义在全球互联网管制研究领域是一个基础问题。

在21世纪，全球机构可以效仿依附于开源产品的获利方式，或者通过参与开源本身或采纳其在互联网上的集体和群体行为的制度布置方案来获得一些效益。开源产品看起来像是一种独特的现象。然而，我们认为全球互联网将会产生更多此类将个人和集体结合在一起的行为。开源项目和传统公司可以相互借鉴创新的方式方法实现21世纪全球互联网的管制和创新。

六、结论及展望

全球互联网管制的一个主要矛盾是全球互联网允许个人和集体同时作出决策。在社会科学、商业、管理等领域已有大量的文献阐述和研究了开源软件开发迅速增长的现象。然而，这个话题在商业伦理方面的文献中仍处于争论之中。文献中的争辩分为两个派别：一是以经济、自利、市场为基础的思想派别，如 Spaeth et al. ，Lerner and Tirole，Iannacci 等。该学派认为开源软件现象可以按照传统的新经济学理论和个人名誉模型来进行分析；参与开发开源软件的个人可以通过市场和个人名誉的提升来增加他们未来的潜在收入。开源软件交易以这种模式运行，并可以用传统的时间和价格来进行衡量、度量或定量。

第二个思想学派是基于互惠关系、亲属关系、礼物经济学的社会人类学学派，如 Zeitlyn。该模型以关于礼物的人类学文献为基础，例如 Mauss 和 Strathern 将亲属关系、信任、互惠性等社会人类学方法用于开源软件开发的分析。

　　本文中，我们通过综合现有的侧重于全球互联网管制伦理方面的两种互惠性和动机的理论研究了这个跨学科的问题。首先是心理契约理论，例如Rousseau、Robinson and Morrison、Morrison and Robinson 等文献中有相关的分析内容。我们认为开源软件开发者与由这样的程序开发者组成的全球社区之间有着心理契约，他们通过信誉、共同的价值观及专业背景联系在一起。由于更多的个人和商业行为被看作是违背了全球开源社区的心理契约，因此开源软件的集体公开供给是有可能的。第二，Frey 及其团队提出的内在动机理论，进一步用认知社会心理学家的研究。Deci 等人表明金钱回报会削弱内在动机。Titmuss 也持类似的观点，认为有偿献血会削弱献血的社会价值和动机，从而导致更低的献血意愿。

　　我们认为强调心理和动机解释对商业伦理和互联网治理有一定意义，这可以在由开源软件的增长而引发争论的对立学派间建立起桥梁。我们认为这两个领域都值得进一步研究。首先，通过研究交易在非金钱类交易相对更为重要的社会中的本质，我们对开源软件交易以及它们与社会交易的关系问题的理解会得到进一步的加深。第二，需要对内在动机的复杂性以及经济和社会价值的实质做进一步经验性研究。为了使与开源软件开发在商业伦理环境中的价值本质相关的问题得到清楚的阐述，我们认为比较案例研究方法可能是最合适的。

GGS 互联网全球治理

Global
Governance
Series

第二部分 | 治理主体

互联网全球治理：国家的回归[*]

[美] 丹尼尔·W.德雷兹内 著　　曲 甜 译[**]

经济全球化步伐的加快引发了很多糟糕的国际关系理论出现。对于经济全球化这一现象，理论界的回应做出以下预言：在工资、管制标准和社会保护方面将出现一场竞次之争（race to the bottom）。[①] 虽然"竞次之争"理论受到反全球化的抗议者的支持，但是它缺乏理论假定且存在致命缺陷并缺乏经验支持。[②] 另一派理论派则关注非国家行为体的赋权，比如跨国公司、非政府组织（简称 NGO）和跨国激进组织。[③] 还有一部分文献针对国际制度带来有

---

　　* 本文首次发表于 *Political Science Quarterly*，2004 年第 119 卷第 3 期，第 477—498 页。文章原名"The Global Governance of the Internet：Bringing the State Back In"。

　　** 作者简介：丹尼尔·W.德雷兹内（Daniel W. Drezner），芝加哥大学政治学系。译者简介：曲甜，清华大学社会科学学院政治学系博士后。

① Richard Falk（1997），"State of Seige：Will Globalization Win Out？"，*International Affairs*，Vol. 73，January，1997，pp. 123 – 136；Arthur Schlesinger，Jr.（1997），"Has Democracy a Future？"，*Foreign Affairs*，September/October，pp. 7 – 8；Alan Tonelson（2000），*The Race to the Bottom*，Boulder，CO：Westview Press.

② Daniel W. Drezner（2000），"Bottom Feeders"，*Foreign Policy*，Vol. 121，November/December，pp. 64 – 70.

③ Ronnie Lipschutz（1992），"Reconstructing World Politics：The Emergence of a Global Civil Society"，*Millennium*，Vol. 21，Spring，pp. 389 – 420；Susan Strange（1996），*The Retreat of the State：The Diffusion of Power in the World Economy*，Cambridge University Press；Jessica Matthews，"Power Shift"，*Foreign Affairs*，Vol. 76，January-February，pp. 50 – 66；Margaret Keck and Kathryn Sikkink（1998），*Activists Beyond Borders*，Ithaca，NY：Cornell University Press.

效全球治理的能力展开辩论。① 所有这些流派关注的都是国家自主性相较于世界政治中其他力量的衰落。这些"理论小岛"聚焦于全球化如何影响治理这一宏大的问题的某些小部分；其结果是只见树木不见森林。

互联网方面的学术研究以更加集中的形式囊括了全球化研究所有理论方面的问题。对于国际关系的理论家，互联网最具决定性的特征在于它"克服了所有领土相隔和边界方面的障碍"②。因为在互联网上进行沟通的交易成本很低，所以非国家行为体可以将其活动协调到比以往复杂得多的程度。互联网站点可以设立在全球任何一个地方，这使得商家和个人可以避开一切国家管制。协调国家管制与计算机网络分散化的结构之间的冲突日益困难。③ 网络分析师代替国家提出了一种更加强调直接民主和开放辩论的治理结构。该结构由网络爱好者团体来指导，这些人信奉非国家干涉的自由主义信条。④ 如果全球化改变了国际关系，那么其影响在互联网管制方面体现得最为明显。

全球化和互联网当真削弱了国家管制全球经济的能力吗？本文认为，上一段中概括的共识是错误的。国家，特别是大国，仍然是解决由全球化和互联网带来的社会政治外部性的最主要行为体。作为最主要的行为体，各个大国相较于其他行为体在实现其偏好方面始终是最为成功的。强国利用广泛的外交政策措施，比如遏制、诱导、委托和在不同国际制度下择地诉讼（forum shopping）等，将其期望变为想要的结果。非国家行为体仍然可以在一些边缘方面对结果施加影响，但它们与国家之间的相互作用比起全球化研究文献所暗示的，要无足轻重得多。

---

① Abram Chayes and Antonia Handler Chayes (1995), *The New Sovereignty*, Cambridge, MA: Harvard University Press; Kenneth Waltz (1999), "Globalization and Governance", *Political Science and Politics*, Vol. 32, December, pp. 693 – 700.

② Jan Aart Scholte (2000), *Globalization: A Critical Introduction*, New York: St. Martin's Press, p. 75.

③ Virginia Haufler (2001), *A Public Role for the Private Sector*, Washington, DC: Carnegie Endowment for International Peace, p. 82.

④ John Perry Barlow (1996), "A Declaration of the Independence of Cyberspace", 2 September 1996, accessed at http://www.islandone.org/Politics/DeclarationOfIndependance.html, 29 May 2002.

　　替代性（substitutability）原则对于理解全球化如何影响全球治理很关键。① 国家可以取代并将继续取代各类治理结构和各类政策工具，其依据是国家利益的布局。大国有很多选择，包括将管理权下放给非国家行为体，建立具有强执行力的国际制度，构建相互竞争的制度以保护物质利益，以及由于存在不同的国家偏好而容许有效合作的缺失。因为全球化的学者没有考虑到委托策略（delegation strategy）是一项有意识的国家选择，所以他们误解了国家在全球治理中的作用。

　　互联网的国际管制为检验这些观点提供了肥沃的土壤。之前对于互联网的分析很模糊，这部分地是因为这样一种假设，即所有与互联网相关的活动都是以单一的政策来界定的。事实上，互联网已经引起了多领域的治理发展，包括技术协议、审查、电子税收、知识产权和隐私权等等。针对这些问题中的很多方面，各国表达了不同的利益，叫停了与其偏好冲突的跨境互联网交易，并利用国际政府组织（简称 IGO）与国际条约来推进其偏好。即使有些问题存在大范围共识，比如技术协议的标准化，大国依然以隐蔽的形式操纵权力以达到它们想要的结果。

　　这对于国际关系和全球化的学者具有重要意义。对于国家中心的国际关系理论，互联网可以被描述为一次艰难的检验；而对于全球公民社会理论，互联网则是一次简单的检验。② 如果认识到国家是互联网相关问题的关键行为体，那么全球化研究将需要重新考虑国家和非国家行为体之间的关系。这里所提供的证据暗示了 IGO 和 NGO 都在全球治理中发挥作用。有些时候它们可以作为独立的议程设置者，但更多的时候它们是作为国家利益的代理者。只有把这些行为体理解为全球互联网治理制度中的替代性选择，才可以更加深入地理解经济全球化时代的全球治理。

---

　　①　Benjamin Most and Harvey Starr（1984），"International Relations Theory，Foreign Policy Substitutability，and 'Nice' Laws"，*World Politics*，Vol. 36，April，pp. 383–406.

　　②　On case selection，see Harry Eckstein（1975），"Case Study and Theory in Political Science"，in Fred Greenstein and Nelson Polsby（eds.），*Handbook of Political Science*，Vol. 7，Reading，MA：Addison Wesley.

本文余下的内容共分为五个部分。接下来的一部分回顾了互联网和国际关系的现有观点。第三部分提出了一个全球管制的模型，其依据是国家权力和利益的分配，并分析这一模型如何解释互联网的多重管制维度。第四部分简明地考察了互联网的一些相关问题——内容管制、知识产权（IPR），和隐私权。不同国家对这些问题看法大不相同，而且各国已决意在这些问题领域中锁定（lock in）其偏好。第五部分分析了几项管理技术协议的国际制度，这些协议是互联网的基石。这一部分证实了下述观点：当国家大致认可管制结果时，大国倾向于将管制权委托给非国家行为体，但其影响力仍将主导结果。最后一部分对全球化和全球治理研究的分支问题进行了思考。

一、全球化与互联网：一些公认的看法

过去的十年中，关于全球化如何改变治理的争论很激烈。通过这场争论，我们可以就全球化对全球政治经济管理产生的影响提炼出两个清晰的假设。首先，全球化削弱了国家主权，弱化了政府有效管理国内事务的能力。全球市场的力量既强大又不可控，这使政府失去了代理人。正如托马斯·弗里德曼（Thomas Friedman）所言，全球化把国家塞进"金色紧身衣"（Golden Straitjacket），致使其必须在"自由市场与北韩"二者之间做出选择。① 很多国际关系的学者认为全球化严重地削弱了国家的支配能力。②

第二个假设是，随着国家力量的衰弱，全球化同时提高了非国家行为体的力量，其方式是通过降低跨边界交易成本。针对这些非国家行为体的特征，不同的作者有不同的概括。彼得·哈斯（Peter Hass）认为，当技术专家就某

---

① Thomas Friedman (1999), *The Lexus and the Olive Tree*, New York: Farrar, Strauss & Giroux, p. 86.

② Strange, Retreat of the State. Dani Rodrik (1997), *Has Globalization Gone Too Far?*, Washington, DC: Institute for International Economics; Ian Clark (1999), *Globalization and International Relations Theory*, Oxford: Oxford University Press; Richard Rosecrance (1999), *The Rise of the Virtual State*, New York: Basic Books.

项特定政策议题达成共识时，政府将会追随专家们的意见。① 保罗·瓦普纳
（Paul Wapner）提出，NGO 的成长相当于创造了一个全球公民社会，其力量
已经强大到国家无法视而不见。② 弗吉尼亚·哈夫勒（Virginia Haufler）发现，
跨国公司常常建立自己的治理结构以弥补国家的撤退，这导致了新型"私人
权威（private authority）"结构的出现。③

国际关系理论家和网络爱好者都同意，互联网极大地提高了全球化这些
影响。关于国家权力，弗朗西斯·凯恩克罗斯（Frances Cairncross）认为，
"政府裁判权具有地域性。互联网则几乎没有边界。二者之间的碰撞将减少单
一国家能为之事。政府的权限，已经被诸如贸易自由化的力量所侵蚀，未来
还将进一步缩小……一个结果是：国家将无法再设定税率或者其他它们想要
的标准。"④ 维克多·迈耶-舍恩伯格（Viktor Mayer-Schonberger）和底波拉·
赫尔利（Deborah Hurley）发现，"基于地缘邻近、领土位置，和实体共同体
的排他性成员资格的政府将会从根本上受到来自于大量地缘上非邻近的、相
互重叠的虚拟共同体的挑战"。⑤ 网络大师约翰·佩里·巴洛（John Perry Bar-
low）认为，"通过构造出一个无缝、无界、无法管制的全球经济区域，互联
网挑战了民族国家的正统观念"。⑥

还可以达成普遍共识的是，互联网提高了非国家行为体的能力，使其得
以建立日益复杂的关系网。史蒂芬·科布林（Stephen Kobrin）宣称，因为
NGO 在互联网上对策略和行动进行协调，它们可以通过发达国家的努力使

① Peter Haas（1992），"Introduction：Epistemic Communities and International Policy Coordination"，
International Organization，Vol. 46，Spring，pp. 1 – 35.

② Paul Wapner（1995），"Politics Beyond the State：Environmental Activism and World Civic Poli-
tics"，*World Politics*，Vol. 47，April，pp. 311 – 340.

③ Virginia Haufler（2001），*A Public Role for the Private Sector*，Washington，DC：Carnegie Endow-
ment for International Peace，p. 82.

④ Frances Cairncross（2000），*The Death of Distance*，2nd ed. Cambridge，MA：Harvard Business
School Press，p. 177.

⑤ Viktor Mayer-Schonberger and Deborah Hurley（2000），"Globalization of Communication"，in Jo-
seph S. Nye（ed.），*Governance in a Globalizing World*，Washington，DC：Brookings Institution，p. 23.

⑥ John Perry Barlow（1996），"Thinking Locally，Acting Globally"，*Time*，15 January，p. 76.

"多边投资协议"（简称 MAI）与时俱进。① 罗纳德·德贝特（Ronald Deibert）同意上述观点，并指出："互联网所激发的实际上是一个新的'物种'——一个跨国公民积极分子的网络，这一网络由电子邮件名单和充满活力的遍布世界的互联网主页连结而成，并像一位虚拟监察员一般监视全球经济。"② 在西雅图、华盛顿、热那亚和其他挂靠港等地发生的抗议活动，其协作性的提高证明了非国家行为体在互联网时代的复杂程度。

这些观点得出的结论证明了最受全球化影响的领域是互联网本身的管制。互联网治理应该视国家为无能之最，视非国家行为体为有力之最。这必定是绝大多数研究互联网的国际关系学者的结论。黛博拉·施帕尔（Deborah Spar）发现，"国际组织缺少监督网络空间的能力；各国政府缺少权威；跨国协定进程缓慢导致其无法与技术更新的火热速率相匹敌"。③ 哈夫勒对此表示同意，他注意到，"互联网分散的、开放的、全球的特征使通过自上而下、政府本位的方法来设计和实施有效管理变得困难重重"。④

网络爱好者对上述评价表示赞同。尼古拉斯·内格罗蓬特（Nicholas Negroponte）是麻省理工学院媒体实验室的创始人之一，他认为："互联网无法被管制。并非法律与其无关，而是民族国家与其无关。"⑤ 粗略回顾互联网管制中涉及的非国家行为体——电子商务全球商业对话（简称 GBDe）、互联网工程任务组（简称 IETF）、互联网协会（简称 ISOC）和互联网名称与数字地址分配机构（简称 ICANN）——证明了在这些问题上存在一个强大的、具

---

① Stephen M. Kobrin (1998), "The MAI and the Clash of Globalizations", *Foreign Policy*, Vol. 111, Fall, pp. 97 – 109.

② Ronald Deibert (2000), "International Plug'n Play? Citizen Activism, the Internet, and Global in Public Policy", *International Studies Perspectives*, Vol. 1, July, p. 264.

③ Deborah Spar, "Lost in (Cyber) Space: The Private Rules of Online", in Claire Culter, Tony Porter, and Virginia Haufler (eds.) (1999), *Private Authority and International Affairs*, Albany: SUNY Press, p. 47; Spar (2001) refined this view in *Ruling The Waves*, New York: Harcourt Brace.

④ Virginia Haufler (2001), *A Public Role for the Private Sector*, Washington, DC: Carnegie Endowment for International Peace, p. 82.

⑤ Andrew Higgins and Azeem Azhar (1996), "China Begins to Erect Second Great Wall in Cyberspac", *The Guardian*, 5 February.

有凝聚力的、认知上的共同体。考察互联网管制对于任何推崇民族国家地位的全球治理理论都是一项艰难的任务。

二、全球治理理论

本文提出的理论假定国家仍是世界政治中的首要行为体。① 国家在管制问题上的偏好有其国内的起源。这一假定背后的逻辑很简单：绝大多数社会问题在全球化成为国际问题之前已经作为内政问题出现了。政府自然更倾向于使全球管制反映其国内标准。这可以为政府降低在立法或者管制方面做出必要改变所需的调整成本，也为各国公司降低遵守新标准的成本。国家实力由国家内部市场的大小来决定；市场越大，国家越强。拥有大量内部市场的国家较少依赖国际交换来作为商品和资本的来源。

管制上的协调可以为政府带来福利收益，其方式是为国际商务降低交易成本和为公民减少外部性。同时，这样的协调可以将利益重新分配给那些其国内标准与已被接受的国际标准相接近的国家。② 如果利益重大而大国之间的偏好分歧不大，那么就可以存在一个颇具规模的交易"核心"，这使得成功的协调成为可能。如果协调的公共利益很微小而大国之间的偏好分歧却很大，那么这样一个"核心"将无法存在，并且相关的行为体也没有什么动力展开合作。

虽然公共物品的可见规模和大国偏好之间的分歧是主要的原因变量，但是还有一个重要的中间变量：较小国家的偏好，或者说周边国家。小国的偏好不会影响协调是否发生，但是它们的确会影响到交易过程，那么因此也会影响到大国的策略。如果周边国家反对某些管制方面的安排，它们可以借实

---

① For a lengthier treatment, see Daniel W. Drezner（2002），"Who Rules? State Power and the Structure of Global Regulation"，Paper presented at the American Political Science Power：Association annual meeting，Boston，MA，August 29 - September 1.

② Stephen D. Krasner（1991），"Global Communications and National Power：Life on the Pareto Frontier"，*World Politics*，Vol. 43，April，pp. 336 - 366.

行全体成员资格（universal membership）的 IGO 来有效阻碍这些安排。这类 IGO 的规则是一国一票。因此，大国在选择交易场合的类型和促进共识的策略类型时，都必须考虑到小国的偏好。

表 1 显示了治理结构的分类，这些结构源于国家偏好的分布。决定是否存在有效协调的关键变量是大国间交易核心的规模大小。

如果存在一个大的核心，那么周边国家的偏好将决定交易过程。通过这一过程，管制协调（regulatory harmonization）就会产生。当周边国家反对达成协议的标准，那么大国将更希望由 IGO 采取强有力的制裁机制。这使得大国可以更加轻而易举地利用联合诱导和制裁机制哄骗其他行为体屈从。① 如果发展中国家在大的 IGO 内部形成了阻碍联盟，那么大国将会利用类似于俱乐部的 IGO，比如经济合作与发展组织（简称 OECD）或者七国峰会（简称 G - 7），形成"意愿联盟"来作为一种遏制机制。

表 1　互联网治理问题分类

大国偏好分布	南/北偏好分布	
	高冲突	低冲突
高冲突	虚置标准（Sham standards） （审查制）	竞争标准（Rival standards） （用户隐私）
低冲突	俱乐部标准（Club standards） （知识产权）	协调标准（Harmonized standards） （技术协议）

当国家间偏好分歧较小时，大国在依赖全体成员资格 IGO（比如联合国）寻求全球治理时更为自信。全体成员资格 IGO 可以为一项协议增加合法性。与此同时，大国却更希望将管制制度的实际执行权委托给非政府行为体而不是 IGO。这部分地是出于操作方面的考虑；NGO 属于公共政策网络的一部分，

---

① L. Martin（1992），*Coercive Cooperation*，Princeton，NJ：Princeton University Press；Daniel. Drezner（2000），"Bargaining，Enforcement，and Multilateral Economic Sanctions：When is Cooperation Counterproductive?"，*International Organization*，Vol. 54，Winter，pp. 73 - 102.

其在收集信息和利用必要的技术专长方面拥有比较优势。① 更加重要的是，委托给私人部门还可以为大国提供一个更少公开却更加便捷的途径以确保其可以控制管制制度的治理结构。委托消除了内在于全体成员资格 IGO 的交易成本，特别是那种实行一国一票规则的 IGO。政府可以像董事会那样行动：国家将制度的管理权转交给非国家行为体，同时仍然可以确保对一切游戏规则的重新议定施加影响。

如果大国之间的交易核心很小甚至不存在，那么全球管制协调则几乎不可能存在，而任何可能的全球标准的执行制度也不会存在。然而，周边国家的偏好可以帮助大国、IGO 和 NGO 确定其策略。如果周边国家的偏好是适度的，也就是说，是在大国偏好允许的范围之内，那么大国将有动力吸引尽可能多的盟友，以此作为提升它们自己标准的合法性的途径。这可以以不同的方式来实现。一是将议题带到国际论坛上讨论，在这些论坛上成员资格以及治理结构对大国是有利的。对于大国另一种可能性是以治外法权的方式（Extraterritorially）利用法律，迫使各国接纳其地位。无论选择哪种策略，结果都是某种竞争标准（Rival standards）的产生。不同的论坛或联盟可以制定不同的管制标准，对此国际法没有明确的标准。非国家行为体可以试图支持其中一套标准而不支持另一套，但是大国之间偏好的分歧将会使这样的游说很大程度上无效。所有最终达成的国际协定都是不稳定的平衡。给顽固的大国施加这样的标准几乎是不可能的。

如果周边国家的偏好过激，那么大国甚至缺少从周边国家中吸引盟友的能力，这会减少可能的交易场所的数量。这种偏好分布的一个可能结果是出现"虚置"标准（Sham standards）。各国政府同意一套标准，但这套标准仅是概念上的，缺少甚至没有监控和执行的计划。虚置标准允许各国政府宣布全球管制协调在法律上是存在的，甚至在有效执行缺乏的情况下也可以这样做。另一个可能的结果就是不合作，各个国家仅执行自己的国家标准。大国

---

① Ronald Mitchell (1998), "Sources of Transparence: Information Systems in International Regimes", *International Studies Quarterly*, Vol. 42, March, pp. 109 – 131.

将会试图宣传它们所偏好的那套标准，但它们的影响仅限于那些弱小的、依附性的盟友。

在大国间缺少交易核心的情况下，那些更愿意看到某种更加严格的全球管制的 NGO 可以使用三种策略。首先，它们可以尝试提高虚置标准的合法性，其方式是参与到一些执行活动中去，比如用户抵制或者"点名羞辱（naming and shaming）"活动以对抗那些违反了虚置标准的行为体。如果这项策略成功了，违背这些标准的国家和/或公司就会付出政治上的代价。第二，在缺少真正协调的情况下，NGO 可以制定它们自己"自愿"的准则和标准，并向跨国公司施加用户压力以使其遵守这些准则和标准。如果这些努力失败了，NGO 至少可以充当公司和国家行为的监督者。① 第三，NGO 可以充当游说者，诱使核心国家缩小其偏好范围。这些努力能够改变边缘行为体的行为，但却不可能成为有效治理的来源。

这个模型说明了非国家行为体可以在提供全球治理中扮演重要的角色，但这只能发生在国家利益的某些特定的布局之下。随着大国间不同意见的出现，IGO 的有效性不断下降。非国家行为体的作用和影响在不同象限之间大幅变化。大国偏好的显著性仍然是常态。在大国之间存在一个交易核心是全球有效治理的一项必要条件。② 如果这些国家可以达成交易，那么不论其他行为体的偏好或者策略是什么，结果将是有效的政策协调。如果这些国家的偏好存在分歧，那么全球治理几乎是不可能的。

使用本杰明·莫斯特（Benjamin Most）和哈维·斯塔尔（Harvey Starr）可替代性的概念可以更好地理解为什么关于这个问题的研究几乎没有进展。目前的研究有很多是方法论方面的错误。首先，那些关注 IGO 的研究倾向于

---

① Gary Gereffi, Ronie Garcia-Johnson and Erika Sasser (2001), "The NGO-Industrial Complex", *Foreign Policy*, Vol. 125, July/August, pp. 56 – 65.

② On the distinction between necessary and sufficient conditions in substitutability theory, see Gary Goertz (2002), "Monitoring and Sanctioning in International Institutions: Nonsubstitutability and the Production of International Collective Goods", Paper presented at the workshop on Substitutability and World Politics, Penn State University, State College, PA, June 2002.

将所有这样的组织视为同一类型的行为体。这忽视了 IGO 之间有成员资格与组织结构的差异程度。大国将会利用择地诉讼来选择对其最有利的 IGO 以推进其偏好。第二，那些关注非国家行为体的研究倾向于混淆可见性（visibility）与有效性。非国家行为体的活动或许与管制结果相关，也或者只是附带现象。

表 2　可能的示范结构和结果

标准类型（是/否）	大国作用显著	IGO 作用显著	NGO 作用显著	协调稳定
协调标准	否	否	是	是
协调标准	否	是	是	是
俱乐部标准	是	是	否	是
俱乐部标准	是	是	是	是
竞争标准	是	是	是	否
竞争标准	是	否	是	否
虚置标准	否	是	是	否
虚置标准	是	否	是	否

没有认识到治理结构的可替代性，也没有认识到大国间交易核心的存在是管制协调可以发生的一项必要条件，这也解释了全球治理经验研究的灰暗现状。表 2 显示了一系列可能的示范结构，这些结构与这里提到的模型是一致的。如果一位研究者只对 IGO 或 NGO 的活动感兴趣，那么就可能出现这样一些案例，在这些案例中，行为体是有效的；也可能相反，行为体无效。对于那些试图证明大国重要性的研究者，这也同样适用。除非将利益分布和治理结构的可替代性纳入思考范畴，否则发展出一个能够获得重要经验支持的模型就是不可能的。

三、当国家之间就互联网发生分歧

IPR 是说明互联网问题俱乐部标准（Club standards）的最好例子。发达国家和发展中国家在这个问题上有不同的偏好。因为向互联网提供的大多数商品和服务都是在发达工业化国家生产出来的，这些国家有动力实施 IPR。发展中国家更倾向于放松标准以作为加快技术转换和降低获取新型革新技术和理念的成本的一种方式。①

就这个问题正在形成的国际管制制度反映了大国的偏好。1996 年，世界知识产权组织（简称 WIPO）就两项涉及在线 IPR 问题的条约展开谈判，一个是关于版权的，还有一个是关于演出和录音制品的。专家们认为这些条约为 IPR 提供了"强"保护。② 这些努力的出现与美国和欧洲对那些放松 IPR 管制的国家实施经济制裁的行为相伴发生。③ 而且，乌拉圭回合"关税暨贸易总协定"（简称 GATT）谈判背后的关键方——美国、日本、加拿大和欧盟这"四角"——强化了 IPR 制度，其方式是允许成员国利用 WTO 执行机制来执行与贸易相关的知识产权（简称 TRIP）。④ 统计分析证明了 WTO 制裁威胁对于加强版权保护产生了重要影响。1995 年至 2000 年间，软件盗版在发展中国家下降了近 20 个百分点。⑤ 代表大国偏好的 WTO 清楚地证明了互联网的崛起并不会改变 IPR 的执行："知识产权的基本观念和原则已经存在一个多世纪，这一个多世纪见证了经济、社会和技术的飞速变化。当前国际准则所反映的传统制度目标，即便在'网络空间'仍然是有效的。"⑥

---

① Susan Sell (1998), *Power and Ideas: North-South Politics of Intellectual Property and Antitrust*, Albany, NY: SUNY Press.

② Catherine Mann, Sue Eckert and Sarah Cleeland Knight (2000), *Global Electronic Commerce: A Policy Primer*, Washington, DC: Institute for International Economics, p. 118.

③ Susan Sell (1998), *Power and Ideas: North-South Politics of Intellectual Property and Antitrust*, Albany, NY: SUNY Press, chapter 6.

④ Jeffrey Schott (1994), *The Uruguay Round: An Assessment*, Washington, DC: Institute for International Economics, p. 115.

⑤ Kenneth Shadlen, Andrew Schrank and Marcus Kurtz (2002), "The Political Economy of Intellectual Property Protection", Paper presented at the American Political Science Association annual meeting, Boston, MA, August 29 – September 1.

⑥ WTO Secretariat (1998), *Electronic Commerce and the Role of the WTO*, Geneva: World Trade Organization, p. 61.

数据隐私的管制是竞争标准（Rival standards）所带来的结果的一个很好的例证。随着互联网商业交易的增多，对于公司或者政府利用在线用户个人信息的担忧也越来越多。民意测验显示，隐私是互联网用户最大的担忧。[①] 欧盟和美国在这个问题上的立场有所不同。美国对于隐私权的态度以免于国家干预的自由为基础；在欧洲，隐私则被认为是需要由国家进行保护的根本权利。结果是，美国没有动力对数据隐私进行综合管制。克林顿总统的电子商务首席顾问伊拉·马加奇纳（Ira Magaziner）表达了他的偏好，"如果由私人部门来保护隐私的方式可以在国际上传播开来，那么这将成为隐私受到保护的事实上（de facto）的方式。"[②]

相比之下，1995 年欧盟通过了一项意义深远的数据保护条令。该条令为欧洲公司设置了清晰的指导措施和执行机制。这项条令于 1998 年晚期开始生效。为了确保公司不会通过在欧盟审判权限范围外进行操作来逃避法律监管，该条令禁止在没有充分保护的条件下将欧盟公民的个人信息输出给第三国。[③] 对于澳大利亚、加拿大和东欧国家来说，这项条令的威胁被证明是强有力的。这些国家修改了各自的法律以努力符合欧盟的偏好。

一些非国家行为体试图就该问题斡旋一项解决方案，但是没有成功。人权组织游说美国政府接受欧盟的管制立场，因为该立场代表了更加严格的用户保护措施。[④] 一个跨国商业组织，GBDe，试图制定一项关于数据隐私的共同志愿性的框架。这项努力最终惨败，因为美国和欧盟的官员都对其最终产

① Virginia Haufler (2001), *A Public Role for the Private Sector*, Washington, DC: Carnegie Endowment for International Peace, p. 84.

② Henry Farrell (2003), "Constructing the International Foundations of E-Commerce", *International Organization*, Vol. 57, Spring, pp. 277 – 306.

③ William J. Long and Marc Pang Quek (2002), "Personal Data Privacy Protection in an Age of Globalization: The U. S. -EU Safe Harbor Compromise", Paper presented at the International Studies Association annual meeting, New Orleans, LA, March.

④ Gregory Shaffer (2000), "Globalization and Social Protection: The Impact of EU and International Rules in the Ratcheting Up of U. S. Privacy Standards", *Yale Journal of International Law*, Vol. 25, Winter, pp. 1 – 88.

品提出批评。① 美国的回应是鼓励本国的跨国公司建立符合欧盟标准的自我管制机制。一系列的自愿性原则被制定出来，比如由 TRUSTe 和 BBBOnline 提出的那些原则。与此同时，美国和欧洲的谈判代表同意一项类似于"避风港"的和解措施。欧盟不会对美国的公司实施制裁，只要后者遵守与数据保护条令相符的自愿性标准。

"避风港"和解协议于 2000 年 11 月开始生效，但是欧盟（国家主导）和美国（自我管制）的方式仍属于竞争标准。同时，美国对于欧盟条令的遵守仍有很大不确定性。在协议生效的第二年，注册加入"避风港"的公司寥寥无几。而且，联邦贸易委员会的研究显示，美国的公司没有执行它们自己的隐私规则。② 2001 年晚些时候，一家智库得出以下结论："虽然避风港仍在发展初期，但其生存力已值得怀疑。"③亨利·法雷尔（Henry Farrell）对于这种状况的评估完美地诠释了竞争标准所带来的结果："美国和欧盟都设法坚持其国内隐私保护的制度并将其延伸到国际上。实际上它们都设法制定这样一种规则，即在这种规则之下，隐私权可以在迅速扩展的国际电子商务领域中得到保护。"④

互联网内容的管制——也就是审查制度——精妙地诠释了虚置标准的结果。关于互联网上的内容需要在多大程度上被管制，各国政府之间存在着巨大的分歧。极权政府，比如古巴或者沙特阿拉伯希望对公民上网进行绝对的控制。集权政府，比如新加坡则希望在开发互联网商业机会的同时防范互联

---

① Maria Green Cowles（2001），"Who Writes the Rules of E-Commerce?"，AICGS Policy Paper #14，Johns Hopkins University，Baltimore，MD，2001，p. 24.

② Marcus Franda（2001），*Governing the Internet*，Boulder，CO：Lynne Reinner，p. 159.

③ Aaron Lukas（2001），"Safe Harbor or Stormy Waters? Living with the EU Data Protection Directive"，Trade Policy Analysis No. 16，Cato Institute，Washington，DC，October 2001，2；For a contrary view，see Dorothee Heisenberg and Marie-Helene Fandel（2002），"Projecting EU Regimes Abroad：The EU Data Protection Directive as Global Standard"，Paper presented at the annual meeting of the American Political Science Association，Boston，MA，August 29-September 1，p. 42.

④ Henry Farrell（2003），"Constructing the International Foundations of E-Commerce"，*International Organization*，Vol. 57，Spring，p. 19.

网被政治批评的目的利用。自由民主国家也希望对于侵犯性的内容进行限制。但这些国家对于哪些内容需要被限制有不同的定义标准，比如美国认为儿童色情的内容应被管制，法国认为纪念纳粹的内容应被管制。对于这个问题，各国家之间没有共同标准。结果是虚置标准和单方面使用某一国家的标准以禁止不想要的内容出现在互联网上。

互联网爱好者长期以来一直忽视国家采取行动的能力。然而，证据有力地证明了国家能够随时管制互联网的内容，只要它们想这样做。这样的管制从来不是百分百有效，但这却是一个目标，尽管几乎没有哪次管制方面的努力实现了这一目标。正如杰克·戈德史密斯（Jack Goldsmith）的观察："如果政府可以提高网络交易的成本，那么它们就可以对其施加管制。"① 特别是，政府已经发现，通过向互联网服务提供者施压，它们可以对互联网内容施加关键的控制。

结果是政府对互联网的内容进行了单边但却成功的管制。对于极权政府，管制模式虽然粗鲁但却有效。古巴轻而易举地规定向个人出售计算机违法；缅甸规定个人拥有调制解调器违法。② 沙特阿拉伯对互联网进行审查，其方式是要求所有连接网络的通道都必须经过一个经由政府编辑内容的代理服务器，以将淫秽的、宗教的和政治上敏感的内容阻拦在外。③ 一项对沙特过滤制度近期的评估得出结论，大量的网络内容被沙特阿拉伯"有效地拦截"。④ 在限制互联网的政治内容而又不牺牲网络的商业机会方面，集权国家做的很成功。

---

① Jack Goldsmith (1998)，"Regulation of the Internet: Three Persistent Fallacies"，*Chicago-Kent Law Review*，Vol. 73，December 1998，1123. 44.

② Robert Lebowitz (2002)，"Cuba Prohibits Computer Sales"，Digital Freedom Network，26 March 2002，accessed at http://dfn. org/news/somadia/sparse-internet. hrm，28 May 2002. Associated Press，"Internet Remains Prohibited in Myanmar"，3 May 2000，accessed at http://www. nua. com/surveys/? f = VS&art_id = 905355752rel = true，28 may 2002.

③ Khalid Al-Tawil (2001)，"The Internet in Saudi Arabia"，*Telecommunications Policy*，Vol. 25，September，pp. 625 – 632.

④ Jonathan Zittrain and Benjamin Edelman (2002)，"Dcumentation of Internet Filtering in Saudi Arabia"，Berkmen Center for Internet and Society，Harvard University，July 2002，accessed at http://cyber. law. harvar. edu/filtering/saudiarabia/，4 September 2002.

新加坡用与管制印刷和广播相同的方法来管制互联网，有效地删除了被政府认为具有侵犯性和颠覆性的内容。①

至于发达民主国家，法国一家法院成功地利用法律手段使雅虎不再在其网站拍卖纳粹纪念品。借助一定数量的、将网络站点引向指定地理区域的"镜像"服务器，政府拥有了审查该国网络内容的手段，而无须在全球范围内审查信息的分布。尽管互联网爱好者就反对管制达成了规范性共识，但是单方面的内容管制仍然是成功的。② "9·11"恐怖主义袭击和恐怖分子利用互联网相互沟通，这只会加快发达国家进行互联网内容管制的步伐。2002年9月，一个支持出版自由的团体注意到，"美国、英国、法国、德国、西班牙、意大利、丹麦、欧洲议会、欧洲委员会和八国集团都在过去几年挑战了网络自由权"。③

人权 NGO 已经就不同国家约束互联网内容的做法提出抗议，但这并没有导致在该问题上任何有效的全球治理体系的建立。由于在内容管制方面各国偏好呈极端分布，IGO 大体上已经无能为力。

政府关于互联网内容管制的偏好存在分歧，那么所产生的结果是全球治理结构在有效性上差别很大，这取决于国家力量的分布。执行互联网 IPR 获得了成功，这是因为大国间有类似的偏好并且都乐于迫使顽固不化的国家遵守规则。当大国之间有不同意见——比如关于隐私权——那么就无法形成一项稳定的国际制度。当所有的国家的偏好都不尽相同，正如审查制度的案例所说明的，结果就是以有效的单边措施来管制连接互联网的通道。关于这些问题有两个十分显著的事实。第一，非国家行为体已经无法在这些问题上对政府偏好施加影响。第二，一旦必要，各国政府都愿意通过干扰或者割断互联网通路以确保其目的的实现。

---

① Garry Rodan (1998), "The Internet and Political Control in Singapore", *Political Science Quarterly*, Vol. 113, Spring, pp. 63 – 89.

② Human Rights Watch (2002), "Free Expression on the Internet", on Probation, accessed at http：//www. hrw. org/advocacy/internet/, 25 May 2002.

③ Reporters Without Borders (2002), "The Internet on Probation", September 2002, accessed at http：//www. ref. fr/IMG/doc – 1274. pdf, 6 September 2002.

四、互联网技术协议的全球治理

互联网技术标准的经济学是一个网络外部性的经典案例，这是因为一项标准的效力直接对应于使用互联网的用户的数量。为了使互联网可以满足信息和商业方面的用途，生产商需要就技术协议达成一致意见，这些协议允许用户成功地交换和获得数据。虽然共同的技术协议创造了明显的公共物品，但是这些标准为各个行为体带来的好处却是不成比例的。得到好处的行为体，要么以专有的（proprietary）方式拥有这些标准，要么在利用这些标准方面具有先行者（first-mover）优势。① 尽管巨大的网络外部性在互联网上十分明显，但是我们仍可以期待各个国家间存在一个庞大的交易核心，这将导致某种协调标准（Harmonized standards）结果的产生。

互联网的主流学术历史认为，技术协议是由一群计算机专家组成的认知团体制定的，这些人都是 IETF 的成员，没有哪个政府可以阻碍这一结果。② 仔细研究这些协议的起源和管理这些协议的制度就会发现一幅相当不同的画面。在互联网兴起的两个关键节点——为在不同的计算机网络之间交流信息而采纳交流控制协议/互联网协议（简称 TCP/IP），以及创建 ICANN 制度以管理互联网域名系统（简称 DNS）——各国政府都采取了积极措施以确保结果可以服务于各自的利益，并确保管理制度虽然是私人的，但却服从国家利益。在起初的阶段，各国政府联合行动以防止互联网公司对于设定标准施加过多的影响；在接下来的阶段，各国政府则行动起来以防止特定的 NGO 和 IGO 拥有过多的影响力。

TCP/IP 是在 1973 年至 1978 年间，由"代理网络高级研究项目组"（简

① Carl Shapiro and Hal Varian (1999), *Information Rules*, Cambridge, MA: Harvard Business School Press, p. 174.

② Katie Hafner and Matthew Lyon (1996), *Where Wizards Stay Up Late*, New York: Simon & Schuster; Viktor Mayer-Schonberger and Deborah Hurley (2000), "Globalization of Communication", in Joseph S. Nye (ed.), *Governance in a Globalizing World*, Washington, DC: Brookings Institution, pp. 135 – 154.

称 ARPANET）制定出来的。这是一个国防部的部门，负责民间研究机构和军事研究机构之间的联系。协议是这样设计的，即让不同硬件系统之间可以相互操作。TCP 负责将数据打包和拆封，以使数据可以从一台计算机转移到另一台计算机；IP 负责确保数据被导向正确的接受者。若使用邮电方面的比喻，那么 TCP 的功能就相当于信封，而 IP 的功能就相当于信封上的地址和邮编。

TCP/IP 对新入网用户设置的标准很低，这符合研究团队的通道开放准则。① 然而，这也同样符合美国政府的偏好。根据马库斯·弗兰达（Marcus Franda）的研究，国防部接受 TCP/IP，这是因为"这项协议提高了这样一种可能性，即当网络不那么可靠的时候（比如在战争条件下），依然可以借助 TCP/IP 使用网络"②。

虽然国防部和 ARPANET 的成员支持 TCP/IP 协议，但其他一些网络部门并不依赖这项协议，这是因为背后支持它们的行为体有着不一样的动机。投资计算机网络的公司更倾向于制定它们自己的专有标准（proprietary standard），以便通过管理自己的网络获得金钱收益。③ 在 70 年代中期，施乐（美国办公设备制造公司）推广施乐网络系统（简称 XNS），Digital 推销"数码设备公司的数码网络建筑（简称 DECNET）"，IBM 向其政府买家推广"系统网络工程（简称 SNA）"。本·西格尔（Ben Segal）对这样的环境做了如下描述，"不同的技术、媒体和协议都停滞不前；在大量生产商的专有系统、各种自制系统，和当时制定公开的或者国际化的标准的初步努力之间存在公开的冲突。"④ 换言之，当 20 世纪 70 年代关于标准的辩论开始之际，TCP/IP 还远非事实上的标准，而且它还面临来自各公司行为体的强烈反对。

主要的经济体担心可能会受某一家拥有主导性网络协议所有权的公司的

① Will Foster, Anthony Rutkowski and Seymour Goodman（1997），"Who Governs the Internet?"，*Communication of the ACM*，Vol. 40，August，pp. 17 – 18.

② Marcus Franda（2001），*Governing the Internet*，Boulder, CO: Lynne Reinner, p. 23.

③ Ibid., p. 24；David Passmore（1985），"The Networking Standards Collision"，*Datamation*，Vol. 31，February，p. 105.

④ Ben Segal（1995），"A Short History of Internet Protocols at CERN"，April 1995，accessed at http://www.info.cern.ch/pdp/ns/ben/TCPHIST.html，2 May 2002.

牵制。这一点对于那些由政府垄断通讯部门的国家来讲尤为真实。这样的担心并非没有依据。1975 年，IBM 拒绝了一项加拿大政府的要求，即制定一份可以将非 IBM 的硬件系统连接起来的协议。相反，IBM 公司敦促加拿大接受该公司专有的 SNA 网络协议。1978 年，法国政府发布了一份报告，警告其他欧洲政府："如果 IBM 成为网络市场的控制者，IBM 就将在世界权力结构中得到相应的份额，不管 IBM 是主动的还是被动的。"①

　　对于这种威胁，国际上有两种回应。第一种回应是由加拿大、英国和法国发起的联合努力。这几个国家为国际电信联盟（简称 ITU）的电报和电话咨询委员会（简称 CCITT）制定了一套非专有（nonproprietary）标准，叫作 X.25 建议。ITU 是一个全体成员资格的 IGO。制定 X.25 只花了不到六个月的时间，它被设计成一项公用的标准，所有的私人公司都可以自由地使用这项标准。ITU 于 1976 年批准了这项标准；法国、日本和英国政府旋即采用 X.25 作为本国政府网络的标准。鉴于这些国家的市场对于生产商的重要性，IBM、Digital、霍尼韦尔等公司都在各自的计算机上很不情愿地开发了与 X.25 和自己的专有标准同时兼容的软件。正如珍妮特·阿贝特（Janet Abbate）所言，"X.25 明显是为改变权力平衡而设计的……而在这个意义上，它是成功的。公用数据网络不必一定依赖 IBM 或者其他公司的专有网络系统"。②

　　CCITT 发起的阻挠行动成功地防止了一项专有标准准则的出现。第二种，也是更加重要的回应是由美国、英国、法国、加拿大和日本发起的行动。它们促使国际标准化组织（简称 ISO）———一个设定技术标准的 NGO———制定可以由公共和私人兼而使用的网络标准。这次行动非同寻常，因为通常 ISO 只有在各个生产商基本达成共识之后才宣布一项官方标准的出台。在支持 ISO 发挥一定作用的初期，主要的经济体都曾明确地试图加快出台一项与它们各自偏好一致的国际制度。

　　这项行动的结局是 1978 年开放式系统互联（简称 OSI）模型的发明。OSI

---

① Janet Abbate（1999），*Inventing the Internet*，Cambridge，MA：MIT Press，p.153，p.172.

② Ibid.，pp.166 - 167.

主要并不是一项元标准（metastandard），而是一项微小的技术工程，通过它，不同的网络协议之间可以相互沟通。阿贝特这样概括 OSI 的质量和目的："OSI 标准将会被公开地阐明。这项标准是非专有的，这样每个人都可以自由地使用这些标准；开放式系统是被设计出来与通用组件一起工作的，而非某一个具体的制造商的产品；如果要改变这一标准，那么只能由一家公共组织来进行，而不是一家私人公司。"①

OSI 的出现对于共同标准的发展有两方面重要的影响。第一，由于 ISO 广泛的成员资格和对于这些标准的迅速接受，OSI 已经昂贵到使任何国家或者公司都无法制定一项与 OSI 不兼容的标准。大国对于 OSI 尤其热衷。欧洲各国政府喜欢这项标准是因为它给计算机生产商带来了一次与 IMB、Digital 等其他美国生产商竞争的机会。② 美国政府喜欢 OSI 是因为它与美国对于非专有、开放源代码的偏好相一致。③

第二，由于 OSI 强调开放性和可接近性，比起包括 X. 25 在内的其他协议，TCP/IP 代码与 OSI 框架之间的适应性好。而且，以 ISO 作为管理网络标准的基地，美国政府强烈鼓励 ARPANET 的参与者积极参加 ISO 的各个委员会和各次会议，目的是使 TCP/IP 协议符合 OSI 原则而为各方所接受。④ 截至 1984 年，ISO 已经正式承认 TCP/IP 与 OSI 原则相符。因为 TCP/IP 在美国已被广泛使用，而且被认为是可靠的，所以随着互联网规模的增长，TCP/IP 成为了事实上的标准。这是历史上关于"锁定"的一个经典案例。⑤

互联网共同体的成员通常认为，X. 25 的失败，或者说 OSI 取代 TCP/IP

---

① Janet Abbate (2001), "Government, Business, and the Making of the Internet", *Business History Review*, Vol. 75, Spring, p. 163.

② Marcus Franda (2001), *Governing the Internet*, Boulder, CO：Lynne Reinner, p. 39.

③ Katie Hafner and Matthew Lyon (1996), *Where Wizards Stay Up Late*, New York：Simon & Schuster, pp. 236 – 237.

④ Janet Abbate (1999), *Inventing the Internet*, Cambridge, MA：MIT Press, pp. 174 – 178.

⑤ W. Brian Arthur (1989), "Competing Technologies, Increasing Returns, and Lock-In By Historical Events", *Economic Journal*, Vol. 99, March, pp. 116 – 131.

是一次国家无法管制网络世界的例证。① 这种说法在事实方面是正确的，但是却忽视了 ITU 和 ISO 的主要动机。对于 ITU 和 ISO 而言，其行动的首要目的并不是要取代 TCP/IP，而是要阻挡各个公司试图使互联网协议受制于某项主导性的专有标准。如果政府不干预，结果很可能就是一个专有网络协议的出现。实际的结果反映了政府的偏好。而且，与本文所讨论的模型一致，国家依靠全体成员制的 IGO 来提升其合法性，并委派一个非国家行为体来管理实际的标准。

二十年以后，出现了第二次关于技术协议的政府干预。随着 90 年代初期互联网和万维网（WWW）上各种商机的出现，所有相关的行为体都认识到需要创建一个更加强健的制度来为每一个互联网网址管理 DNS。DNS 负责为各个互联网网址发明独特的标识符。这包括但不限于重要的通用顶级域名（简称 gTLDs），比如 ". com"，". org"，". edu" 以及国家代码顶级域名（简称 ccTLDs），比如 ". de" 或者 ". uk"。

DNS 管理引起关注的原因有三个。首先，互联网评论员同意，DNS 系统相当于一个绝佳的焦点，通过这个焦点，互联网的连接通道可以被控制。② 第二，拥有有价值的商标的行为体关注 "域名抢注者（cybersquatter）" 获取宝贵网址的可能性，比如 www. burgerking 或者 www. nike. com。第三，DNS 系统管理中存在重要商机。在 1994 至 1998 年期间，美国政府将 DNS 的注册承包给网络方案公司（简称 NSI）。据估计，1996 年 NSI 所拥有的这项垄断权的价值超过十亿美元。③

建立一套国际制度以改革 DNS 系统的第一次努力来自非国家行为体，特别是 ISO。这是一个负责开发和管理最初的 ARPANET 的研究团队。在屡次犯错之后，ISOC 组成了国际临时委员会（简称 IAHC），目的是提出一项方案以代替 NSI 来管理域名。IAHC 是一个杰出的个人团体，其成员由来自 ISOC、国

---

① Martin Libicki（et al.）（2000），*Scaffolding the New Web: Standards and Standards Policy for the Digital Economy*，Arlington，VA：RAND Corporation.

② Lawrence Lessig（1999），*Code and Other Laws of Cyberspace*，New York：Basic Books.

③ Marcus Franda（2001），*Governing the Internet*，Boulder，CO：Lynne Reinner，p. 49.

际商标联合会，WIPO 和 ITU 的代表组成。ITU 尤为渴望参与到这个团体中来，并且视自己为负责管理这些问题的国际组织的当然所在地。①

这一进程的结果是在 IAHC 各方之间达成了一份关于 gTLDs 的谅解备忘录（简称 gTLD-MOU）。gTLD-MOU 提议，将治理工作交给一个设在 ITU 的实体，这个实体拥有来自商业部门、IGO 和 ISOC 的代表。1997 年 3 月，ITU 在日内瓦安排了一场"正式"的签约仪式，以国际条约的形式将各方达成的一致意见确定下来。这个过程非常符合认知共同体（epistemic community）的定义。② 而且，参与创建 gTLD-MOU 的行为体——IGO、商业部门和技术专家——恰恰是关于互联网将如何影响全球治理的全球化研究中所强调的那些行为体。

gTLD-MOU 立即遭到了来自两个团体的反对。首先，各国政府强烈抗议这份协议。美国国务卿撰写了一份声明，谴责 ITU 秘书处"未经成员国政府授权"而行动并"最终形成一份'国际协议'"。③ 欧盟政府也反对这项协议，因为这份协议太过以美国为中心。另外，这项提议还遭到了一个重要的互联网爱好者团体的反对。他们批判这项治理结构缺少民主责任，而且太过迎合公司的需求。

IAHC 方案促使克林顿总统于 1997 年 7 月 1 日签署了一份行政命令，以授权商务部长"支持使 DNS 治理更具私人性和更具竞争力的努力"④。总统顾问马加奇纳负责启动这项工作，强调美国政府高度重视解决这一问题。美国在这个问题上的偏好很清楚：由一个非国家行为体——而不是一个全体成员资格的 IGO，比如 ITU——来管理 DNS 制度。马加奇纳公开声明："随着互联网的兴起和不断国际化，这些技术管理问题的解决应该私人化，同时，应该由某个私人国际组织来进行技术管理，该组织以各利益相关方为基础。在域

---

① Milton Mueller (1999), "ICANN and Internet Governance", *Info*, Vol. 1, December, p. 501.

② Renee Marlin-Bennett (2001), "ICANN and the Global Digital Divide", Paper presented at the International Studies Association annual meeting, Chicago, IL, February 2001, p. 4.

③ Quoted in Milton Mueller (1999), "ICANN and Internet Governance", *Info*, Vol. 1, December, p. 502.

④ Ibid.

名分配方面，我们应该在一切可能的地方创建具有竞争性的市场交易场所以取代目前的垄断。"①

鉴于 ITU 的一国一票制度，以及秘书处想要独立管理这一问题的渴望，美国想要更换论坛就不奇怪了。历史上，美国曾经为了固定自己的偏好而将新问题的治理从 ITU 转移出去。② 马加奇纳说："毫无疑问技术管理不应该由跨政府组织或者国际电信联盟来控制。"当他说这句话时，他已经清晰地表达了美国对 ITU 所发挥的作用的反对。③

欧盟也想对 IAHC 提案进行三个方面的重要改变。欧盟委员会坚持要求 WIPO 参与到所有的治理结构中。这是对美国强制颁布商标法的防范。欧洲人与美国政府达成共识的是，必须打破 NSI 对 gTLD 注册的垄断。对此欧洲方面的动机是防止美国对互联网的全面主导。最后，各方希冀在所有私人条令和政府之间建立起正式的政府性沟通渠道。这被认为与 ccTLDs 的管理密切相关。美国对于这些担忧很敏感，并且承诺在互联网治理委员会中将会有相当数量的欧洲成员。④

1998 年 6 月，商务部颁布了一份白皮书，正式否定了 gTLD-MOU 进程，并对以下列四项原则为基础的 DNS 系统表示支持：稳定性、竞争性、私人的自下而上的协调，和代表性。⑤ 这份白皮书引起了来自两个方面的反应。互联网爱好者召开了一系列自发组织的会议，命名为"白皮书互联网论坛（简称 IFWP）"，其目的在于表达对美国提案的民间反馈。⑥ 很多人授予 IFWP "互联

① Ira Magaziner（1999），"Creating a Framework for Global Electronic Commerce"，July 1999，accessed at http：//www. pff. org/ira_magaziner. htm，10 June 2002.

② Stephen D. Krasner（1991），"Global Communications and National Power：Life on the Pareto Frontier"，*World Politics*，Vol. 43，April，pp. 336 – 366.

③ Ira Magaziner（1999），"Creating a Framework for Global Electronic Commerce"，July 1999，accessed at http：//www. pff. org/ira_magaziner. htm，10 June 2002. p. 13.

④ Milton Mueller（1999），"ICANN and Internet Governance"，*Info*，Vol. 1，December，p. 505.

⑤ Management of Internet Names and Addresses（White Paper），*Federal Register*，Vol. 111，No. 63，accessed at http：//www. ntia. gov/ntiahome/domainname/6_5_98dns. htm，20 May 2002.

⑥ Available at http：//www. domainhandbook. com/ifwp. html，accessed 7 June 2002.

网制宪会议"的称号。虽然美国政府的代表参加了 IFWP 的会议，但是有诸多证据表明，IFWP 进程对于政策结果未产生任何影响。① 这是因为，ISOC、美国和欧盟官员同时就以下问题进行谈判，即一项私人互联网制度应该是什么样的。

谈判的结果就是 ICANN 的出现。一方面 ISOC 的主要成员接纳了 ICANN，另一方面最终的治理结构满足了美国和欧洲的需求。ICANN 还成立了一个政府咨询委员会，以充当政府需求的输送带。NSI 对于 gTLD 的垄断被打破了，而 ITU 在新的制度下仅可发挥边缘性的作用。管理委员会是 ICANN 的一个重要组成部分，其成员没有美国人。芮妮·马林-班尼特（Renee Marlin-Bennett）这样概括这一结果："在创建 ICANN 的过程中，美国政府清楚地表达了其不希望 ITU 成为治理源头的想法。"但是美国政府自己也不愿意承担治理责任。结果是出现了一个相当反常的国际组织：即一家私人实体，却为全球互联网制定规则。②

虽然 ISOC 希望管理 DNS 系统的愿望多少是有道理的，但是 ICANN 的谈判历史证明了国家才是关键的行为体。③ 正是美国政府否定了 IAHC 进程，并将 ITU 排除在这一进程之外，也是美国政府确保了一项负责管理政策议题的私人制度的建立。④ 欧洲、日本和澳大利亚政府确保了最终的制度不会被美国所主导。主要国家的政府审查了 ICANN 管理委员会最初的名单。相比之下，全球公民委员会的成员基本上都被排除在这一进程之外。米尔顿·穆勒（Milton

① Milton Mueller (1999), "ICANN and Internet Governance", *Info*, Vol. 1, December, pp. 506 – 508; Marcus Franda (2001), *Governing the Internet*, Boulder, CO: Lynne Reinner, pp. 53 – 55.

② Renee Marlin-Bennett (2001), "ICANN and the Global Digital Divide", Paper presented at the International Studies Association annual meeting, Chicago, IL, February 2001, p. 5.

③ One question is why ISOC members were given such a prominent role in the ICANN regime, given their prominence in the gTLD-MOU fiasco. One answer is that Magaziner respected ISOC and IETF's prior background in developing technical standards. Between ISOC's proven ability to develop successful standards and ISOC's critics, who had no such experience, Magaziner went with ISOC. See Farrell, "Constructing the International Foundations of E-Commerce", pp. 14 – 15.

④ A. Michael Froomkin (2000), "Wrong Turn in Cyberspace: Using ICANN to Route Around the APA and the Constitution", *Duke Law Journal*, Vol. 50, pp. 17 – 184.

Mueller）这样概括，"组建 ICANN 的进程陷入了派系主义和政治争论的泥沼，这样说的含义在于'以共识为基础'的自我管理是很可笑的。"①

自其 1998 年成立以来，ICANN 的历史完全强化了这些结果。被排除出 ISOC 圈子的非国家行为体激烈地抗议 ICANN 的治理结构，以及其对外部输入缺少公开性的状况。互联网应该促进更高程度的民主参与，与这种看法形成对比的是，很多人都在抗议参加 ICANN 会议的差旅成本太高，还不能广泛地在网络上参加这些会议。更普遍的是，一些批评者认为 ICANN 是不民主的、缺少回应性的，并且对于更强调分权的互联网文化是一种威胁。②

主要国家的政府一贯确保其影响力并一贯偏爱稳定性甚于代表性。在将 DNS 治理交由 ICANN 的一年之后，美国政府公开声明："商务部没有计划将其负责管理官方根服务器的政策权威转交给任何实体。"③2002 年 4 月，一位商务部的官员这样解释美国政府对 ICANN 的影响："我们确实与 ICANN 有合同关系，对此我们有能力加以调整，或者如果我们愿意，可以终止。这就是我们影响进程的方式。"④

同时，美国和欧洲在这个问题上的偏好都得到了贯彻。由于 ICANN 的建立，提供域名服务的竞争更加激烈，价格有所下降，商标纠纷的解决更加迅速。⑤ 拥有管理实体的 ICANN 也暗示了其想要更多地迎合政府需求的渴望。ICANN 目前将下述主张列为其核心价值之一："行动要对公共利益和相关的政府关切保持敏感，这样对于政府直接行动的需求就会最小化。"⑥ 2002 年 2 月，

---

① Milton Mueller（1999），"ICANN and Internet Governance"，*Info*，Vol. 1，December，p. 498.

② See www. ICANNwatch. org for a web site and Internet devoted to these criticisms.

③ Quoted in Milton Mueller（1999），"ICANN and Internet Governance"，*Info*，Vol. 1，December，p. 515.

④ Quoted in Susan Stellen（2002），"Plan to Change Internet Group is Criticized as Inadequate"，*New York Times*，1 April 2002.

⑤ Lisa M. Bowman（2002），"ICANN Comes Under Fire-Again"，Cnet News. com，1April 2002，accessed at http：//news. zdnet. co. uk，2 April 2002.

⑥ Committee on ICANN Evolution and Reform，"ICANN：A Blueprint for Reform"，20 June 2002，accessed at http：//www. icann. org/committees/evol-reform/blueprint-20jun02. htm，10 September 2002.

ICANN 主席斯图亚特·林恩（Stuart Lynn）提议改革 ICANN 的结构，改革的方式是由各国政府直接提名五位管理委员会成员。在捍卫这项提议免受各方指责的过程中，林恩发表评论，"我们的任务不是在全球民主制度中开展活动。我恰好认为我们应该是一个私人性的组织。"① 2002 年 6 月，林恩的提议绝大部分都获得了通过。②

如果大国没有干预，这件事情的结果可能就不会是 ICANN。ISOC 起初想要将 gTLDs 的数量增加到五十个。DNS 系统管理可能落在实行一国一票的 ITU 手中，而不是一个私人的、非营利组织。美国人操控这一制度的程度也将更甚。这一案例证明了非国家行为体拥有设定议程的权力。但是，一旦问题受到各个国家的注意，那么结果将体现大国偏好。

在 20 世纪 70 年代的协议战争以及 90 年代 ICANN 的创建中，政府的偏好是一致的。大国一次一次地发起行动以确保互联网的治理可以将效率最大化而无需将垄断权力交给任何一个单一行为体，无论这个行为体是一家跨国公司、一个非国家组织或者一个 IGO 的秘书处。在 20 世纪 70 年代，政府和互联网爱好者联合行动，以确保跨国公司不会制定出它们自己的专有网络条款。到了 90 年代，政府则与跨国公司协调一致，以避免 NGO 和 IGO 逾越其政策权威。在这两个例子中，政府都将管理权委托给非政府性的国际组织——ISO 和 ICANN——以确保产生有效结果和保持其对未来政策变化的影响力。

五、重新思考全球化和全球治理

全球化的研究认为，传统交换障碍的减弱、互联网的快速兴起，以及网络化非国家行为体的崛起，这几个要素共同削弱了全球化治理中国家的作用。这种全球化研究是错误的；国家依然是首要行为体。而且，在对国家权力与

---

① Quoted in Lisa M. Bowman (2002), "ICANN Comes Under Fire-Again", Cnet News. com, 1 April 2002, accessed at http：//news. zdnet. co. uk, 2 April 2002.

② Susan Stellin (2002), "Internet Address Group Approves Overhaul", *New York Times*, 29 June 2002, C4.

非国家权力的二元问题的关注中，这些学者忽略了世界政治中异质行为体之间的关系的多样性。认识到全球治理结构的可替代性，这给了我们一个更加有力的透视镜去观察全球化的各个支流。对互联网治理的回顾证明了，即便在国家希望由私人部门引领治理之际，国家依然会施加干预以达成其想要的结果。

国家或许是首要的行为体，但并非唯一的行为体。本文的案例研究清晰地证明了非国家行为体可以通过其技术专长和议程设定来影响结果。然而，只有通过给予大国头等重要的地位，才可能为非国家行为体发挥影响力创造条件。之前的研究认为，国家层面或地方层面集体物品的供给涉及到代表国家、市场和公民社会的不同行为体之间某种复杂的治理功能的分配。① 本文研究与这一结论一致。

由于没有认识到国家可以采取单边措施、跨政府协议以及委托非国家行为体等替代性手段，全球治理的研究者不必要地将他们的分析局限于直接国家参与和非国家行为体的作用的简单比较。对于委托这一选择，情况尤为如此。除非研究者意识到委托是一项有意识的国家选择，否则这些研究者不可避免地将这样的变量误读为国家权力。被赋予了价值的可替代性概念是指这一概念允许发展更具普遍意义的理论。正如本杰明·莫斯特和哈维·斯塔尔指出，"如果学者果真对探究国家为何能够做成其想做之事感兴趣，那么学者们不能分别关注一个个特殊的具体行为。他们应该由原始的'宏大'问题开始，而不是追问具体经验现象的中观问题"。② 讽刺的是，全球化学者的错误并不在于将全球治理思考得太过宏大，而是在于不够宏大。

---

① Elinor Ostrom (1990), *Governing the Commons: The Evolution of Institutions for Collective Action*, Cambridge, MA: 93 University Press.

② Benjamin Most and Harvey Starr (1984), "International Relations Theory, Foreign Policy Substitutability, and 'Nice' Laws", *World Politics*, Vol. 36, April, p. 392.

治理互联网：政府、企业和非营利组织[*]

［美］佐伊·贝尔德 著　　张　麟 译[**]

　　互联网的快速发展同时也带来了世界范围内的治理危机。在互联网发展的早期，主流观点认为政府不应该干预互联网的治理，市场的力量和自我调节将足以创设秩序并实施行为标准。但当互联网发展成为一种主流的生活方式时，这样的治理理念被证明是不合适的。单纯地依赖市场和自我管理已经不足以维护网络用户如此多的重要利益，例如隐私保护，安全和访问多样的网络内容。而且随着全球用户数量的增加，要求保护重要公共利益和消费者利益的呼声也日益高涨。我们是时候接受这个新现实并承认政府需要在关键的互联网政策问题上发挥重要作用了。

　　既要使政府发挥作用又不致阻碍创新，这将要求政府以其不熟悉的方式进行运作，即与信息技术行业的专家、商界和非营利性机构分享权力。在政策制定界存在的先发优势也同样存在于商界，为了使互联网规则的界定符合他们的利益而非公共利益，他们正在尽可能快地推进某些商业利益。为了实

　　* 本文首次发表于 *Foreign Affairs*，2002 年第 81 卷第 6 期，第 15—20 页。文章原名 "Governing the Internet: Engaging Government, Business, and Nonprofits"。

　　** 作者简介：佐伊·贝尔德（Zoë Baird），马克尔基金会主席。译者简介：张麟，中国社会科学院研究生院硕士生。

现一个既能体现商业利益又能承担公共责任的互联网体系，我们必须创造更多多元化的互联网治理模式，在这些模式中，政府，企业和非营利性机构共同制定政策——即互相制衡，在公开的程序中相互协作以赢得公众的信任。

许多最初的互联网监管机构都强调自我调控，自下而上控制，去中心化和私营化，这反映了一种观念，即认为政府将永远不能理解技术变革的意义或与技术变革保持同步。而且，通常工程师制定标准和企业塑造消费模式的过程，大部分都不为公众所知。正如意味互联网革新者约翰·佩里·巴洛在他《网络空间独立宣言》一书中写道："工业世界的政府，你们这些钢铁身的巨人，令人厌倦……以未来的名义，我要求属于过去的你们，不要干涉我们的自由……对我们的文化，我们的道德，我们的不成文法典，你们一无所知，这些法典已经在维护我们社会的秩序，效果比你们任何强制命令所能达到的效果要好得多。"

在互联网形成和发展的早期，网络空间建设先驱者们的宽松而有创造性的工作对当时的互联网发展非常有益。但是如今，之前一些被珍视的理念（高效、私有、便捷的自我管理）都没有达到预期的效果。于是矛盾在下列问题上日渐显现：一国对起源于另一国的互联网行为是否有管辖权？对仇恨言论和色情产品这些互联网内容的监管是否正确？不同的隐私保护应该如何适用？还有，谁可以获得虚拟空间中的头等房产，比如域名？另外，"9·11"事件后，出于对网络世界安全的关注，人们开始质疑不让政府承担建设信息高速公路的责任是否明智。

一、一个新的治理模式

现实情况是政府参与到互联网的治理中来是十分必要的。考虑到新的经济和地缘政治环境，我们要在一个开放、网络化的体系和一个安全上要求政府积极参与的更为封闭的环境这两者之间寻找到完美的平衡。尽管并不是所有的政府都拥有同样的价值观，但它们是唯一稳定的机构，该机构还可以是讨论哪种公共价值观需要得到保护的场所。这些议题都是需要民主决议的重大政策问题，而不是可以留给专家解决的技术问题。来自斯坦福大学法学院的劳伦斯·莱斯格（Lawrence Lessig）教授认为，在数字化时代软件代码就是法律，因为软件开发人员可以用多种方式塑造互联网的技术架构，这些方式将会引导或制约用户的体验。

事实上，尽管还保持着一些警惕，但美国的公众明显表现出了偏向政府参与互联网治理的态度。在2001年（"9·11"事件之前）由 Markle 基金会和格林伯格—昆兰—罗斯纳研究所共同进行的一项研究发现，三分之二的受访者表示"政府应当制定规则来保护网民，即使这需要对互联网进行某种程度的管制"。因此，我们的目标不应该是把政府排除在网络空间之外，而是寻找一种途径使政府的监督和干预变得快速、敏捷、技术化。

互联网无边界的特性使有效的互联网治理更具挑战性。为政府创设恰当的角色不可避免的意味着要搞清楚各个国家应该发挥的作用和它们建立的多边组织应该发挥的作用。和信息技术有关的国际论坛将在制定游戏规则中起到关键性的作用，而这些规则是为了下个阶段的世界经济、政治和文化历史发展所制定的。然而，为了获得合法性，全球治理论坛仍需推进民主程序。

进行互联网治理的国际机构如果想得到合法性将要面对三个重大挑战：发展中国家的参与越来越多、为非营利性机构参与提供机会，还要确保民主问责。

发展中国家想要参与还面临着一些重要障碍。最近一项由八国集团数字机会工作小组主持开展的研究发现，发展中国家总是缺少必要的财政和人力资源来有效地参与重要领域的议题。此外，复杂的政策流程和决策安排使穷国在个别机制中处于不利地位。制定信息技术政策的机构多样化也使得发展中国家难以贡献自己的力量。新技术固有的复杂性；消费经济至上和难以与产业发展同步；没有制定包容性政策的有效模式；还有缺少聘请专家和调研的资金等等，这些因素都导致了壁垒的进一步升级。

如果不加以解决，局势将会恶化并陷入一个恶性循环中，即感觉受到排挤的利益相关方会抵制或无视旨在改进信息技术产业的政策。只要发展中国家认为它们没有专业知识或资源去判断这些机构的行为是否符合它们的利益，并因此往往倾向于反对行动而不是加入倡议，那么阻碍治理机构成功运作的重大障碍就将一直存在。

壁垒还存在于非营利性机构参与国际互联网治理的层面。这方面壁垒的出现主要是因为缺少对"决定互联网政策议题的治理机构中的代表不仅要有来自政府和企业的，还要有能代表更广泛公众利益的选民代表"这一理念的认可。正如公众对世界贸易组织、国际货币基金组织和世界银行进行的一系列抗议集会所表明的那样，经济全球化和加速进行的技术变革催生了大量的公共政策问题。在那些领域中出现的有关全球治理的讨论现在也发生在了信息技术界，关于参与度、责任承担和透明度的问题都变得越来越紧迫。非营利性组织既可以通过制定、阐明和综合非商业性观点的方式，也可以通过提供领导、资源和公共意志的方式对治理进程做出贡献。

我们需要倾听发展中国家和民间社会的意见，如果他们想要成功的影响互联网政策，或至少认可这些政策的合法性的话，他们必须在参与国际互联网治理中得到同等的尊重。在制定互联网政策的时候，来自发展中国家和发达国家的所有这三个部门——政府、企业和非营利性组织都要有席位。民主政府承担公共责任，拥有执行和监督的能力；私营部门提供专业技术知识并引导建立创新氛围；既没有政府那么官僚，又没有企业那么以商业利益为导向的非营利性组织可以提供自己的专业技能，并且通过他们对公众利益的关注来鼓舞人心。显然，任何机构或部门都不足以独自完成这项任务。

最后，互联网治理结构必然会在开放性和责任制上得到改进。近年来，非传统行为体［如互联网名称与数字地址分配机构（ICANN），万维网联合会，或 TRUSTe 公司］开始介入到互联网监管领域，但他们的决策过程对那些最受影响的部门来说总是难以理解。

最终地，实现透明度和问责制符合一个机构的自身利益。明确一个治理机构的权限范围及其行为的基本准则会增加它的效率，巩固其信誉。

二、关于互联网名称与数字地址分配机构的思考

现在关于互联网名称与数字地址分配机构的讨论预示着未来互联网治理

的困境。互联网名称与数字地址分配机构仍然是信息技术行业全球治理中的前沿领域和典型案例。

美国政府于 1998 年创设了互联网名称与数字地址分配机构作为一个私营的、非营利性的公司来管理互联网包括域名系统在内的独特的识别系统。这可能听起来有些神秘，但是域名系统对互联网的运行至关重要。这是一个有价值的事例，即看似技术性的问题，却有着重大的经济和政策意义，并需要有效的治理模式来加以解决。例如，无论是谁只要控制了域名系统就可以在互联网地址中决定"dot"后能跟什么样的新后缀，如"com"或"org"（已知的顶级域名）。互联网名称与数字地址分配机构还被批评控制了根服务器系统，这是一个登记了所有顶级域名的权威数据库并且管理着所有个人计算机登录网址的访问方式。用互联网名称与数字地址分配机构发展和改革委员会的话来讲，对于这些通用顶级域名来说"互联网名称与数字地址分配机构就是国际互联网界开放的政策制定论坛"。因此，该机构向各个地区的互联网社区提供"争端解决机制、商业发展模式、参与机制和决策机制"。

然而，最近当互联网名称与数字地址分配机构选择新的顶级域名时，它并没有解释或说明它的决策过程。众议院电信和互联网委员会的众议员爱德华·马基抱怨道："互联网名称与数字地址分配机构选择新域名比梵蒂冈的事情还要神秘。"

尽管互联网名称与数字地址分配机构是由美国政府创立的，但没有任何一个国家的政府官员在该组织的董事会中拥有席位；政府最多起到了一个顾问的作用。在认识到了如此广泛的群体都与互联网有利害关系之后，互联网名称与数字地址分配机构创建了一个旨在使各方对互联网未来发展方向的看法达成一致的去中心化结构，这个结构包括支持机构、顾问委员会、工作小组和特别工作组。这个结构也被要求做到使普通用户以一种前所未有的方式参与到它的工作中来。2000 年，互联网名称与数字地址分配机构举行了一场直接选举，产生了近乎一半的董事会成员，这次直选在理论上允许世界上任何有电子邮件地址的人投票。作为这类选举的头一次，它并不是特别成功，因为互联网名称与数字地址分配机构资源非常有限，且关于哪些群体才是合法的选民，或怎样才能实现充分的代表性，这些问题考虑的较少。事实上，互联网名称与数字地址分配机构的选举证明了通过直接选举实现真正的全球代表性是不可能的。但它成功的证明了互联网名称与数字地址分配机构的决定对公共政策是有影响的，而且公共利益的充分表达是必需的。

2002 年的 2 月，互联网名称与数字地址分配机构的主席特·林恩（Stuart Lynn），加入了批评者的阵营，他们抱怨该组织对其所服务的众多的全球公众没有做到足够的开放或负责任。林恩声称互联网名称与数字地址分配机构被繁琐的程序搞得不堪重负，缺少来自重要利益相关方的必要的资金支持和参与，并且指出如果它继续保持现有的运作方式的话，该组织有失败的危险。林恩提议缩小互联网名称与数字地址分配机构的董事会规模，增强它的权威，取消直接选举以迎合政府代表们的意见——这使互联网名称与数字地址分配机构的长期批评者迈克尔·福鲁克（Michael Froomkin）教授讥讽道："令人奇怪的是，当初政府为了维护互联网而创设的互联网名称与数字地址分配机构如今为了挽救自己在互联网中的地位而向政府求助。"在林恩提议下，ICANN 进行了一系列审核程序——包括国会听证会，互联网名称与数字地址分配机构发展和改革委员会，还有一些董事会自身的行动——这都证明了在向一个能够代表所有利益相关者的，更负责任的治理结构改进的过程中可能遇到的挑战。这个进程到今天依然缓慢，成果有限，而且强调要想实现更好的互联网治理就需要更多的关注转变的过程。

互联网名称与数字地址分配机构作为互联网基础设施关键部分的国际管理者的信誉取决于其董事会保证所有私人利益和公共利益能得到保障的能力。政府干预这一步棋是为了体现公众利益的要求所走的，但只依靠政府是不够的。只有使其董事会实现真正广泛的代表性——把非营利性机构吸纳进来——互联网名称与数字地址分配机构才能充分应对困扰它的合法性危机。大多数观察家都认为，尽管互联网名称与数字地址分配机构被组建成一个私人的，非营利性的公司，但它仍然承担某种公共功能。如果互联网名称与数字地址分配机构不能转变为一个政府机构的话，那么它必须采用一个更好的决策体系，并且不能放弃保证公共利益得到充分代表这一目标。

此外，互联网名称与数字地址分配机构必须采取措施增强透明度和建立问责制。这些措施应该包括某种由负责政治问责的官员实施的公共监督；制定用于解决投诉的正当程序原则和明确的，公开的程序；公开披露其资金来源和预算；有对一系列明确的专业规范和标准负责的工作人员和董事会成员；举办公开的会议；提供有关阐述互联网名称与数字地址分配机构制定政策和实施政策所依据原理的文件。

2002 年 9 月修订后的美国商务部和互联网名称与数字地址分配机构之间备忘录也认可了这些挑战。该备忘录给了互联网名称与数字地址分配机构一年的授权，还对该机构对互联网利益相关方的责任度、透明度和响应能力提出了更严格的审查标准。在下一年，如果互联网名称与数字地址分配机构想获得互联网界的信任并保住其在信息技术治理中的持久地位，它需要表现出实实在在的进步。

三、未来的道路

任何试图制定全球信息技术政策的国际组织都必须促进世界范围内的公众参与。一些国际政策制定机构已经开始尝试接触更广泛的选民群体了。例如，世界知识产权组织已经在帮助那些参与方式有限或无参与渠道的利益相关方，为他们提供培训、信息、设备和必要的支持。

世界贸易组织帮助促进发展中国家参与到治理中来的措施有：在日内瓦开设有关贸易政策的定期培训课程；开展技术合作活动，包括在各国举办研讨会和讲习班；通过贸易咨询中心为超过 75 个穷国的贸易部门提供访问世界贸易组织网站和其他与贸易相关的电子数据库在内的路径资源。尽管在 1999 年反对世界贸易组织的西雅图抗议发生之前，公众几乎没有可能直接参与到世界贸易组织的议程中来。但如今该组织正在努力扩大公众的参与度，这主要是通过把服务范围扩大到能够覆盖个人的程度，还有把更多的信息发布到网上，使之变得更透明来实现的。另外，相关的群体现在可以直接向世界贸易组织提意见。

这些进展都标志着一个可喜的开端，但还有许多工作要做。以 TRUSTe 公司为例，这个非营利性机构在认证网站的隐私条款方面代替了政府的作用。当雅虎在没有征得用户同意的情况下突然改变其隐私偏好时，TRUSTe 公司仍然允许雅虎继续使用它的专用信任标识而不用向那些相信其隐私密封信誉的用户承担责任。

相比之下，在美国和欧盟达成的安全港协议中，企业的自我调控需要有政府的执行权来为之背书。安全港协议起草的这些条款就是用来调和美国和欧洲各自不同的隐私保护政策之间的分歧的。

要判断哪个体系——以 TRUSTe 公司模式为典型的或是以安全港协议为蓝本的——将会是最有效的还为时尚早。然而，底线是明确的，即增强国际治理机构和机制既有的合法性需要它们承担更多的责任，决策过程更加透明。

互联网已经成为时代主流的一部分，因此人们将期望强大的政府机构介入其中以保护人民不受侵害，并同时鼓励创新。但是如果没有来自商界和民间社会的专业知识和创造力的支持，政府就无法单独行动。我们所需要的正是一个多元的、无限制的治理模式。创设一套能使不同部门以平等的伙伴关系在一起工作的规范和机构将会很困难，但，一些类似于八国集团数字机会工作小组和联合国信息通讯技术工作组的试验已经显示出成功的希望。这两个机构都是由政府设立的，但其领导层却融合了政府、企业和非营利性机构多种力量，这些领导者既有来自发达国家的也有来自发展中国家的。

在我们的网络社会中制定公平有效的公共政策是一个巨大的挑战，而且这种挑战不是仅仅认识到治理进程中内在的复杂性就可以解决的。道路可能并不易，但是只要把维护国际公共利益放在最重要的地位，就能将互联网治理引向正轨。

争夺互联网全球治理中的一席之地：
欧盟、ICANN 和策略性的规则操纵[*]

［英］乔治·克里斯托　［英］谢默斯·辛普森　著　曲　甜　译[**]

一、导论

正如目前广为记载的，互联网起源于美国联邦政府于 20 世纪 60 年代至 70 年代资助的一项研究。该研究的目标之一是建立远程交互计算（remote interactive computing），其成果是发明了一个技术上强大的系统。该系统通过制定和采用共同的技术协定，也就是传输控制/网络通讯协定（简称 TCP/IP），使得远程运行的、使用不同技术规格的计算机和计算机网络可以相互交流。在其形成时期，这一分散运行的系统主要由学术部门和政府雇员使用，并由为数不多的美国计算机科学专家来管理。在此阶段，系统的管理——讽刺的是，尽管互联网具有高度分散的特征，其管理却是等级化的——在广泛

---

　　* 本文首次发表于 *European Journal of Communication*，2007 年第 22 卷第 2 期，第 147—164 页。文章原名 "Gaining a Stake in Global Internet Governance—The EU, ICANN and Strategic Norm Manipulation"。

　　** 作者简介：乔治·克里斯托（George Christou），英国华威大学讲师；谢默斯·辛普森（Seamus Simpson），英国曼彻斯特都会大学讲师。译者简介：曲甜，清华大学社会科学学院政治学系博士后。

的国际政治经济领域中还称不上卓越①；然而，到了20世纪90年代，随着关键技术领域发生突破性进展，这一局面发生了根本的改变。新的技术突破使得互联网发展成一个复杂但很容易使用的交流系统，并且充满了全球性商业机会以及更加广泛的社会交流机会。

在技术层面，需要一系列的关键计算资源来存储识别性信息（identificatory information）。这些信息记录了所有连接到互联网的计算机及其所在地。简单地说，互联网的技术结构在本质上是金字塔型的，其顶端由13个作为服务器的计算机进行终端控制。由于互联网的运行十分依赖这些技术资源，这些资源被称之为互联网的"根基（root）"②。13个服务器中的10个安置在美国，7个归美国政府所有。其他3个服务器分别安置在伦敦、斯德哥尔摩和东京。

从组织的角度看，互联网定址系统（Internet's addressing system）也值得注意，因为它采用用户本位的记忆标签，帮助计算机使用者完成相互交流。在交流过程中，这些标签被转换成数字，也就是互联网协定地址（Internet Protocol addresses）。这些地址可以被连接到互联网的计算机——包括那些"根"计算机——识别出来。域名系统（简称DNS）和其基础性的技术资源一样，也实行等级化管理，顶级域名（简称TLDs）在互联网定址的根基中发挥至关重要的作用。

互联网的扩展特别是其商业化，意味着域名的重要性不断提高并且作为某种全球经济资源受到重视，这是因为域名为其所有者提供了在互联网上可识别的存在性。因此，控制域名分配和管理的体系成为了90年代中期在全球政治经济中具有重要意义的问题。结果就是1999年成立了一家全球性的组织来解决这一问题，也就是ICANN。

互联网对政府权威在全球经济和社会资源治理中施加影响的能力提出了质疑。作为一家国际性的、私人的、自我管制型的组织，ICANN在运行中受

---

① Yu, Peter K. (2003), "The Neverending ccTLD Story", unpublished paper, Istituto di Informatica e Telematica.

② Mueller, Milton (2002), *Ruling the Root—Internet Governance and the Taming of Cyberspace*, Cambridge, MA: MIT Press.

到与互联网有关的技术和商业两方面利益的驱动，这似乎是对上述观点的证明。然而，另一方面，德雷内（Dresner）认为：

> 国家，特别是大国，依然是处理由全球化和互联网带来的社会和政治外部性的首要行为体。作为首要行为体，大国相较于其他国家在实现其偏好方面始终最为成功……即使是在一些需要广泛达成一致意见的问题领域，比如技术协定的标准化，大国也会通过操纵私人机构来达到其想要的结果。①

本文详细分析了拥有强大权力的欧盟在 ICANN 这样的国际私人机构的兴起和早期发展中所发挥的作用。文章说明了欧盟在 ICANN 兴起中的有限影响，并进而思考 ICANN 早期的治理规则被欧盟接受和执行的程度，这是问题的一个方面。另一方面，本文思考 ICANN 的治理规则被欧盟改变的程度。为了进行这项研究，本文在国际制度背景之下使用舒门尔分尼的理性行动模型②，下一部分将探讨该模型的具体使用方法。

本文的核心观点是，欧盟在 ICANN 发展中的作用不能完全由"简单的"理性选择制度主义的观点来解释。这种观点认为具有影响力的国家会主张其物质利益。ICANN 的形成本质上是一次"理性主义的事件"，在该事件中，欧盟接受了次优结果，其原因在于对根服务器计算机的终端控对于互联网的运行是必不可少的，而美国政府控制了根服务器计算机。由此，在欧盟和 ICANN 之间形成了一种辩证的关系。在这一动态关系中，欧盟接受并适应了

---

① Dresner, Daniel W. (2004), "The Global Governance of the Internet: Bringing the State Back ", in *Political Science Quarterly*, Vol. 119, No. 3, pp. 478 –479.

② Schimmelfennig, Frank (2000), "International Socialization in the New Europe: Rational Action in an Institutional Environment", *European Journal of International Relations*, Vol. 6, No. 1, pp. 109 – 139; Schimmelfennig, Frank (2001), "The Community Trap: Liberal Norms, Rhetorical Action and the Eastern Enlargement of the European Union", *International Organisaiton*, Vol. 55, No. 1, pp. 47 –80; Schimmelfennig, Frank (2003), "Strategic Action in a Community Environment – The Decision to Enlarge the EU to the East", *Comparative Political Studies*, Vol. 36, No. 1/2, pp. 156 –183.

ICANN 根本性的治理规则，但也成功地维护了其物质利益，其方式是通过修辞行动——舒门尔分尼的术语。欧盟这样做是因为尽管它拥有权力，但是它在 ICANN 的创始阶段处在比较弱势的地位。这可以通过分析欧盟与 ICANN 关系中的两个关键要素得到证明：第一，ICANN 的政府咨询委员会（简称 GAC）的性质，GAC 在 ICANN 事务中的角色，以及欧盟在这一过程中所处的位置和发挥的作用；第二，在 ICANN 刚刚成立不久，欧盟提议建立一个的顶级域名".eu"，这项行动具有政治性。

二、欧盟与 ICANN 关系的概念化（Conceptualizing）：制度环境下争取物质利益和理性行动

国际制度形成和发展的过程在政治科学家看来极具重要性。舒门尔分尼和赛德尔迈耶（Sedelmeier）将制度化定义为"一个过程，通过这个过程社会行为体的行动以及他们之间的互动变得模式化"①。两位学者在认真思考制度化的不同方法的同时，关注理性主义和建构主义两个学派各自的贡献。虽然两个学派之间的差别通常更多的是一个程度的问题而不是根本原则问题，但二者在以下至关重要的方面有所不同，即理性选择制度主义主要以个人主义和唯物主义为基础，而建构主义（或社会学的）制度主义则认为社会和观念信仰系统是最为重要的。两个流派在行动的逻辑方面也有不同视角：理性主义强调逻辑上的一贯性（consequentiality），而建构主义则强调逻辑上的适当性（appropriateness）。②

理性主义认为，国际制度的出现是一个"开放的规范的争论"过程。③

① Schimmelfennig, Frank and Ulrich Sedelmeer (2002), "Theorizing EU Enlargment: Research Focus, Hypotheses, and the State of Research", *Journal of European Public Policy*, Vol. 9, No. 4, p. 503.

② See also Checkel, Jeffrey (2001), "Why Comply? Social Learning and European Identity Change", *International Organization*, Vol. 55, No. 3, pp. 553–588.

③ Schimmelfennig, Frank (2000), "International Socialization in the New Europe: Rational Action in an Institutional Environment", *European Journal of International Relations*, Vol. 6, No. 1, p. 123.

在所有理性制度主义的解释中，制度的地位不如其成员的物质利益重要，而这些成员将制度视作工具性的论坛。他们在论坛中可以更有效率地追求自我利益，因此他们很重视组织的管制和带来效率这两个方面的特征。另一方面，建构主义的方法强调制度如何塑造其成员的认同和利益，这种方法坚持将行为描述成为遵守制度的规范性结果。建构主义的方法认为制度是有力的、自主性的实体，具有构成性（constitutive）的特征，并为其成员提供合法性。[①]

舒门尔分尼的新的研究[②]提出了一种方法，该方法借鉴了上述理性主义和建构主义学派的观点，尽管借鉴的程度有所不同。在研究欧洲新政治环境的背景下，特别是也必然是欧盟的扩大的背景下，舒门尔分尼意在在国际制度的背景下提出一种对国家行为的解释，这种解释比起传统理性主义的解释更为精致。与此同时，他也意识到在作为论坛的国际制度中争取物质利益具有高于一切的重要性。因此，对于舒门尔分尼而言：

> ……各国政府是理性行为体，它们在规范的制度化国际（以及国内）环境中展开行动……［在这一环境中］……传播和接纳构成性的信条与惯例或许是由各国的自我利益决定的。这些信条和惯例已经在国际体系中被制度化了——在一种制度性环境中，以适当的方式行为才是理性的选择。[③]

---

① Schimmelfennig, Frank and Ulrich Sedelmeer (2002), "Theorizing EU Enlargment: Research Focus, Hypotheses, and the State of Research", *Journal of European Public Policy*, Vol. 9, No. 4, pp. 508 – 510.

② Schimmelfennig, Frank (2000), "International Socialization in the New Europe: Rational Action in an Institutional Environmen", *European Journal of International Relations*, Vol. 6, No. 1, pp. 109 – 139; Schimmelfennig, Frank (2001), "The Community Trap: Liberal Norms, Rhetorical Action and the Eastern Enlargement of the European Union", *International Organisaiton*, Vol. 55, No. 1, pp. 47 – 80; Schimmelfennig, Frank (2003), "Strategic Action in a Community Environment—The Decision to Enlarge the EU to the East", *Comparative Political Studies*, Vol. 36, No. 1/2, pp. 156 – 183.

③ Schimmelfennig, Frank (2000), "International Socialization in the New Europe: Rational Action in an Institutional Environment", *European Journal of International Relations*, Vol. 6, No. 1, p. 116.

支撑这种研究方法的是对国际社会化进程做出解释的渴望。这种方法考虑的是一个国家①将已经在国际性的运行环境中被制度化的相关信条和惯例内化的可能。② 在一种制度背景下，比如 ICANN 的例子，一个国家为了获得合法性必须考虑到 ICANN 相关的政治价值和规则，同时必须严格遵守这些规则，尽管不一定将其内化，以获得其他国家的信任。国家决定参与或者不参与到任何一套制度安排中，都需要考量合法性带来的好处是否超过了被吸纳成为一名成员所要付出的成本，在我们的例子中好处指的是在互联网关键技术资源治理中获取一席之地。美国政府拥有并控制互联网关键技术资源，以及在设计 ICANN 中发挥决定性的干预主义作用，这两点都说明美国政府在扮演一名至关重要的政府社会化的代理人。然而，其他国家，在我们的例子中也就是欧盟，尽管是引领性的经济政治参与者，在此案例中只能被认为是某种"外部行为体"。

本文使用卡赞斯坦（Katzenstein）"管制性规则（regulative norms）"的定义③——对行为发号施令的规则。本文关注 ICANN 在互联网 DNS 管理中所使用的两项关键规则。第一项规则认为，国家在互联网技术资源的治理中应该采取不干预的立场。这项规则与 ICANN 在创始阶段所设置的自我管制型结构和运行原则直接相关。第二项规则，即从国家或者"组织"的角度界定互联网 TLDs 的概念化，是以当时 TLD 系统的既存结构为基础。该系统分为国家代码 TLD 和通用 TLD 两个部分。ICANN 的治理规则并不具有清晰的规定性，这是指这些规则暗含于国际法或者互联网治理的条约之中。然而，这些规则制定的很好——因为它们在 ICANN 成立之前就已经得到了互联网世界的广泛认

---

① 出于研究需要，我们将欧盟作为一个国家来对待。这是因为欧盟通过欧盟委员会在 ICANN 以及 ICANN 成立之前的各项谈判中代表欧盟各成员国。然而非常重要的是，一些欧盟成员国也独立地在 ICANN 的 GAC 有其席位，这个问题我们后面回过头再谈。

② Schimmelfennig, Frank（2000），"International Socialization in the New Europe：Rational Action in an Institutional Environment"，*European Journal of International Relations*，Vol. 6，No. 1，p. 110.

③ Katzenstein，Peter J.（1996），*The Culture of National Security：Norms and Identity in World Politics*，New York：Columbia University Press，p. 5.

可——而且包括了"应然"这一清晰的部分。①

舒门尔分尼认为理性行动的国家可以通过对制度性规则进行灵活解释来操纵既定的合法性标准以推进其自我利益。这一方式就是修辞行动。② 修辞行动与下述情况一起发生，即工具性的使用一些观点以说服其他人相信其自私的要求是正当的。因此，处在相对弱势地位的国家经常使用修辞行动来直接解决制度的持续可信度问题，其目的在于提高其从成员身份中获得的好处，并于该过程中诉诸核心规则和价值。因此，修辞行动包含一个由理性驱动的规则操纵的过程。最为重要的是，这些行为体的偏好与制度性规则一致但不完全相同，他们有机会"为其（弱势）地位增加些许合法性"。③ 舒门尔分尼认为他的方法：

> ……重重地来到了理性主义这一端。制度约束自利行为体的选择和行为，但是并不构成其身份和利益。行为体遵循一贯性（consequentiality）逻辑，但是不一定会学习或内化新的偏好。这些新偏好是通过行为体之间的互动产生的。这种……［不同方法的］……综合的基础是社会结构（共同体环境）和话语过程（争论）的输入，其特征明显是将建构主义的解释融入理性主义的模型。④

一家国际性组织，从一开始就被设计成受私人利益驱使，而国家则通过GAC 的咨询功能来扮演次要角色，ICANN 就是这样一个独特的例子。然而，各个国家，不仅仅是欧盟，目前在这一私人利益的国际治理平台上所发挥的

---

① Finnemore, Martha and Kathryn Sikkink（1998），"International Norm Dynamics and Political Change"，*International Organization*，Vol. 52，No. 4，p. 891.

② Schimmelfennig, Frank（2000），"International Socialization in the New Europe：Rational Action in an Institutional Environment"，*European Journal of International Relations*，Vol. 6，No. 1，p. 129.

③ Schimmelfennig, Frank（2001），"The Community Trap：Liberal Norms, Rhetorical Action and the Eastern Enlargement of the European Union"，*International Organisaiton*，Vol. 55，No. 1，p. 63.

④ Schimmelfennig, Frank（2003），"Strategic Action in a Community Environment-The Decision to Enlarge the EU to the East"，*Comparative Political Studies*，Vol. 36，No. 1/2，p. 161.

作用，比起该平台创始阶段之时，具有更多的干涉主义色彩。

三、欧盟与 ICANN 的形成

当某种资源在国际功能和经济两个方面日益重要之时，那么如何在国际范围对其治理和管理的问题将不可避免地产生，同时，并不令人惊讶的是，这些问题的产生与 20 世纪 90 年代中后期 IP 地址和 TLDs 的出现和管理有关。互联网在全球政治经济中可能是十分独特的，这是因为，尽管事实是互联网的关键技术以及核心人力资源最初坐落在美国，但是互联网的扩张必须是全球性的。

在漫长、时常充满争议的谈判过程之后，ICANN 最终作为一家国际性、非营利性的组织建立起来。政府、商业和技术各方利益代表都加入到这场谈判之中。[1] 根据加州的法律，ICANN 负责 IP 地址空间分配和协议参数配置的全球管理；互联网 DNS 管理；以及互联网根服务器系统管理。存在争议的是，美国政府通过其商务部维持对 ICANN 的单方面监管权，特别是任何与改变 DNS 有关的监管。虽然一开始就敏锐地强调 ICANN 是一家负责技术性协调和管理的组织，但 ICANN 的作用显然已经超越了这一范畴并覆盖一些与互联网关键资源的治理有关的更广泛的问题，包括公共政策。[2]

ICANN 是一家新型国际互联网治理机构，在其建立过程中欧盟的参与值得注意。虽然历史上欧洲在电讯领域已经拥有比较强势的地位，但互联网最初的兴起及其重要性并没有受到欧洲方面的足够重视（作者访谈）[3]。信息和通讯技术（简称 ICTs）拥有前沿和广阔的发展领域，在这方面，欧盟于 1994

---

[1]　Mueller, Milton (2002), *Ruling the Root-Internet Governance and the Taming of Cyberspace*, Cambridge, MA：MIT Press.

[2]　Klein, Hans (2001), "The Feasibility of Global Democracy-Understanding ICANN's At-Large Election", *Info*, Vol. 3, No. 4, p. 338.

[3]　本文使用的访谈资料来自于一系列半结构化的访谈。这些访谈是于 2004 年 1 月至 3 月在欧盟委员会信息社会总司进行的。

年发起了一场关于信息社会的辩论并发布了《班格曼报告》（Bangemann Report），之后不久又发布了第一期《信息社会行动计划》。① 然而，这些行动都不能证明欧洲对互联网的迅速兴起给予了足够的重视。在技术方面，沃勒（Werle）认为在这段时间，欧盟委员会、欧盟成员国政府和欧洲计算机产业出于工业政策的原因，关注的是开放系统互联（简称 OSI）标准，因而忽视了互联网关键技术协议的制定，也就是 TCP/IP。② 在欧盟的国家层面，90 年代中期左右互联网的渗透程度相对较低，而在政策制定领域对互联网重要性的认识也同样普遍偏低。

因此，欧洲通讯政策制定者最终既充满兴趣又略带惊醒地意识到发生在美国政策领域的事件的重要性。欧盟加入 ICANN 基本上是对一系列事件的反应性回应。在这些事件中，欧盟委员会作用显著。发挥这种作用对于欧盟委员会而言算不上困难，因为互联网在欧洲各国的国家背景下没有任何历史的、技术的、经济的或者工具性的根基。互联网的全球化性质说明，欧盟委员会作为其成员国在国际谈判论坛的代表的特定功能可以产生富有成效的影响。欧盟可能是欧洲在这一新型全球治理论坛中维护其利益、并抵御其不良特性的最佳方式。

美国就未来国际互联网治理提出了某些政策方案，欧盟委员会对此做出了回应，同时，欧盟委员会信息社会总司的关键成员也努力动员欧盟作出回应。正如欧盟 ICT 政策制定中多次发生的，欧盟委员会与商业利益伙伴关系密切并利用后者的专长。③ 这里商业利益伙伴主要是指那些参与到欧洲国家代码 TLD 产业的人和欧洲互联网服务提供商（简称 ISPs）（作者访谈）。结果，

① European Commission (1994), *Europe's Way to the Information Society: An Action Plan*, Com (94) 347, 19 July, Brussels: European Commission.

② Werle, Raymond (2002), "Internet@ Europe: Overcoming Institutional Fragmentation and Policy Failure", p. 146, in Jacinct Jordana (ed.), *Governing Telecommunications and the New Information Society in Europe*, Cheltenham: Edward Elgar.

③ Simpson, Seamus (2000), "Intra-Institutional Rivalry and Policy Entrepreneurship in the European Union-The Politics of Information and Communications Technology Convergence", *New Media and Society*, Vol. 2, No. 4, pp. 445 – 466.

欧盟游说美国政府就缺少欧洲参与表示惋惜。同时，欧盟对美国一份关键的绿皮书尤为不满，认为这一绿皮书代表了美国向互联网施加单边政策权威的明确意图。①

欧盟和美国在管理 ICT 方式上的关键差异也在这一当口凸显出来。虽然欧盟已经提出了一套广泛的新自由主义政策观并在 ICT 领域进行了一系列的实践，但是欧盟的管理方式与包括美国在内的其他国家差异显著。② 管理方式的差别已经在一些国际商务论坛上引起反响，比如"全球电子商务对话"。③ 纽曼（Newman）和巴赫（Bach）认识到在自我管制方面美国和欧洲之间明显存在二分法，前者是以法律为依据的自我管制，后者则是协调性自我管制。④ 后者更强调政府权威亲自介入的作用。在 ICANN 的案例中，为全球互联网治理建立一家新型组织，其运行独立于国家直接干预，这与欧盟的思维模式相冲突。欧盟认为，管制是必要的，管制不仅可以保护公共利益，还可以促进公共利益。然而，在 ICANN 的组成中，欧盟在维护其利益方面的成功是很有限的。特别是，美国一份后续白皮书清晰地表明了，政府只可能以"咨询"的方式参与 ICANN 的进程。这一点在 1999 年 GAC 的成立中体现出来。GAC 的角色及其与欧盟的关系将在下文讨论。

然而，这份白皮书还提供了其他一些线索，即欧盟如何通过某种理性主义的跨国谈判过程得以施加一定的影响力，尽管这种影响力相对微弱。欧盟施加影响力的方式是在 ICANN 过渡委员会中拥有三个席位，这是对其支持的

---

① European Commission（1998），*International Policy Issues Related to Internet Governance*，Com（98）111，Brussels：European Commission.

② Venturelli，Shanili（2002），"Inventing e-Regulation in the US，EU and East Asia：Conflicting Social Visions of the Information Society"，*Telematics and Informatics*，Vol. 19，pp. 69–90.

③ Green-Cowles，Maria（2001），"The Global Business Dialogue on e-Commerce（GBDe）：Private Firms，Public Policy，Global Governance"，*TA-Datenbank-Nachrichten*，Vol. 4，No. 10，pp. 70–79；（www. itas. fzk. de/deu/tadn/tadn014/gree01a. htm）

④ Newman，A. and D. Bach（2001），"In the Shadow of the State：Self-Regulatory Trajectories in a Digital Age"，paper presented at the 2001 Annual Convention of the American Political Science Association，San Francisco，CA，30 August–2 September，p. 3.

回报（作者访谈）。然而，ICANN 是在美国的领土上根据美国的法律建立的。最为重要的是，欧盟不得不得接受一种自我管制形式的治理体系，对此欧盟既不熟悉也不适应。欧盟在 ICANN 日常事务中影响力不断下降，以至于仅可发挥咨询作用，这是一件直接相关、也同样重要的需加考虑的事情。然而，虽然欧盟是在 ICANN 整体规范的框架下工作，亦有证据表明，欧盟可以通过修辞行动来操纵规则，以此在下述两个重要的领域开拓其物质利益：GAC 和 TLD 的创建，后者是首个国际性区域 TLD，即".eu"。

四、欧盟和 ICANN 的政府咨询委员会（GAC）

GAC 的职权是"为 ICANN 的活动提供建议。这些活动指的是与政府、跨国政府组织、协约组织和各个经济体所关心的事务相关的活动，以及各类国际论坛中的活动，包括可能涉及到 ICANN 的政策与各类法律之间互动、国际协议与公共政策对象之间互动的事务"[①]。考虑到欧盟的公共政策传统，GAC 的咨询性质和相关的规范性规则是很新颖的。根据这些规则，政府必须与 ICANN 的运营保持一定距离。虽然 GAC 的存在是一种妥协，但这种妥协给了 GAC 在 ICANN 事务中一个政策立足点，而这一立足点的功能可以被挖掘。

在 ICANN 的开幕会上，欧盟委员会提交了一份报告，该报告对接下来草拟运行原则产生了极大影响。这些原则得到了 GAC 的认可。[②] 欧盟就 ICANN 与 GAC 关系的措辞暗示了支持与质疑之间谨慎的平衡。欧盟的目的在于改变 GAC 对与欧盟有一致利益的公司施加影响的性质，同时不给这一关系的实质带来根本性的改变。2000 年，欧盟委员表达了其对 GAC 的肯定，其方式是宣布欧盟"打算通过其世界范围的双边关系来继续鼓励 ICANN 和 GAC 中的全球

[①] ICANN (1999), "ICANN Governmental Advisory Committee Operating Principles", 25 May. (www.gacsecretariat.org/web/docs/Operating_Principles-English.htm)

[②] GAC (1999), "ICANN GAC Executive Minutes-Inaugural Meeting, Singapore", 2 March. (www.gacsecretariat.org/web/meetings/mtg1/gac1min.htm)

参与"①。但是，这一宣言也可以被解读为一种打破权力平衡的渴望，即将美国在 GAC 以及整个 ICANN 中的权力转移出去。打破的方式是通过增加不属于美国大陆的政治成员的比重。在另一个场合中，欧盟也极力向 ICANN 强调，ICANN 没有开展单边行动的法定职权，这暗指世界上因某些重要部分没有在 ICANN 中得到足够的代表而在 GAC 中引起的关注。② 在 2000 年的立场文件（position paper）中，欧盟委员会声称"实践中，ICANN 委员会对 GAC 的建议保持回应性。截至目前，尚无任何意见分歧可能会对各国政府在这一背景下接受某种正式的次要角色（a-formally-secondary）的意愿构成考验"。③ 然而，同时需要注意的是，如果立场改变，"那么目前的关系将会被重新审视"。④ 欧盟委员会通过上述措辞展示了其政治技巧。至关重要的是，在谈及 ICANN 和 GAC 之间的关系时，这份立场文件将"目前得到积极政策监督支持的自我管制型结构"描述为现有最佳解决方案。⑤ 这些措辞欧盟就 ICANN 和 GAC 关系做出具体的解读提供了证据，因为比起"提供建议"，"监督"意味着更多的影响力。

上述理念在 2000 年得到了进一步的发展，当时，欧盟在 ICANN 的首席谈判官克里斯托弗·威尔金森（Christopher Wilkinson）将 ICANN 和 GAC 的关系描述为"公私合作的首次示范……有时又将这种关系称为'共同管理'。在共同管理之下，自我管制的范围受到来自各个公共权威机构平行输入的意见的

① European Commission (2000), *Communication from the Commission to the Council and the European Parliament. The Organisation and Management of the Internet-International and European Policy Issues* 1998 – 2000, Com (2000) 202, 7 April. Brussels: European Commission, p. 8.

② GAC (2000a), "ICANN GAC Executive Minutes-Meeting at Yokahama", 13 – 14 July. (www. gacsecretariat. org/web/meetings/mtg6/gac6min. htm⑧); GAC (2000b), "ICANN GAC Executive Minutes-Meeting at Marina Del Rey", p. 7.

③ European Commission (2000), *Communication from the Commission to the Council and the European Parliament. The Organisation and Management of the Internet-International and European Policy Issues* 1998 – 2000, Com (2000) 202, 7 April, Brussels: European Commission, p. 8.

④ Ibid.

⑤ Ibid.

指导和约束"①。共同管理显然与欧盟的治理传统更为一致，但是，重要的是，共同管理恰恰属于自我管制的范畴。在由自我管制向共同管制转变的过程中——也就是国家的角色从明显的不干预到施加更多干预的转变，所涉及到的相关规范性变化应该被视为规则操纵的产物，而不是规则更替的产物。

在其他领域，欧盟支持增加自由裁量权和增加 GAC 成员在 ICANN 委员会休会期间的互动。② 而在另一场合，欧盟直接向 ICANN 主席提议，有必要使［GAC 的］咨询功能更好地配合 ICANN 委员会的政策制定功能，③ 这一提议与欧盟自己的公共政策立场更为一致并暗含于 ICANN 既有规范性框架之中。

ICANN 成立的头三年里，一系列问题凸显出来，比如 ICANN 的结构和它的运营方式。和许多全球治理的新尝试一样，ICANN 成为众矢之的。比如在很多问题上，如代表性、建立 gTLDs 的过程，还有特别是 ICANN 和国家代码 TLD 管理者之间的关系等问题，有证据表明，针对部分 ICANN 的关键程序以及相关规则存在一场持续的争论。结果，ICANN 委员会自己在 2002 年发布了一份重要的评估报告，该报告通过 GAC 部分地解决了 ICANN 与政府之间关系中存在的问题。当时 GAC 发表声明，"在 ICANN 成立三年半之后，有必要详细说明 ICANN 的权限范围，并回顾和阐明其所负责的任务和具体职责。"④

考虑到 GAC 的历史起源，可以预期这一时期很可能引发这样一个过程，即支撑 ICANN 的自我管制惯例（及其相关的不干涉规则）不得不被改变，甚至被移除。然而，这并未发生。相反，GAC 开始谈及有必要建立一种公共部

① Wilkinson, Christopher (2000), "The Organisation and Management of the Internet", speech at the China Internet Conference and Exhibition, Beijing, 8 June. (europa. eu. int/ISPO/eif/InternetPoliciesSite/ChristopherWilkinson. htm)

② GAC (2001a), "ICANN GAC Executive Minutes-Meeting at Melbourne", 9 - 10 March. (www. gacsecretariat. org/web/meetings/mtg8/gac8min. htm）

③ GAC (2001b), "ICANN GAC Executive Minutes-Meeting at Stockholm", 1 - 2 June. (www. gacsecretariat. org/web/meetings/mtg9/gac9min. htm）

④ GAC (2002a), "ICANN GAC Executive Minutes-Meeting at Accra", 11 - 12 March. (www. gacsecretariat. org/web/meetings/mtg12/gac12min. htm)

门和私人部门之间的合作关系。这标志着 GAC 工作重心的一次重要转变，尽管并不是全盘的转变。这仅仅是对 ICANN 主席提出的观点的一种回应。主席认为，ICANN 起初对任何政府介入（作者访谈）所持的怀疑态度已经让位于一种更加务实的观点，即 ICANN 应该如何向前发展。

同样重要的是，如前面提到的，一方面欧盟之前已经发出警告：ICANN 的表现（尤其是 ICANN 与 GAC 存在意见分歧）可能意味着需要重新检视 GAC 与 ICANN 的关系；另一方面，在 2002 年 ICANN 改革期间，一位欧盟官员宣布，处理任何意见分歧的最佳方式是进一步对话而不是赋予 GAC 否决权。① 也是在这一时期，在一份 ICANN 的改革报告中，欧盟发表了类似的观点，"需要强化……政府对 ICANN 过程的介入……其方式是提升 ICANN 和 GAC 之间的关系。ICANN 应该就一切公共议题向 GAC 咨询，并充分考虑 GAC 的意见。"② 这清楚地表明了欧盟遵守与自我管制相关的咨询性规则的意愿已经抓住了某种转变，即转向以共同管制（表述为"合作"）为重心的活动。

相比之下，其他 GAC 成员，特别是加拿大，似乎更支持一种跨政府主义（intergovernmentalist）的改革方法，其形式是所谓的 ICANN 理事会。该理事会从 GAC 中产生，并"在 ICANN 失效或者明显需要政府干预的情况下发挥作用"③。然而，在 2002 年 ICANN 的一份改革声明中，为了回应 ICANN 下设的发展与改革委员会就同一主题发表的报告，包括欧盟在内 GAC 的大多数成员表达了对 GAC 主席仅以当然资格的方式担任 ICANN 委员的支持。

值得注意的是，加拿大的这项提案遭到了法国、西班牙、德国和 GAC 中一些其他欧盟成员国的反对。法国和德国明确地疏远支持 GAC 回应的国家。

---

① GAC（2002b），"ICANN GAC Executive Minutes-Meeting at Bucharest"，24 – 26 June.（www. gacsecretariat. org/web/meetings/mtg13/gac13min. htm）

② Council of the European Union（2002），"International Management of the Internet and ICANN Reform-Guidelines for Discussions"，Brussels，13280/02 DG C I，18 October，p. 3.

③ GAC（2002b），"ICANN GAC Executive Minutes-Meeting at Bucharest"，24 – 26 June.（www. gacsecretariat. org/web/meetings/mtg13/gac13min. htm）

特别是，它们坚持要求将一份反声明文件（counter-declaration）作为附录放进GAC的回应文件中。这份反声明文件声称，"由于 ICANN 工作具有的发展性质，未来应该考虑根据不同的法律基础建立一个有所区别的政府参与型组织"。① 与此同时，这两个国家注意到除了 ICANN 之外，其他国际组织——这里明确提到的有国际电信联盟（简称 ITU），经济合作与发展组织（简称OECD）和世界知识产权组织（简称 WIPO）——都有在 ICANN 具有竞争力的领域开展活动的权利。因此，虽然欧盟接受了 GAC 的模式和规则，但是这些模式和规则明显不能为欧盟内部几个最主要的成员国所接受，尽管欧盟试图在一个被称为"互联网非正式组织"（作者访谈）的组织中维护成员国之间的某种共同立场。

GAC 已经正式表达了下述观点，即 GAC 应该维持某种超然、咨询性的身份。在 GAC 与 ICANN 委员会发生意见分歧的情况下，应该启动谈判和审议进程，如果该进程失败，仍由 ICANN 行使自我管制型的最终决策权。然而，这里的警告是，声明在发生分歧的情况下，各国政府可以依据其国内法做出决策以保护公共利益，这就意味着如果问题具有足够的争议性，那么 ICANN 可能很大程度上被边缘化和被忽视。② 由于 ICANN-GAC 改革的部分目标在于建立某种前面提到的公私合作关系，因此，ICANN 的相关成员就政策议题建立了一系列的 GAC-ICANN 联络关系以促进二者之间的双向沟通。③ GAC 还建立了一系列的工作小组④，参与到合适的 ICANN 的支持性组织和委员会中去。⑤所有这些都意味着政府在 ICANN 事务中的作用更加核心，甚至事实上可能更具影响力。这一结果可能恰恰与欧盟对于共同管制的偏好相一致。然而，在

---

① GAC（2002b），"ICANN GAC Executive Minutes-Meeting at Bucharest"，Annex 1.

② Wilkinson, Christopher（2002），"Public Policy Issues and the Internet"，*On the Internet* January/February.（www. isic. org/oti/articles/1201/wilkinson. htm）

③ 这样的联络关系共有 9 种，涉及 ICANN 的不同部门，比如国家代码顶级域名支持小组，通用名支持小组，根服务器咨询委员会和普通咨询委员会等等。

④ 关于这个问题有 6 个工作小组，比如国际化域名、gTLDs、ccTLDs 和 IPv6。

⑤ GAC（2003），"ICANN GAC Communique-Meeting at Rio De Janeiro"，23 – 25 March.（www. gacsecretariat. org/web/meetings/mtg15/CommuniqueRioDeJaneiro. htm）

一个更具实践性的层次上，政府向 GAC 贡献其所需求的必要的资源的意愿已经引起怀疑（作者访谈）。

五、顶级域名 ".eu"

美国政府在 ICANN 成立之初作出了一项决定，即将建立新型 TLDs 的工作留待国际社会的进一步商议，这给欧盟在 ICANN 内部通过修辞行动来操纵规则以争取物质利益提供了另一个机会。正如已经提到的，历史上 TLD 系统是分别遵循通用代码和国家代码两条脉络发展的。但是，在 ICANN 成立不久，欧盟发起了一项政策行动，目的在于建议一个独特的国际性－区域性的欧盟 TLD，也即是 ".eu"。

欧盟起初推动建立 ".eu" 引起了 ICANN 的警觉，但这种担心很快得到了缓解，因为 ICANN 通过一个名为欧洲共同体互联网组织和管理参与小组（简称 EC－POP）的集体性组织，得到了来自欧洲互联网商业利益团体的有力支持。该组织与欧盟委员会在该问题上往来密切（作者访谈）。很快一个重要的问题出现了，即这个前所未有的域名应该授权给哪里？因为这个域名看起来与二元国家类（binary national）（也就是国家编码）或者"组织类"（也即是通用类）的惯例都不相符。然而，欧盟依据既存（目前已经广泛建立起来的）网域命名过程的合法性标准，来为 ".eu" 辩护，其方式是通过操纵国家代码域名概念化的规则。

欧盟这样做是利用了国际标准化组织（简称 ISO）。该组织的的维修机构将"EU"保留为一个编码，这个编码可以在任何适当的情况下代表一定的地域而使用。欧盟委员会因此要求 IACNN 指派给其一个 ".eu" 的顶级域名（由作者访谈证实）。在其政策措辞中，欧盟声称 ".eu" 将会"推进互联网以及虚拟市场的使用和连接渠道……其方式是为目前的国家代码顶级域名（简称 ccTLDs）或者通用顶级域名的全球注册系统提供补充性的注册领域，结果将是丰富选择和提高竞争。"欧盟还声称 ".eu" 将会积极地影响"欧洲互联网的类型和技术设施……［并且］为互联网命名系统增添价值"。①

随着事情的日益明朗，ICANN 使".eu"生效的过程虽然具有潜在的复杂性（因为欧盟本身不是一个国家），但最终还是相对简单的。根据本文的研究，ICANN 愿意顺应规则操纵，也就是欧盟对网域命名系统（该系统在ICANN 成立几年之前就已建立和稳固下来）其中一个核心规则的操纵。因为".eu"顶级域名不能算作冒犯了 ICANN 的合法性标准，甚至可以认为是某种让步。这种让步对于 ICANN 在其发展初期锁定一个有力的政治行为体是有利的。在对事情进行研究并与欧盟委员会进行磋商之后，ICANN 委员会通过了一项决议，同意将"eu"授权给欧盟（本人与 ICANN 官员的交流②）。

结果是，欧盟得以在 ICANN 可接受的规范性标准允许的范围内，通过修辞行动和操纵规则来谋求某种重要的物质利益。欧盟在争取".eu"中涉及到的物质利益的细节也值得思考。欧盟希望".eu"可以勾勒出单一欧洲市场的轮廓。TLDs 作为商标不断提高的重要性或许对于那些愿意在网络空间使用 EU 标签进行交易的公司也很有吸引力。".eu"行动可以视为欧盟在电子市场领域为构建和主张某种欧洲联盟的"领土"和"认同"，③ 同时在 ICANN 内部提升其形象而进行的努力。同时，这一举动也是对欧盟未能及时认识到互联网的重要性以及其在 ICANN 形成时期的微弱的政策作用的回应。

虽然表面上看似乎是欧盟试图在国际互联网治理中主张某种新的政策规则，但是仔细观察".eu"的建立过程就会发现一幅更加复杂的画面。特别是，欧盟在业已建立起来的国际规则框架内活动，重要的原因是，ICANN 是

---

① European Parliament and European Council of Ministers（2002），"Regulation on the Implementation of the. eu Top Level Domain"，（EC）No. 733/2002. OJL133/1，30 April，p. 1.

② 本人与一位前 ICANN（2004 年 1 月 29 日）负责人和一位前 ICANN 的 CEO 的交流（2004 年 1 月 29 日）。

③ Halpin，Edward and Seamus Simpson（2001），"Between Self-Regulation and Intervention in the Networked Economy：The European Union and Internet Policy"，*Journal of Information Science*，Vol. 28，No. 4，pp. 285 – 296.

唯一受到认可的组织，通过该组织，新的 TLD 将会在国际上赢得地位。①
".eu"管制的细节证明了欧盟是如何以修辞的方式诉诸 ICANN 业已建立起来
的惯例以及相关的规则，其方式是宣称"互联网管理已经基本上采取不干涉、
自我管理和自我管制的原则……这些原则也应该应用到 .eu ccTLD 中去"②。
而且，欧盟通过竞标的方式选择了一家非营利注册机构并与其签订了合同，
即欧洲域名注册机构（简称 Eurid）。可以认为，在确保欧盟通过修辞行动和
规则操纵能够产生成效方面，欧洲委员会发挥了重要作用。例如，欧洲委员
会同意这样一项决议，即鼓励其成员国在管理 ccTLD 方面执行 GAC 制定的
原则。③

六、结论

欧盟在互联网 DNS 治理安排制度化中发挥作用的历史较短，这凸显了欧
盟作为一个"国家"维护其利益的特殊方式，即在 ICANN 早年那种组织上受
到制约的环境中维护其利益。借助舒门尔分尼近期部分研究成果，本文证明
了欧盟一度作为建立 ICANN 的理性主义谈判进程中的某种局外人，也因此在
谈判中处在相对弱势的位置上，后来如何谨慎地在 ICANN 合法标准之下推进
和捍卫其地位与利益。欧盟实现这一目标是运用修辞行动以操纵 ICANN 两项
关键的管制性规则。这两项规则一方面关系到 GAC 的性质，另一方面关系到
命名 TLD 的规则。

如果任何政治行为体在对社会价值以及仍然存疑的制度规则的工具性操
纵中走得太远，那么寻求修辞行动的机会必须谨慎，而且这样的机会应该受

---

① GAC （2000a），"ICANN GAC Executive Minutes-Meeting at Yokahama"，13 - 14 July.
（www. gacsecretariat. org/web/meetings/mtg6/gac6min. htm）；GAC （2002a），"ICANN GAC Executive Mi-
nutes-Meeting at Accra"，11 - 12 March，（www. gacsecretariat. org/web/meetings/mtg12/gac12min. htm）

② European Parliament and European Council of Ministers （2002），"Regulation on the Implementation
of the. eu Top Level Domain"，（EC） No. 733/2002. OJL133/1，30 April，p. 9.

③ GAC （2000b），"ICANN GAC Executive Minutes-Meeting at Marina Del Rey"，14 November.
（www. gacsecretariat. org/web/meetings/mtg7/gac7min. htm）

到约束。① 在欧盟和 ICANN 的案例中，ICANN 的崭新性意味着，虽然关于自我管制和国家代码 TLD 分配的关键惯例和相关的管制性规则已经明确地建立起来了，但是这些惯例和规则仍然可以通过操纵而被修改。欧盟可以主张其偏好——也就是在 ICANN 中获得更加直接的政府影响力，和为建立".eu"这一顶级域名辩护——而不会对 ICANN 已经建立起来的（尽管是新建立起来的）惯例和规则带来过多困扰。

在追求这些目标的过程中，挑战和扰乱 ICANN 的核心规范性结构并不是欧盟的利益所在，原因有二。首先，欧盟需要在互联网关键技术资源的管理中占有一席之地。否则，鉴于美国对资源的控制和其他国家和组织（比如欧盟）必然的相对弱势地位，那么替代的结果可能是 ICANN 的管理完全由单边政府和私人来主导，其背后是美国利益。第二，在这段备受质疑的时期，对于欧盟而言，除了 ICANN 之外没有其他现实的结构性选择或者有竞争力的商业模式可以追求。

本文对欧盟早年参与 ICANN 的案例研究提供了这样一种努力的尝试，即通过结合理性选择制度主义和建构主义制度主义的洞见，对国际组织环境中由通信政策引发的关键性发展做出解释。然而，有两点重要的警告告诉我们使用修辞行动追求策略性目标仅可发生在高度特定的情形下，比如那些本文所强调的情形。

第一，作为国际组织，ICANN 是独特的。互联网的技术大厦和历史发展模式已经影响了 ICANN 的兴起，以及私人利益驱动、非营利的自我管制的关键结构性特征。在 1945 年之后发展起来的国际组织中，ICANN 远远不具有典型性。典型的情况是民族国家在国际组织中的作用是至上的。第二，正如本文已经证明的，欧盟对 ICANN 建立进程的参与凸显了在建立治理制度安排中理性主义的、跨国的谈判的重要性，这些安排的目的是为了富有策略地管理关键的国际通信资源。

这一点在最近围绕信息社会世界峰会（简称 WSIS）而开展的政治进程中

---

① Schimmelfennig, Frank (2001), "The Community Trap: Liberal Norms, Rhetorical Action and the Eastern Enlargement of the European Union", *International Organisaiton*, Vol. 55, Vo. 1, p. 64.

再次得到证实。在 WSIS 上，互联网治理将成为突出的和最具争议性的话题。在 WSIS 上，质疑 ICANN 的地位，质疑美国政府对互联网 DNS 关键根服务器的持续控制将成为核心议题。针对跨国交易的经典理性主义方式，以及欧盟与其他国家（不只是美国）领袖对物质利益的争取，都存在有力的证据。①然而，欧盟在必要的时候使用修辞行动策略和简单明了的理性主义谈判方式的意愿和能力，仅仅为以下事实提供了更多的线索，即欧盟作为国际政治行为体在通信政策的发展中不断自信和成熟。

① Christou, George and Seamus Simpson（2007），*The New Electronic Marketplace: European Governance Strategies in a Globalising Economy*，Cheltenham: Edward Elgar.

GGS 互联网全球治理

Global
Governance
Series

第三部分 │ **全球互联网安全治理**

联合国网络规范的出现：联合国网络安全
活动分析[*]

〔美〕蒂姆·毛瑞尔　著　　曲　甜　王　艳　编译^{**}

一、引言

　　联合国网络安全谈判可以分为两个主要的派别：一个是关注网络战争的政治—军事派别，另一个是关注网络犯罪的经济派别。两方均显示出管理网络空间的规范正在缓慢出现，并向规范化扩散发展。这些信号包括，联合国大会第一委员会的辩论已经持续十余年，十二个联合国部门中超过一半的部门已参与到过去五年这一最引人注目的问题中，以及关于行为准则的最新提

　　* 本项研究由美国海军研究办公室资助，授权编号：N000140910597。本文所有观点、研究发现、结论或者建议仅代表作者观点，不代表海军研究办公室、哈佛大学肯尼迪学院以及贝尔福研究中心观点。本文原载于 http：//belfercenter. ksg. harvard. edu/publication/21445/cyber_norm_emergence_at_the_united_nationsan_analysis_of_the_uns_activities_regarding_cybersecurity. html。

　　本文译者特别感谢哈佛大学贝尔福研究中心对译者翻译的授权，在此郑重声明本文不享有原作的唯一翻译权。译文在原文的基础上有所删减。另外，译者特别感谢作者蒂姆·毛瑞尔教授对翻译工作的大力支持。

　　** 作者简介：蒂姆·毛瑞尔（Tim Maurer），美国哈佛大学肯尼迪学院。译者简介：曲甜，清华大学社会科学学院政治学系博士后；王艳，中央编译局世界发展战略研究部助理研究员。

案。然而，总体的趋势无法解释活动中的变化。比如，为什么在 1998 年至 2004 年间一阵紧锣密鼓的活动之后，美国却在接下来的四年投票反对俄罗斯的决议草案？自布达佩斯《网络犯罪公约》于 2004 年生效之后，网络犯罪的谈判又有哪些进展？因此，我的研究将回答以下问题：作为规范倡导者的联合国会员国和联合国各部门究竟在网络安全方面做了哪些工作，以及为什么不同时期的工作有所变化？

美国的立场变化究竟是一种战略上的转变，从布什政府到奥巴马政府的战术变化，还是对俄罗斯采取的"重置策略（reset policy）"的回应？对此作出确切的回答为时尚早。然而，政策的变化和政府专家组的报告都可以作为政治信号。这些信号相当重要，因此我们应当更加仔细地分析联合国针对网络安全问题采取了哪些措施。比如，国际电信联盟（简称 ITU）秘书长表示支持网络和平行动。该行动是一次"通过改变立场以使网络战争非法化的尝试"，并在网络袭击、网络战争①和"电子珍珠港"② 等话语主导的辩论中提供了一种反叙事（counter-narrative）视角。

在国际关系理论方面，我的研究发现与政治科学家玛莎·芬尼莫尔和凯瑟琳·斯金克提出的规范生命周期模型一致。因此，我采用她们的模型来指导我的分析。我的目标是首先阐释规范生命周期的开始阶段，也就是规范出现的阶段，然后阐释国际网络空间制度建立初期的状况。正如前文提及，联合国是这些辩论发生的最早期和最重要的场所之一。但该模型未能对网络规范形成过程中的各种起伏做出解释。

本文第一部分是理论部分，我将提出关键的定义和概念。接下来在第二部分，我从历史的角度，分析了联合国倡导网络安全的国家在这一问题上的

---

① Nye Jr, Joseph S. (2011), "Nuclear Lessons for Cyber Security?", *Strategic Studies Quarterly*, No. 3 – 4.

② Wegener, Henning (2011), "Cyber Peace", in the Quest for Cyber Peace, *International Telecommunication Union and World Federation of Scientists*, January, p. 77; Schwartau, Winn (1991), "Testimony before Congress", Last accessed 12 October 2011. (http://www.dtic.mil/cgi – bin/GetTRDoc? Location = U2&doc = GetTRDoc. pdf&AD = ADA344848)

辩论。这一分析强调了两方面内容。一是与网络战争有关的政治—军事派别，另一个是与网络犯罪相关的经济派别。第三部分是关于 IGF 的，我描述了这一相对年轻的制度的历史，目的是使我之后的结论更加全面。从方法论上讲，过程追溯是本文分析的核心方法。所有信息从主要文献和次要文献中收集，并由联合国官员访谈资料补充。

二、理论基础、定义和概念

（一）网络的定义与国际合作

"网络"一词在英文中作为前缀（Cyber－）指的是电子技术和以计算机为基础的技术。① 网络空间（Cyber-space）是"一个由电子技术构成的操作领域……通过相互连接的系统及其相关的基础设施来利用信息"②。因此网络空间是"一种独特的混合制度，混合了物理特征与虚拟特征"，混合了硬件与软件，它与世界上包括互联网在内的所有计算机网络和其他网络都有所不同，而且并不连接到互联网上。③

互联网是网络空间中最大的网络，它被设计成"开放、极简和中立的"④。然而互联网的架构却要依情况而定，它是"一种选择——并非命运，并非注定，也并非自然法"⑤。"边界互联网"（bordered internet）的出现是通

---

① See Eriksson, Johan and Giampiero Giacomello（2006）, "The Information Revolution, Security, and International Relations: (IR) relevant Theory?", *International Political Science Review*, Vol, 27, No.3, pp. 221－244.

② Nye Jr, Joseph S. (2010), "Cyberpower", Paper, Cambridge, Mass: Harvard Belfer Center for Science and International Affairs, May.

③ Clarke, Richard A. and Robert Knake (2010), "Cyber War: The Next Threat to National Security and What To Do About It", *Ecco*, April, p.70.

④ Wu, Tim and Jack Goldsmith (2008), *Who Controls the Internet-Illusions of a Borderless World*, Oxford: Oxford University Press, p.23.

⑤ Wu, Tim and Jack Goldsmith (2008), *Who Controls the Internet-Illusions of a Borderless World*, Oxford: Oxford University Press, p.90.

过各国互联网架构的变化完成的。这种变化受各国法律、技术发展以及更宏观层面的文化偏好影响。① 然而，从技术角度看，互联网仍然是"无边界的"。在国际关系理论中，与"无边界的"对应的形容词是"跨国的"或者"全球的"。各国立法的确从法律上构建了边界，而且时常通过具体的技术特征来创造边界，比如中国的防火墙。

国际电信联盟对网络安全作出了定义，即："工具、政策、安全概念、安全防护、指导原则、风险管理的方法、行动、训练、最优活动、保证和技术的集合。该集合可以用于保护网络环境、保护组织以及用户的资产。"② 根据哈佛大学教授约瑟夫·奈（Joseph Nye）的研究，网络安全主要受到来自四个方面的威胁：间谍、犯罪、网络战争和网络恐怖主义。③ 潜在威胁的存在首先要追溯到三个源头，"（1）互联网设计上的瑕疵；（2）硬件和软件上的瑕疵；（3）将越来越多的重要系统放在互联网上的趋势"。④ 网络实力（Cyberpower）是指"'在其他 30 个操作环境和广泛的权力工具中，运用网络空间创造优势和影响事件的能力。'网络实力可以用于在网络空间内达到想要的结果，或者，它可以利用网络工具在网络空间之外的领域制造想要的结果"⑤。由于互联网具有跨国特征，各国政府已经意识到国际合作的必要性。众所周知，斯坦福大学教授斯蒂芬·克拉斯纳（Stephen Krasner）将国际合作以制度的形式定义为"或隐晦或清晰的原则、规范、规则和决策程序的集合。围绕这些元

---

① Wu，Tim and Jack Goldsmith（2008），*Who Controls the Internet-Illusions of a Borderless World*，Oxford：Oxford University Press，pp. 149 – 150.

② United Nations. International Telecommunication Union，"Overview of cybersecurity-Recommendation ITU-T X. 1205"，*Series X: Data Networks, Open System Communications and Security-Telecommunication security*，Geneva：United Nations，April 2008.

③ Nye Jr，Joseph S.（2010），"Cyberpower"，Paper，Cambridge，Mass.：Harvard Belfer Center for Science and International Affairs，May，p. 16.

④ Clarke，Richard A. and Robert Knake（2010），"Cyber War: The Next Threat to National Security and What To Do About It"，*Ecco*，April，p. 73.

⑤ Nye Jr，Joseph S.（2010），"Cyberpower"，Paper，Cambridge，Mass.：Harvard Belfer Center for Science and International Affairs，No. 5，p. 4.

素，各方的期望交集于某个特定的国际关系领域"①。重要的是，虽然国家是这种制度的关键参与者，但不是唯一的参与者。其他实体也发挥一定的作用，比如国际组织。一个国际组织可以代表一项制度，或者是某项制度的一部分。

与早期的委托—代理理论不同，像迈克尔·巴尼特（Michael Barnett）和玛莎·芬尼莫尔这样的学者，他们的研究已经证明了国际组织有自己的思维，并且追求的目标与其委托方的需求有所不同。② 这说明了国际组织必须被理解为代理者，不能仅仅视其为结构。国际组织存在的合理性来自于它们的专业知识、被委托的权威和/或道德的权威。它们通过利用其制度性资源和话语性资源从其委托方中诱导出服从。③ 而且，巴尼特和芬尼莫尔已经证明了国际组织的权力，和它们是如何在国际关系中运用其影响力的。两位学者强调国际组织通过以下三种方式行使权力："（1）划分世界，将行动者和行动内容分类；（2）修正社会学领域中的定义；（3）在全球阐明和传播新的规范、原则和行为体"。④ 举个非常有说服力的例子，在很多国家，"难民"这一范畴与安全事务直接相关。⑤ 在网络竞技场上，ITU 秘书长与世界科学家联合会一道提出了另一种将"网络和平"提上议程的指导框架，与那些充斥了"网络威胁"和"网络战争"等措辞的文献形成了鲜明的对比。

① Krasner, Stephen (1983), *International Regimes.* Ithaca, NY: Cornell University Press, p. 2.

② Barnett, Michael N. and Liv Coleman (2005), "Designing Police: Interpol, and the Study of Change in International Organizations", *International Studies Quarterly*, No. 49, pp. 97 – 598.

③ Barnett, Michael and Martha Finnemore (2004), "Rules for the World-International Organizations", *Global Politics*, New York: Cornell University Press, p. 5.

④ Barnett, Michael and Martha Finnemore (1999), "The Politics, Power, and Pathologies of International Organizations", *International Organization*, Vol. 53, No. 4, p. 710.

⑤ Barnett, Michael and Martha Finnemore (1999), "The Politics, Power, and Pathologies of International Organizations", *International Organization*, Vol. 53, No. 4, pp. 710 – 711; Barnett, Michael and Martha Finnemore (2004), "Rules for the World-International Organizations", *Global Politics*, New York: Cornell University Press, pp. 73 – 120.

（二） 规范与规范周期的概念

斯图尔特·贝克（Stewart Baker）在一次题为"网络安全：数码世界中的法律、隐私和战争"的活动中指出：心理学研究表明，人类天性使我们认为必须惩罚那些违背了某项社会规则的人。政治科学家詹姆斯·马奇（James March）和约翰·奥尔森（Johan Olsen）指出，除符合逻辑的预期结果之外，还存在逻辑的适当性（logic of appropriateness）。"人类行动者被设想为会遵循某些规则，这些规则将特定的身份和特定的情境联系到一起。行动者探寻个人行动的机会，其方式是评估当前身份和选择困境之间的相似之处，或者更普遍地说，自我的概念与情境的相似之处。行动包含唤起某种身份或者角色，并将这一身份或角色的义务与某一特定的情境联系起来。目的的设定与身份相关。"[①]

简言之，规范并非是一成不变的，并且可以随着时间的推移有所加强或减弱，包括那些调节国际事务的规范。最近一个规范侵蚀的案例是禁止酷刑的规范的出现。正如贝克暗示的，关键的问题是我们将选择什么样的规范来指导网络空间的行为。芬尼莫尔和斯金克在其文章《国际规范动态与政治变化》中提出了其规范生命周期的概念。她们将规范定义为"行动者在某个给定的身份下适当行为的标准"[②]，并将规范生命周期划分为三个阶段："规范出现（norm emergence）"之后，一旦到达某个临界点，其潜在的结果是"规范扩散（norm cascade）"，接下来是规范的内化（internalization）。[③] 重要的是，她们指出一次规范扩散或者内化并非一个线性的过程，而且也不一定会完成整个过程。关于规范出现的第一阶段，芬尼莫尔和斯金克指出，"第一阶

---

① March, James G. and Johan P. Olsen（1998），"The Institutional Dynamics of International Political Orders"，*International Organization*，Vol. 52，No. 4，p. 951.

② Finnemore, Martha and Kathryn Sikkink（1998），"International Norm Dynamics and Political Change"，*International Organization*，Vol. 52，No. 4，p. 891.

③ Finnemore, Martha and Kathryn Sikkink（1998），"International Norm Dynamics and Political Change"，*International Organization*，Vol. 52，No. 4，pp. 894 – 905.

段，也就是规范出现的这一阶段，典型的机制是由规范倡导者积极说服产生的。规范倡导者试图说服一大批关键国家（规范的领导者）接受新规范。"①而且，她们找出了新规范得以成功形成的两个要素：（ⅰ）规范倡导者；（ⅱ）倡导者可以利用的组织性平台。②

（三）联合国的规范倡导者

自从大卫·米特兰尼（David Mitrany）功能主义——通常以简化的形式表述为"形式追随功能"——在国际关系理论中生根发芽，学术界对于国际组织的理解极大地向前发展了。大体上讲，一个国际组织是由一个负责做决定的政府间机构全体会议和一个负责实施决定的官僚机构组成。属于前者的人员是外交官，属于后者的是工作人员或者国际公务员。在更为近期出现的一些文献中，一些学者已经证明了国际组织的官僚机构在某些条件下是具有自主性的行为体。从本质上讲，形式有其自己的生命。③

因此，规范倡导者是政治家、外交官、军队服役人员和学界人士。从本质上讲，任何拥有足够资源来发挥影响力的人都可以当一名规范倡导者。就此而言，联合国十分重要。第一，作为外交活动结果的规范和制度在联合国产生。第二，联合国官员本身就是政策倡导者。下文在讨论 ITU 秘书长所支持的网络和平行动时，联合国官员作为规范倡导者的角色将进一步阐明。这一点正好符合芬尼莫尔和斯金克的观点——她们将联合国描述成可以作为组织性平台发挥作用的常设组织。她们强调，这样一个平台常常受制于各种不

---

① Finnemore, Martha and Kathryn Sikkink (1998), "International Norm Dynamics and Political Change", *International Organization*, Vol. 52, No. 4, p. 895.

② Finnemore, Martha and Kathryn Sikkink (1998), "International Norm Dynamics and Political Change", *International Organization*, Vol. 52, No. 4, p. 896.

③ Barnett, Michael and Martha Finnemore (1999), "The Politics, Power, and Pathologies of International Organizations", *International Organization*, Vol. 53, No. 4, pp. 699 – 732; Barnett, Michael and Martha Finnemore (2004), "Rules for the World-International Organizations", *Global Politics*, New York: Cornell University Press.

同的，有时甚至是相互冲突的议程。①

联合国的核心是《联合国宪章》。《联合国宪章》提供了法律框架，成为将不同实体之间的关系概念化的最准确表达。联合国政府间实体由三部分组成：（1）安全理事会，由 192 个成员国中的 15 个组成；（2）经济和社会理事会（简称 ECOSOC），共有 54 个成员国参加；（3）大会，包括全部 192 个成员国。外交官是这些机构中的行动者。这三个机构的官僚部门是大家所熟知的联合国秘书处，由联合国秘书长领导。这种两级组织架构的设计在联合国下设机构中也存在。这些下设机构是联合国架构的一部分，根据《联合国宪章》第二十二条，它们既可以是一个辅助机构，也可以根据《联合国宪章》第五十七条作为一个专门机关。为达成本文的研究目的，我效仿芬尼莫尔和斯金克，将其他机构作为组织性平台来参考，但这不包括 ITU。如图 1 所示，ITU 的角色是双重的。

（四）规范与国际法

根据《联合国宪章》第二十二条"联合国会员国同意依宪章之规定接受并履行安全理事会之决议"，安理会是唯一一个有权制定约束性国际法律的合法机构。另一方面，根据《联合国宪章》第十条和第十二条，联合国大会只能行使建议权。然而，联合国大会依然很重要，原因何在？

自法学家洛德·麦克奈尔（Lord McNair）所著《条约的功能和不同的法律性质》于 1930 年出版以来，部分学者已经就国际法中软法和硬法的区别展开讨论。根据《国际法院规约》第三十八条第一款第一项规定，软法以成文法的形式出现，但不作为法律来源。② 根据法学教授艾伦·E. 波义耳（Alan

---

① Finnemore, Martha and Kathryn Sikkink (1998), "International Norm Dynamics and Political Change", *International Organization*, Vol. 52, No. 4, p. 899.

② Chinkin, C. M. (1989), "The Challenge of Soft Law: Development and Change in International Law", *The International and Comparative Law Quarterly*, Vol. 38, No. 4, pp. 850 – 866; Hillgenberg, Hartmut (1999), "A Fresh Look at Soft Law", *European Journal of International Law*, Vol. 10, No. 3, pp. 499 – 515.

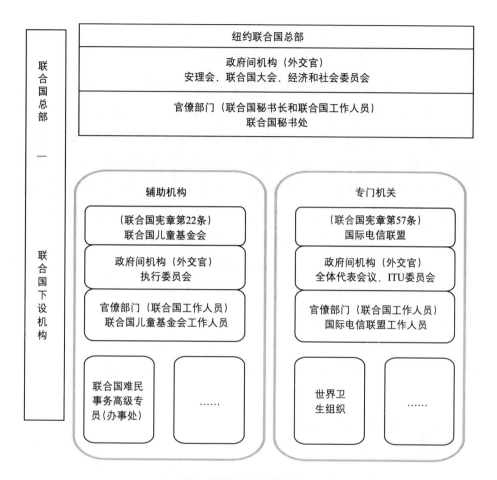

图1　联合国的组织结构关系

E. Boyle）的研究，软法和硬法在以下三个方面有所不同，因为软法：第一，不具有约束性；第二，争端的解决方式是非强制性的；第三，由一般性规范和原则组成。但同时软法以影响国家活动为目的。① 亚利桑那州立大学法学教授肯尼斯·W. 阿伯特（Kenneth W. Abbott）和芝加哥大学政治学教授邓肯·J. 斯奈德尔（Duncan J. Snidal）将软法的这些特性归结为在约束力、精确性和

---

① Boyle, Alan E. （1999）, "Some Reflections on the Relationship of Treaties and Soft Law", *The International and Comparative Law Quarterly*, Vol. 48, No. 4, pp. 901 – 902.

委托性上的差异。① 下文将要讨论的联合国大会决议即属于软法的一种。然而，ECOSOC 的决议却没有那么重的分量，这是因为 ECOSOC 的会员资格是有限的，因此它不具备代表联合国所有会员国的联合国大会那样高度的合法性。

因此，联合国大会的活动符合我们从软法的文献中预期到的情况。这些文献指出，软法有时优于硬法，这是因为"需要刺激那些尚未完成的发展"，以及"创建一种初步的、灵活的制度，或许可以为各个阶段的发展提供条件"。因为"通常的情况是，在某次会议上确定下一份文本的非条约约束性标准（non-treaty-binding standard）之后，随着对该文本认识的加深，它将会逐渐成为一项具有约束性的、也可能是一项'硬性的'义务"。②

总之，关于软法和硬法的研究证明了软法在国际关系中发挥着重要的作用。软法可以发展成为一项国际性条约，或者作为一项条约的补充而存在。芬尼莫尔和斯金克在她们的著作中指出，"理解哪些规范可以成为法律（'软法'或'硬法'）以及如何遵守这些法律似乎将是法律与国际关系双重领域的又一重要研究课题"，因为这些法律性规则指导并决定了政治行为体的行为。③

三、网络安全与联合国

网络安全规范在联合国出现的过程可以划分为两个主要的谈判派别：一个是关注被我简称为"政治—军事"问题的派别，和一个关注经济问题的谈

---

① Abbott, Kenneth W. and Duncan Snidal (2000), "Hard and Soft Law in International Governance", *International Organization*, Vol. 54, No. 3, p. 422.

② Hillgenberg, Hartmut (1999), "A Fresh Look at Soft Law", *European Journal of International Law*, Vol. 10, No. 3, p. 501; Boyle, Alan E. (1999), "Some Reflections on the Relationship of Treaties and Soft Law", *The International and Comparative Law Quarterly*, Vol. 48, No. 4, p. 904; Chinkin, C. M. (1989), "The Challenge of Soft Law: Development and Change in International Law", *The International and Comparative Law Quarterly*, Vol. 38, No. 4, p. 856; Abbott, Kenneth W. and Duncan Snidal (2000), "Hard and Soft Law in International Governance", *International Organization*, Vol. 54, No. 3, p. 447.

③ Finnemore, Martha and Kathryn Sikkink (1998), "International Norm Dynamics and Political Change", *International Organization*, Vol. 52, No. 4, p. 916.

判派别（见图2）。用联合国的话来说，政治—军事派别关注的是"［信息］技术和手段可能会被用于破坏国际稳定与安全的宗旨的目的，并对各国的安全产生不利影响"①。另一方面，经济派则关心"信息技术的非法滥用"②。这两个派别换个词来称呼，则分别是网络战争和网络犯罪。克拉克和康科将网络战争定义为"代表或支持某个政府的非授权侵入，即侵入另一个国家的计算机或网络，或者任何其他影响计算机系统的活动。侵入的目的在于增加、改变或者篡改数据，或者干扰或损坏一台计算机、一台网络设备或一个计算机系统所控制的目标"③。

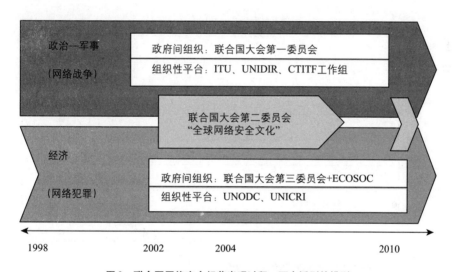

图2　联合国网络安全规范出现过程：两个派别的模型

我们也可以增加第三个派别。这一派以 IGF 为中心，负责解决更广泛的互联网治理问题。这些问题涉及到很多机构，包括互联网名称与数字地址分配机构等等。然而，这些谈判并未直接处理网络安全问题。

---

① United Nations. General Assembly, *Resolution 53/70—Developments in the field of information and telecommunications in the context of international security*, A/RES/53/70, New York: United Nations, 4 January 1999.

② United Nations. General Assembly, *Resolution 55/63—Combating the criminal misuse of information technologies*, A/RES/55/63, New York: United Nations, 22 January 2001.

③ Clarke, Richard A. and Robert Knake (2010), "Cyber War: The Next Threat to National Security and What To Do About It", *Ecco*, April, p. 227.

至于时间轴为什么从 1998 年开始：首先，1998 年是俄罗斯政府向第一委员会提出决议的头一年。一些关于计算机犯罪的决议在 1998 年之前就被采纳了。例如，联合国大会第 55/63 号决议提到了 1990 年召开的第八届联合国预防犯罪和罪犯待遇大会。然而，我关注的是第一委员会，因为在 1998 年恰恰出现了另一项重要的发展，即于 20 世纪 90 年代后期出现的互联网开始的指数性增长（见图 3），（这也是为什么通常将 1995 年当作"元年"。①）。这一增长与互联网用户数量的指数性增长相关，而用户数量的增长带来了更高程度的相互依赖以及相应升高的潜在威胁程度。

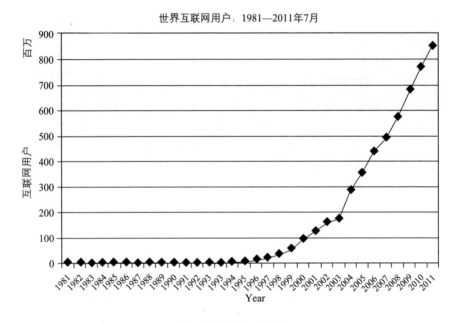

图 3　互联网用户增长图

数据来源：**ISC https：//www.isc.org/solutions/surey/history**（世界互联网用户）②

---

① Carr, John (2010), "Online Crimes against Children", *F3 Freedom from Fear* 7, Last accessed 12 October 2011. (http：//www. freedomfromfearmagazine. org/index. php? option = com_content&view = article&id = 308：online-crimes-against-children-&catid = 50：issue-7&Itemid = 187.)

② Wikipedia (2011), "History of the Internet", Last accessed 12 October. (https：//secure. wikime-dia. org/wikipedia/en/wiki/History_of_the_Interne.)

联合国大会已经进行了许多关于成员国行为管理规范的活动和讨论，例如大会决议的两份附件中的要点。大会六个委员会中的三个都已就网络安全决议草案进行了谈判。和所有决议草案一样，这些草案接下来会递交给大会全体会议，并在秋季的年度大会上决定通过与否。这些决议草案是由下面几个委员会递交的：第一委员会（裁军和国际安全委员会），处理裁军和国际安全相关问题；第二委员会（经济和财政委员会）处理经济问题；第三委员会（社会、人道主义和文化委员会）处理社会和人道主义事务。

截至目前，在网络相关事务方面共成立了五个政府专家组。第一个专家组于 2004 年由大会第一委员会组建。之后第一委员会组建了第二个专家组，并且该小组于 2010 年发布了报告。2004 年，ECOSOC 建立了一个关于身份识别相关犯罪问题的政府间专家组，该小组现已逐步发展为核心专家小组之一。ITU 建立了一个高端专家组，该小组在 2007 年制定了网络安全议程。联合国预防犯罪和刑事司法委员会在 2010 年建立了一个不限成员名额的政府间专家组，致力于打击网络犯罪。在谈判中，成员国通过利用联合国的各个组织为平台，在议程上展开竞争。这也为联合国网络安全活动的高度碎片化做出了解释。ITU 将联合国网络安全工作的相关组织分类如下：（1）打击网络犯罪：ITU 和 UNODC；（2）能力建设：ITU、UNIDIR 和 UNICRI；（3）儿童在线保护：ITU、Unicef、UNICRI、UNODC。[①] 然而，这种分类并不全面。比如，为什么儿童在线保护行动和 UNODC 的法律执行官员培训不能算作能力建设的一种，或者为什么打击网络犯罪中没有提到联合国区域间犯罪和司法研究所（简称 UNICRI）。我这篇文章的第二部分将做一个更全面的情况介绍。

一般说来，ITU 和 UNODC 被认为是联合国网络安全和网络犯罪方面最重要的两个机构。[②] 这就是为什么 ITU 的秘书长和 UNODC 的执行理事决定为这

---

① United Nations (2010), International Telecommunication Union, *Cybersecurity for all-Global Cybersecurity Agenda: A Framework for International Cooperation*, Geneva: United Nations, March, p. 36.

② United Nations, International Telecommunication Union, "PowerPoint Presentation on Global Cybersecurity Agenda to Open-ended Intergovernmental Expert Group on Cybercrime-Vienna, 17 – 21 January 2011", Last accessed 8 October 2011. (https: //www. unodc. org/documents/treaties/organized_crime/EGM_cybercrime_2011/Presentations/I TU_Cyber crime_ EGMJan2011. pdf.)

两个机构建立正式的合作关系。除此之外，联合国驻纽约秘书处通过其政治事务部和联合国裁军研究所（简称 UNIDIR）协助之前提到的 CTITF 工作组开展工作。而 UNICRI 关注的是网络犯罪。

分析这些组织的工作很重要，这不仅是出于一种组织性平台的视角，更是因为除了成员国之外，联合国的官僚自己也是规范倡导者的一部分。芬尼莫尔和斯金克提醒我们，"规范不会凭空而出；规范是通过代理人积极建构而形成的，这些代理人对于其共同体中哪些行为是适当的或者可取的有着强烈的认识。"① 这些代理人拥有影响力，这是因为他们拥有设定议程的权力，以及"框定"或者"'创造'议题的权力，其方式是利用语言来命名、解释和改编议题"。② 正如巴尼特和芬尼莫尔所强调的，国际组织自主行动的官僚机构属于规范倡导者的一部分。这就是为什么这些官僚机构既是一项制度中的积极分子，也是创造一项制度的积极分子。如下文所描述的，ITU 是一个很好的例子，它说明了一个联合国的官僚机构如何作为一名规范倡导者独自行动。

下面的章节将主要分析前面提到的派别。如上面的表格所示，对每一个派别的分析可以分为两个小部分。首先，我关注会员国及其在政府间实体中的谈判。其次，观察会员国如何将联合国各组织的官僚机构作为组织性平台加以利用。

（一）政治—军事派别：网络战争

克拉克在他的书里写道："美国几乎是在单打独斗地阻止网络空间的军备控制。多少有些讽刺的是，俄罗斯是主要的支持者［……］自从克林顿政府首次拒绝了俄罗斯的提案，美国自始至终都是网络军备控制的反对者。或者完全坦率地说，我或许应当承认，我拒绝接受俄罗斯的提案［……］也许美

---

① Finnemore, Marthaand Kathryn Sikkink（1998），"International Norm Dynamics and Political Change", *International Organization*, Vol. 52, No. 4, p. 896.

② Finnemore, Martha and Kathryn Sikkink（1998），"International Norm Dynamics and Political Change", *International Organization*, Vol. 52, No. 4, p. 897.

国是时候重新评估自己在网络军备控制上的立场，并自问以通过国际协议来实现军备控制是不是会获得或多或少的益处"。① 这场辩论是联合国大会第一委员会就"安全背景下信息和电信领域的发展"展开的谈判的中心议题，也是本文这一章节的第一部分内容。第二部分将分析著名的 UNIDIR 和 ITU 是如何在此背景下被作为组织性平台来利用的。

1. 联合国大会第一委员会

俄罗斯政府首次向第一委员会提交"安全背景下信息和电信领域的发展"决议草案是在 1998 年，并且在此后的每一年都再次提交。这份决议草案以时任俄罗斯外交部长的伊格·伊万诺夫（Igor Ivanov）于 1998 年 9 月 23 日递交给联合国秘书长的一封信为基础。信中要求将这份决议草案传播出去。② 2001年至 2007 年担任俄罗斯国防部长的谢尔盖·伊万诺夫（Sergey Ivanov）稍后发表声明，"俄罗斯想要建立国际法律制度以防止信息技术被用于与确保国际稳定和安全背道而驰的目的"。③ 正如克拉克所暗示的，俄罗斯和美国主导了联合国大会中的交锋。这一点可以从决案的提出和支持，以及投票模式中窥见端倪。俄罗斯呼吁出台一项网络军备控制的协议，而美国政策立场方面的进展正如一位外交官所表达的，"适用于动能武器的法规也应该同样适用于网络空间的国家行为"，与此同时努力在法律执行机构之间增进国际合作。④ 考虑到过去两年中国针对网络安全问题在媒体上所引起的特别关注，中国在大

---

① Clarke, Richard A. and Robert Knake (2010), "Cyber War: The Next Threat to National Security and What To Do About It", *Ecco*, April, pp. 218 – 219.

② Streltsov, A. A. (2007), "International information security: description and legal aspects", Disarmament Forum 3 Last accessed 12 October 2011. (http://www. unidir. org/pdf/articles/pdf – art2642. pdf.)

③ Ford, Christopher A. (2010), "The Trouble with Cyber Arms Control", *The New Atlantis-A Journal of Technology & Society*, Fall, p. 65.

④ Ford, Christopher A. (2010), "The Trouble with Cyber Arms Control", *The New Atlantis-A Journal of Technology & Society*, Fall, p. 67; Markoff, John (2010), "Step Taken to End Impasse Over Cybersecurity Talks", *The New York Times*, 16 July.

会上对该问题的相对沉默值得注意。

第一阶段：1998—2004 年——网络规范出现的第一阶段。1998 年的决议草案于 1999 年 1 月 4 日作为第 53/70 号决议被通过。其基础是之前的一份文件，"科学和技术在国际安全、裁军及其他有关领域的作用"（A/53/576，1998 年 11 月 18 日）。关于"国际计算机安全协议"① 的决议的关键内容如下：

● 首次提出信息和通讯技术在军事方面的潜能②，并且高度关注技术或被用于"不符合维护国际稳定与安全的宗旨"③（俄罗斯的立场）

● 提到有必要防止网络犯罪和网络恐怖主义（美国的立场）

● 吁请成员国通报联合国秘书长其关于"国际原则"的"定义"与发展的看法

2010 年的版本对这一份决议草案做了两处关键的改动。也是在 2010 年，美国首次成为该决议草案的共同提案国，而在 2005 至 2008 年期间美国一直投反对票。这两处改动分别是：

● 删减去出处，并试图提出一些定义，这些定义可以作为制定网络军备控制协议的第一步

● 用"国际观念"和"可能的措施"等提法代替"国际原则"的提法

大会未经表决通过了这一问题的第一份决议，即第 53/70 号决议。然

---

① Markoff, John (2010), "Step Taken to End Impasse Over Cybersecurity Talks", *The New York Times*, 16 July; Ford, Christopher A. (2010), "The Trouble with Cyber Arms Control", *The New Atlantis- A Journal of Technology & Society*, Fall, p. 67.

② Streltsov, A. A. (2007), "International Information Security: Description and Legal Aspects". (http://www. unidir. org/pdf/articles/pdf – art2642. pdf.)

③ Streltsov, A. A. (2007), "International Information Security: Description and Legal Aspects". (http://www. unidir. org/pdf/articles/pdf – art2642. pdf.)

而，推动制定一份国际协议的努力却遭到美国怀疑主义的抵制，而欧洲国家也怀疑这样一份协议可能会在日益重要的信息和电信安全的伪装下被用于限制信息自由。哈德逊研究所资深专家克里斯托弗·A. 福特（Christopher A. Ford）在他关于俄罗斯网络政策的分析中得出如下结论："在应对信息战争以及信息战争在网络空间的应用方法中，俄罗斯过多地强调对大众媒体的控制，同时也意在影响国内外的观念。"① 他举出的例证是俄罗斯政府在 20 世纪 90 年代试图实行直接审查制，以及 2000 年颁布《信息安全条令》。②

同时，根据俄罗斯联邦国防部专家谢尔盖·科莫夫（Sergei Komov）、谢尔盖科·罗特科夫（Sergei Korotkov）和伊戈尔·戴莱夫斯基（Igor Dylevski）的说法，鉴于美国仍然是技术领域的领先者，美国没有限制技术使用的必要和动机。这几位专家在 2007 年的一篇题为"在普遍认可的国际法原则的背景之下，从军事角度保证国际信息安全"的文章中强调了他们的上述观点。③ 福特指出，"俄罗斯惧怕与美国展开一场网络军备竞赛，这一普遍的看法是准确的。一些俄罗斯的官员也已对此发表了很多看法。"④ 克拉克和康科的书中提到军事革命和 1990 至 1991 年海湾战争中信息技术的作用时，记录了中国官员也持类似的看法。⑤

---

① Ford, Christopher A. (2010), "The Trouble with Cyber Arms Control", *The New Atlantis-A Journal of Technology & Society*, Fall, p. 67; Markoff, John (2010), "Step Taken to End Impasse Over Cybersecurity Talks", *The New York Times*, 16 July, p. 59.

② Ford, Christopher A. (2010), "The Trouble with Cyber Arms Control", *The New Atlantis-A Journal of Technology & Society*, Fall, p. 67; Markoff, John (2010), "Step Taken to End Impasse Over Cybersecurity Talks", *The New York Times*, 16 July, p. 60 – 61.

③ Komov, Sergei, Sergei Korotkov and Igor Dylevski (2007), "Military Aspects of Ensuring Internaitonal Information Security in the Context of Elaborating Universally Acknowledged Principles of Internaitonal Law". (http: //www. unidir. org/pdf/articles/pdf-art2645. pdf.)

④ Ford, Christopher A. (2010), "The Trouble with Cyber Arms Control", *The New Atlantis-A Journal of Technology & Society*, Fall, p. 62.

⑤ Deibert, Ronald (2011), "Ronald Deibert: Tracking the Emerging Arms Race in Cyberspace". (http://bos. sagepub. com/content/67/1/1. abstract)

第二阶段：2005—2008 年——倒退，动态过程的信号。2005 年，第一委员会发生了一次重要的转变。俄罗斯提出的决议草案获得通过，但却是历史上首次使用记名投票的方法。美国是 10 月 28 日那天唯一一个投票反对该决议的国家。① 当时恰逢乔治·W. 布什总统的第二任期，也是 2005 世界首脑会议失败之后联合国和美国关系的历史低点。2005 年美国投票反对该决议之后，到了 2006 年，就不再是俄罗斯联邦单独支持决议草案（A/C. 1/61/L. 35）了。相反，中华人民共和国、亚美尼亚、白俄罗斯、哈萨克斯坦、吉尔吉斯斯坦、缅甸、塔吉克斯坦以及乌兹别克斯坦等国共同支持该草案，而在随后的几年，其他一些国家也加入了支持的行列。②

成立于 2004 年的首个政府专家组于 2005 年提交了一份报告，但专家组最终未能形成统一的立场，这迫使秘书长不得不总结："鉴于所涉问题的复杂性，在编写最后报告时未能达成共识。"这个专家组是由来自 15 个国家的政府专家组成：白俄罗斯、巴西、中国、法国、德国、印度、约旦、马来西亚、马里、墨西哥、韩国、俄罗斯联邦、南非、大不列颠及北爱尔兰联合王国、美利坚合众国。他们举行了三次会面，一致选举俄罗斯联邦的安德烈·A. 克鲁茨基赫（Andrey V. Krutskikh）担任主席。A. A. 斯特雷索夫（A. A. Streltsov）是俄罗斯在政府专家组会议代表中的一员，也是俄罗斯联邦密码学会的成员，根据他的说法，"主要的障碍是下面这个问题，即国际人道主义法律和国际法在信息与通信技术（简称 ICT）被恶意使用为政治军事目的服务时，是否可以有效管制国际关系中的安全问题。政府专家组的工作并非毫无价值，专家组的工作成功地提升了相关问题在国际议程中的

---

① United Nations General Assembly (2005), *Report of the First Committee 60/452-Developments in the field of information and telecommunications in the context of international security*, A/60/452, New York: United Nations, 16 November.

② United Nations General Assembly (2006), *First Committee draft resolution-Developments in the field of information and telecommunications in the context of international security*, A/C. 1/61/L. 35, New York: United Nations, 11 October; United Nations General Assembly (2006), *Report of the First Committee 61/389-Developments in the field of information and telecommunications in the context of international security*, A/61/389, New York: United Nations, 9 November.

地位。"① 也是在这个时期，随着分布式拒绝服务器（简称 DDoS）攻击爱沙尼亚，网络战争于 2007 年首次登上头条，并在 2008 年格鲁吉亚—俄罗斯战争期间再次成为头条。

第三阶段：2009—2011 年——再次前进。从 2009 年 10 月开始，决议草案重返 2005 年之前的情形，在第一委员会未经投票而获得通过。布什政府已由奥巴马的政府接任。奥巴马总统追求的"重置"的政策不仅针对俄罗斯，也针对联合国。事实上，2009 年 11 月《纽约时报》报道："拉迪斯拉夫·P. 舍尔斯丘克（Vladislav P. Sherstyuk）将军是俄罗斯安全理事会的副秘书长，也是相当于美国国家安全局的俄罗斯安全部门的前任领导人。由他带队的代表团在华盛顿和来自美国国家安全委员会、国务院、国防部和国家安全部的代表举行了会晤。熟悉这些谈话的官员声称，双方就弥补长期以来两国间的隔阂取得了进展。事实上，两周之后在日内瓦，美国同意与来自联合国裁军和国际安全委员会的代表就网络战争和网络安全进行讨论。"②

而且，2010 年 1 月，奥巴马政府为了使各方联系更加紧密，提出了一份立场文件。③ 当年的晚些时候，第二个政府专家组终于提交了报告。这一次政府专家组终于达成了共识，声称"信息安全领域当前和潜在的威胁是 21 世纪面临的最严峻的挑战"。专家们认为罪犯、恐怖主义者和国家都是潜在的犯罪者。个人、商业、国家基础设施和政府则被定为潜在的受害者。随着国家逐步提高网络战争能力，威胁已达到可以将"国际和平与国家安全"置于危险之中的程度。专家们承认，网络空间存在归属问题并且具有"双重使用"的特征，这与"互联网是中性的"这一认知保持一致，互联网的使用方式取决于其用户的意图（并会产生无法预期的结果）。报告还提到了目前打击非法使

---

① Streltsov, A. A. (2007), "International information security: description and legal aspects". (http://www.unidir.org/pdf/articles/pdf-art2642.pdf.)

② Markoff, John and Andrew E. Kramer (2009), "In Shift, U. S. Talks to Russia on Internet Security", *The New York Times*, 13 December.

③ Markoff, John (2010), "Step Taken to End Impasse Over Cybersecurity Talks", *The New York Times*, 16 July.

用信息技术和创造一种"全球网络安全文化"的努力。关于"信心构建并采取其他措施以减少由 ICT 干扰所引起的误解",专家组提出了以下五点建议:

    1. 各国之间应进一步对话,以讨论关于国家使用信通技术的准则,降低集体风险并保护关键的国家和国际基础设施;

    2. 加强信任建立、网络稳定和减少风险的措施,以应对国家使用信通技术过程中的任何问题,包括在国际争端中利用信通技术交换国家意见;

    3. 就国家立法及国家信息和通信技术安全战略和技术、政策和最佳做法进行信息交流;

    4. 确定支持欠发达国家相关能力建设的计划措施;

    5. 积极制定与大会第 64/25 号决议有关的共同术语和定义。[①]

也是在同一时期,重要的维基解密文件和震网出现了,而美国有史以来首次决定加入第一委员会俄罗斯决议草案的共同提案国的行列。这引发了克拉克对于这一问题的最新思考,他在书中这样概括,"或许我应该承认我拒绝接受俄罗斯的提案 [……] 美国几乎是联合国唯一一个拒绝网络谈判的国家,我们说不行 [……],而且我们十多年来一直坚持拒绝这一提案 [……] 对于美国而言,或许现在是时候重新评估其在网络军备控制上的立场"。[②] 第 65/41 号决议还包括一个新的段落,要求秘书长于 2012 年建立一个新的政府专家组,并在 2013 年第 68 届会议上递交报告。然而和第一阶段不同的是,这一决议不仅得到俄罗斯的支持,还得到了包括中华人民共和国在内的 36 个

---

    ①   United Nations General Assembly (2010), *Note by the Secretary-General 65/201-Group of Governmental Experts on Developments in the Field of Information and Telecommunications in the Context of International Security*, A/65/201, New York: United Nations, 30 July.

    ②   Clarke, Richard A. and Robert Knake (2010), "Cyber War: The Next Threat to National Security and What To Do About It", *Ecco*, April, pp. 218 – 219.

国家的支持。①

　　奈对新环境做了以下估计："在超过十年的时间里，俄罗斯一直在为更广泛的互联网国际监督寻找协议，以阻止在发生战争时激发恶意代码、电路欺诈或嵌入。但是美国人一直争辩说阻止进攻的措施也会损害对目前攻击的防范，而且也不可能得到证实或执行。此外，美国抵制使集权政府互联网审查合法化的协议。然而，美国已经开始与俄罗斯展开正式讨论。甚至连一项信息使用国际法的支持者们也怀疑，考虑到未来技术的多变性，一项类似于《日内瓦公约》的多边协议是否能够包含确切和细致的规则还有待考证，但支持者们也认为想法类似的国家可以公布自我管制规则，而这些规则未来可能发展成规范。"②

　　最新动态是俄罗斯、中国、塔吉克斯坦和乌兹别克斯坦四国政府递交给联合国秘书长一封联合信。信中包括了一份草案，即《信息安全行为国际准则》（以下简称《行为准则》）。在一份初步分析报告中，美国对外关系委员会的西格尔·亚当（Adam Segal）强调，有几点事项可能充满争议。③ 第一，那些赞同《行为准则》的国家"努力［……］防止其他国家使用其资源、重要基础设施、核心技术和其他优势以削弱这些国家的权利。这些国家接受《行为准则》，意图在于独立控制信息和通讯技术，或者威胁其他国家政治、经济和社会方面的安全。"这看起来与互联网自由这一观念相冲突。互联网自由代表传统国际关系中的不干预原则，这一原则是解决很多分歧的基础。第二，《行为准则》的中心是国家以及多边合作。然而从传统上讲，互联网治理并不是由国家主导的，而是由私人部门和公民社会主导。这是一场"多边"（仅包括国家）与"多个利益攸关方"（包括国家、私人部门和公民社会）之

　　① United Nations General Assembly（2010），*Report of the First Committee 65/405-Developments in the field of information and telecommunications in the context of international security*，A/65/405，New York：United Nations，9 November.

　　② Nye Jr，Joseph S.（2010），"Cyberpower"，Paper，Cambridge，Mass.：Harvard Belfer Center for Science and International Affairs，May，p. 18.

　　③ Segal，Adam（2011），"China and Information vs. Cyber Security".（http://blogs.cfr.org/asia/2011/09/15/china-and-information-vs-cybersecurity/.）

间的辩论。图 4 根据第一委员会的活动分析绘制而成。此图证实了以下结论，即谈判是规范出现的早期阶段。

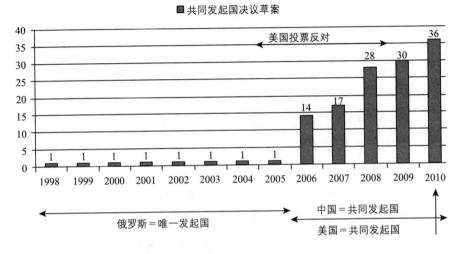

图 4　第一委员会的活动图

　　这篇报告并不是要找出影响规范出现的所有变量。出于本研究目的，支持网络安全规范正在联合国出现这一结论的经验证据可以在定量和定性两种变量中找到。定量方面的一个例子是一份决议草案的共同提案国的数量，这意味着国际社会中对一项决议的兴趣和支持有所增加。另一个定量方面的证据是投票模式。如果某项决议未经投票而获通过，或者采用记名票的方式，或者甚至一些会员国投了反对票，那么这可以说明会员国对于某项具体决议所持的立场和重视程度。

　　我以这两个变量为例，来形象地说明第一委员会中规范如何出现。这一节下面的部分进一步详细地描述了规范出现的过程。然而，行动者、行动类型和时间轴的多样性削弱了图表展示的清晰度。希望下面的图表（见图 5）可以为第一委员会规范出现的过程提供一种基础性的理解。这张表强调的是规范出现的动态特征，正如 2005—2008 年这段时期显示的，两股相反的趋势同时发生。首先，1998 年俄罗斯提出第一份决议草案之后，规范缓慢地出现。趋势线的斜率大于 0，这是因为决议草案每年都稳步地吸引足够的关注，但是直到 2005 年，俄罗斯仍然是该决议草案的唯一提案国。就在 2005 年，美国决定投票反对决议，因此打破了规范出现的静态势头。这一点可以通过当年规范出现趋势线的突然下跌直观地看出来。然而，美国在这四年期间的反对，也正是共同提案国的数量不断上升的时期，这就是为什么斜率在这一时期是大于 0 的，而且在 2009 年之后还有所上升。正是在 2009 年，美国决定允许决议通过而不再次投票。

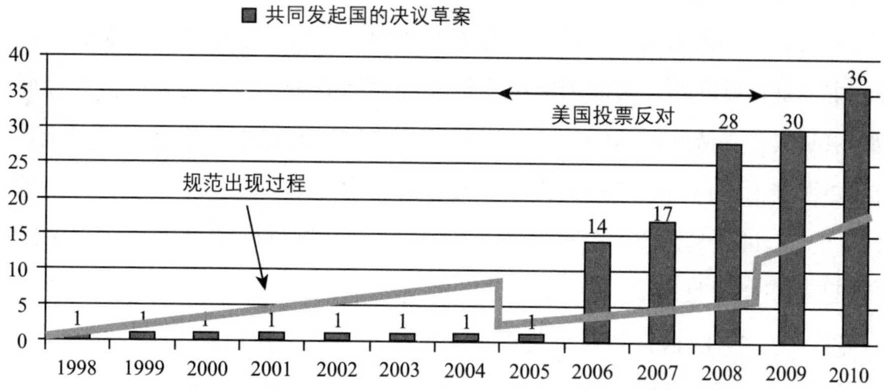

图 5　第一委员会规范出现的过程（1998—2010）

　　显然，这只是一个非常基础的，用来测量和说明规范出现过程的模型。还有很多质的方面的变量也应该予以考虑，比如活动的类型、某项决议的实际内容、决议中使用的语言——"注意"、"欢迎"、"吁请"、"要求"等等——某些原则是否取得一致同意并有可能以附件的形式添加在决议中，某个政府专家组是否被成功建立以及是否确实提供了一份报告。另一个变量是处理问题的组织实体的数量以及全部活动的数量，比如决议的数量、组织提供的项目和工作的数量。这些变量是本文行文的依据。

2. 组织性平台：ITU、UNIDIR 和 CTITF 工作组

（1）联合国裁军研究所（UNIDIR）

位于日内瓦的 UNIDIR 是首批参与网络安全工作的联合国官僚机构之一。两位 UINDIR 的成员，J. 路易斯（J. Lewis）和克斯廷·韦格纳德（Kerstin Vignard），

在 2009 年 11 月至 2010 年 7 月期间担任 2010 年政府专家组的顾问。值得关注的是，UNIDIR 举办了两次会议，都与大会第一委员会所讨论的内容有关：

1999 年，也就是俄罗斯向第一委员会提交第一份决议草案之后的那年，联合国裁军事务部主办了一场为期两天的讨论会，时间在 8 月 25 日至 26 日，题为"国际安全背景下信息和电信领域的发展"，与这个问题的决议名称相同。① 讨论显示，对于威胁的估计以及诸如归属问题等普遍性问题的认识，在 1999 年已经广为人知。

同时，不同国家关心的首要内容不尽相同。一些国家认为网络犯罪和网络恐怖主义是首要问题，其他国家则更加关心网络战争。讨论是否应该为互联网增加限制或者支持互联网的物质基础设施，对这一问题本身也进行了讨论。讨论纪要强调了一种界定问题的方法，共分为三个部分：（i）军事事务方面的革命；（ii）以说服为重点的信息宣传；（iii）重要基础设施的保护和信心保证。② 这看起来符合并且效仿了"信息—心理型"和"信息—技术型"的分类方法，这一分类方法被福特认为是俄罗斯解决网络安全问题方法的特征。③

2008 年，俄罗斯主办了第二次类似的会议。会议日期是 4 月 24 日至 25 日，主题为"信息通讯技术与国际安全"，目的是"审查信息和通讯技术恶意使用造成的既存的和潜在的威胁，讨论 ICT 带给国际安全的独特挑战和可能提出的相应对策"。④ 除这些活动之外，UNIDIR 还在 2007 年《裁军论坛》第

---

① United Nations Institute for Disarmament Research（2011），"Conference-Developments in the field of information and telecommunication in the context of international security". （http：//www. unidir. org/bdd/fiche-activite. php？ ref_activite = 81. ）

② United Nations Institute for Disarmament Research（2011），"Conference-Developments in the field of information and telecommunication in the context of international security". （http：//www. unidir. org/bdd/fiche-activite. php？ ref_activite = 81 > UNIDIR "Conference-Developments". ）

③ Ford，Christopher A. （2010），"The Trouble with Cyber Arms Control"，*The New Atlantis-A Journal of Technology & Society*，Fall，p. 57.

④ United Nations Institute for Disarmament Research（2011），"Conference-Information and Communication Technologies and International Security". （http：//www. unidir. org/bdd/fiche-activite. php？ ref_activite = 371）；United Nations Institute for Disarmament Research（2008），"Agenda-Information & Communication Technologies and International Security". （http：//www. unidir. org/pdf/activites/pdf-act371. pdf. ）

三份出版物中讨论了信息通讯技术与国际安全问题。① 出版的文章聚焦于互联网治理、网络恐怖主义、重要信息基础设施、法律问题和军事方面的问题。

（2）国际电信联盟（ITU）

"国际电信联盟（ITU）是联合国的一个组织，主要负责网络安全实践方面的事务"。这是一个条约性组织；事实上，这是联合国唯一一个以条约组织的身份就网络问题开展工作的组织。ITU 坐落于日内瓦，在联合国成立之前就存在了。根据联合国宪章第 57 条，ITU 后来作为一家专门的机构合并入联合国系统。它在设定技术标准方面发挥重要作用，并且由一个庞大的技术人员组织负责管理，这些人员有专门的关注领域，例如智能电网基础设施。② ITU的秘书长每个季度向联合国秘书长递交一份威胁评估报告。该组织拥有一个专家数据库作为其资源基础，以防止网络袭击并维护全球网络安全议程。

从国际关系理论的角度看，ITU 在联合国网络安全工作中的作用是格外引人注目的，因为它不仅是一个为会员国所用的组织性平台，还是一个自主性的规范倡导者。ITU 的官僚机构代表，也就是将打击网络犯罪视为三项最主要职能之一的秘书长③，其活动超越了传统的委托—代理关系。作为一个组织性平台并依据经典的委托—代理理论，在突尼斯召开的信息安全世界首脑会议要求 ITU 负责 C5 行动方针，即"在使用 ICT 方面构建信心和安全"，这一要求得到了 ITU 全体会议第 140 号决议的证实。④ 作为对突尼斯议程的回应，ITU 秘书长哈玛德·I. 图埃（Hamadoun I. Toure）于 2007 年 5

① United Nations Institute for Disarmament Research （2007），"ICTs and International Security". （http：//www. unidir. org/bdd/fiche-periodique. php？ ref_periodique = 1020 – 7287 – 2007 – 3 – en#contents）

② United NationsInternational Telecommunication Union （2008），"ITU Global Cybersecurity Agenda：High Level Experts Group-Global Strategic Report"，Geneva：United Nations，p. 95.

③ United Nations International Telecommunication Union （2011），"PowerPoint Presentation on Global Cybersecurity Agenda to Open-ended Intergovernmental Expert Group on Cybercrime-Vienna，17 – 21 January 2011". （https：//www. unodc. org/documents/treaties/organized _ crime/EGM _ cybercrime _2011/Presenta-tions/ITU_Cyber crime_ EGMJan2011. pdf. ）

④ Toure，Hamadoun I. （2011），"ITU's Global Cybersecurity Agenda"，in The Quest for Cyber Peace. International Telecommunication Union and World Federation of Scientists，January，p. 104.

月发布了全球网络安全议程。ITU 称全球网络安全议程是一个"网络安全的国际性框架"①。全球网络安全议程向 ITU 提出的建议包括为会员国提供可供采纳的立法模式，并在可能的情况下协助会员国使用布达佩斯《网络犯罪公约》作为立法范例。另一个建议是建立"网络安全就绪指数"，其基础是某些组织性结构，例如一位促进合作的国家领导人，或者一个国家的网络安全委员会，以及一个国家的计算机应急小组。ITU 还为国家基础设施保护提供了框架，并提议将下述问题概念化，即大会第 57/239 号决议中谈及的网络安全文化可以作何理解。② 正如前面提到的，ITU 还用示范语言制定了一套网络犯罪立法的工具，其中包括一些解释性的评论，可以作为网络犯罪法律一致化的基础。

大体上讲，ITU 的策略可以分为两个方面：首先，ITU 试图推进其会员国提出的广泛议程。第二，ITU 关注具体的行动。至于第二点，以儿童在线保护为例，该行动已经被认为是一项值得所有国家认可并建立信任的尝试，这样社会化影响就能够潜在地产生积极的溢出效应，对更广泛的网络安全议程有所帮助。除此之外，2010 年在海得拉巴举行的世界电信发展大会上，ITU 秘书长提出了不在网络空间"先发制人承诺"，并提议各国"应该努力不让网络恐怖主义和袭击者在本国受到免于惩罚的庇护"。③ 这些言论并不是对会员国的正式要求。

同时，ITU 的作用不仅是各个国家的组织性平台。世界科学家联盟在联合

① United Nations International Telecommunication Union（2010），"Cybersecurity for all-Global Cybersecurity Agenda：A Framework for International Cooperation"，Geneva：United Nations，March.

② United NationsInternational Telecommunication Union（2010），"Cybersecurity for all-Global Cybersecurity Agenda：A Framework for International Cooperation"，Geneva：United Nations，March，pp. 76 – 121.

③ The Hindu Business Line（2010），"Cyber war：Take no-first-attack vow，ITU tells nations"（http：//www. thehindubusinessline. in/bline/2010/05/25/stories/2010052552450700. htm）；Pradesh，Andhra（2011），"ITU mullying_cyber treaty ' to curb cyber crime"（http：//www. hindu. com/2010/05/25/stories/2010052562310800. htm）；Wegener，Henning（2011），"Cyber Peace"，*International Telecommunication Union and World Federation of Scientists*，January，p. 81.

国和 ITU 涉及到网络安全的活动中发挥了至关重要的作用。世界科学家联盟也把 ITU 当作一个组织性平台来使用，尽管是间接的使用。2001 年，联盟提出了一项"网络空间普遍条令"。其 2009 年 8 月的《网络稳定与网络和平埃利斯宣言》解释了网络和平的概念，进一步强调信息和观念的自由流动，解释了网络行为共同准则和全球立法框架的一体化，还解释了反网络犯罪的法律实施方面的努力，以及发展更具弹性的制度。最近，该联盟信息安全常设监测小组的主席、卸任的德国大使亨宁·维格纳尔公开承认该行动是一次"通过转变角度以使网络战争非法化的努力"，与此同时"完全意识到数码基础设施目前广泛存在，而且将会不可避免地为恶意的、非和平的目的所利用"。① 维格纳尔继续解释，"如果术语的使用更多地与政治或者政治中的重点问题紧密关联，并促使思想朝着正确选择的方向发展，那么自然会产生某种程度的开放式结局。定义不可以是封闭的，但其所列出的要素必须是相当直观并且是递进式的。"②

另一方面，ITU 的秘书长作为规范倡导者将世界科学家联盟也当作一个组织性的角色来利用。例如，《探寻网络和平》一书包括了 ITU 秘书长贡献的内容。③ 他提出的网络和平五项原则是："（1）所有政府都应致力于为其人民提供通讯渠道。（2）所有政府都将致力于在网络空间保护其人民。（3）所有国家都不应在其领土范围内庇护恐怖分子/罪犯。（4）所有国家都不应首先向其他国家发起网络攻击。（5）所有国家都必须在一项国际协作的框架内相互合作，以确保网络空间的和平。"④ 根据芬尼莫尔和斯金克的定义，一位规范倡导者注重以利他主义为动力，世界科学家联盟

---

① Wegener, Henning (2011), "Cyber Peace", *International Telecommunication Union and World Federation of Scientists*, January, p. 77.

② Wegener, Henning (2011), "Cyber Peace", *International Telecommunication Union and World Federation of Scientists*, January, p. 78.

③ Toure, Hamadoun I. (2011), "ITU's Global Cybersecurity Agenda", *International Telecommunication Union and World Federation of Scientists*, January.

④ Wegener, Henning (2011), "Cyber Peace", *International Telecommunication Union and World Federation of Scientists*, January, p. 103.

正符合这一经典定义。① 该联盟的会员国在追求和平的过程中，看起来显然受利他主义的理想驱动。其 1982 年埃利斯宣言声称，"至关重要的是辨别出基础性要素，这对于启动一项有效进程来保护人类生活和文化避免某种第三方的、前所未有的灾难性战争是十分必要的。为了达到这一目的，有必要将单边行动的和平运动转变为真正的国际性行动，这种行动包含以互相真正的理解为基础的建议"。②

（3）反恐执行工作队（简称 CTITF）

反对以恐怖主义目的使用互联网工作组可以被划作联合国网络安全工作组织网络的局外人。虽然它目前与联合国其他组织的活动相关，但是它的成立与大会关于网络安全的一般性讨论没有直接联系。它更像一个特殊案例，因为它起初是为回应"9·11"恐怖主义袭击而成立，在后来才与更广泛的网络安全辩论联系起来。

2011 年 9 月 28 日，安理会通过第 1373 号决议成立了反恐怖主义委员会，以此作为对"9·11"袭击的回应。2004 年，安理会通过第 1535 号决议设立了反恐怖主义委员会执行局，以监督第 1373 号决议的执行情况。该执行局目前由 40 位工作人员组成。CTITF 是由联合国秘书长于 2005 年创立的，目的是确保与第 1373 号决议相关的工作的协调，并于 2009 年归属政治事务部。③ 2006 年，联合国《全球反恐战略》获得通过，这项战略中有这样一个段落，即探索"（a）在国际和地区层面达成合作性努力，以反对一切形式和表现的互联网恐怖主义；（b）以互联网作为工具反对恐怖主义的扩散，同时承认各国可以在这方面要求协助的途径和方式。"④

---

① Finnemore, Martha and Kathryn Sikkink（1998），"International Norm Dynamics and Political Change", *International Organization*, Vol. 52, No. 4, p. 898.

② World Federation of Scientists（2011），"The Erice Statement".（http：//www. federationofscientists. org/WfsErice. asp）

③ United Nations Counter-Terrorism Implementation Task Force（2010），"Main Page".（www. un. org/terrorism/cttaskforce. shtml.）

④ United Nations General Assembly（2006），"Resolution 60/288-The United Nations Global Counter-Terrorism Strategy", A/RES/60/288, New York：United Nations, 20 September.

这就是 CTITF 其中一个工作组的基础，即"反对以恐怖主义目的使用互联网工作组"。2010 年两位联合国的工作人员主要协助这个小组工作，一位的级别是主管官员，另一位的级别是青年专业官员。该小组有四个目标：（i）甄别并聚集以恐怖主义目的滥用互联网的利益攸关方和合作者，包括使用网络激进化、招聘、培训、运营策划、筹款和其他手段；（ii）发现恐怖主义使用互联网的方式；（iii）定量审查该问题带来的威胁，并审查国家、地区和全球层面解决该问题的不同备选方案；（iv）审查联合国可能发挥的作用。①

2009 年 2 月，工作组根据 31 个会员国②提供的信息发布了一份初步报告，但工作组没有透露这 31 个国家的名称。工作组采用会员国使用的方法收集信息。报告主要的结论是"该领域目前还没有明显的恐怖主义威胁"，"尚不明确这是否是联合国反恐范围内的行动问题"。报告还建议："如果一种更加有形的恐怖主义袭击威胁确实在未来成为现实，那么更加合适和长远的解决方案是考虑使用一种新的国际反恐工具来对抗恐怖主义对重要基础设施的大范围袭击。我们要强调以恐怖主义目的使用互联网中存在的针对恐怖主义和针对互联网的差异性。而且，如果必要的话，可以更新重要基础设施的界定（或许通过条约议定书）以将信息基础设施包括进来，如果信息基础设施越来越重要的话。"报告也强调"反叙事工作有令人振奋的承诺，但是仍处于萌芽期并需要进一步的解释"。③

2011 年 5 月第二份报告发布，重点在于法律和技术方面的挑战。这份报告是在第一份报告的基础上完成的。报告中法律方面的内容强调目前已存在三种趋势：（i）一些国家将目前网络犯罪的法律应用到互联网恐怖主义使用上；（ii）一些国家将目前反恐法律应用到互联网相关的行为上；（iii）一些国

---

① United Nations Counter-Terrorism Implementation Task Force （2010），"Working Groups". (https://www.un.org/terrorism/workinggroups.shtml.)

② 阿富汗、阿尔及利亚、澳大利亚、奥地利、白俄罗斯、比利时、波斯尼亚和黑塞哥维那、加拿大、芬兰、德国、冰岛、日本、约旦、沙特阿拉伯、马耳他、摩洛哥、荷兰、新西兰、尼日利亚、挪威、阿曼、巴基斯坦、波兰、葡萄牙、俄罗斯、塞内加尔、塞尔维亚、西班牙、瑞士、英国和美国。

③ United Nations Counter-Terrorism Implementation Task Force （2009），*Report of the Working Group on Countering the Use of the Internet for Terrorist Purposes*，New York：United Nations，February，p. 26.

家已经针对互联网恐怖主义使用制定了具体法律。① 另外，报告还对针对互联网的法律和不针对互联网的法律进行了区分。例如，俄罗斯联邦 2006 年 7 月 27 日制定的关于信息、信息技术和信息保护的第 149 – FZ 项法律第十条就不是针对互联网的。而另一方面，中国的《中国计算机网络和信息安全、保护和管理条令》第五条则是从法律的角度用一种针对互联网的方式来管理相关问题。第二份报告还强调，911 袭击拓宽了对互联网可能如何被恐怖分子利用的理解。报告呼吁各国法律的一致化，方式是运用区域性法律文书，比如布达佩斯《网络犯罪公约》，或者英联邦《网络犯罪示范法》，以及国际性法律文书，比如《反跨国有组织犯罪条例》。

（2）经济派别：网络犯罪

联合国大会、联合国会员国全体会议一直负责处理犯罪问题，同时处理犯罪问题的还有 ECOSOC，其会员国数量较少，由 193 个联合国会员国中的 54 个组成。除了 54 个会员国之外，ECOSOC 还有两个关注犯罪的功能委员会：麻醉药品委员会和预防犯罪和刑事司法委员会。两个委员会都是每年开一次会议。它们是 UNODC 这一联合国关注犯罪的官僚机构的管理部门。② 最后，除了上述机构外，独立的联合国预防犯罪和刑事司法大会每五年召开一次会议。这个大会向预防犯罪和刑事司法委员会提出建议。我会首先分析联合国大会，之后对 ECOSOC 相关谈判进行解释，以此结束组织性平台 UNODC 的分析。

1. 大会第三委员会和 ECOSOC

（1）关注"非法使用信息技术"的第三委员会③

① United Nations Counter-Terrorism Implementation Task Force （2011），"CTITF Working Group Compendium-Countering the Use of the Internet for Terrorist Purposes-Legal and Technical Aspects"，CTITF Publication Series，New York：United Nations，May，pix.

② United Nations Office on Drugs and Crime （2011），"Secretariat to the Governing Bodies Section"．（https：//www. unodc. org/unodc/en/commissions/secretariat2. html？ ref = menuside. ）

③ United Nations General Assembly （2001），*Resolution 55/63-Combating the criminal misuse of information technologies*，A/RES/55/63，New York：United Nations，22 January.

　　在俄罗斯联邦向第一委员会提交决议的两年后，第三委员会——社会、人道主义和文化委员会——讨论了一份决议草案，题为"打击非法滥用信息技术"（A/55/59，2000 年 11 月 16 日），是犯罪预防和刑事司法工作的一部分。这份草案由美国和包括俄罗斯联邦、法国、以色列、英国在内的其他 38 个会员国提出，另还有 19 个会员国相继作为共同提案国。中华人民共和国不是共同提案国。① 决议草案于 2001 年 1 月 22 日未经表决获得通过。2001 年，美国和包括俄罗斯联邦、法国、以色列、韩国、英国在内的其他 73 个国家提出了一项后续决议，随后又有 8 个会员国作为提案国而加入。决议草案于 2002 年 1 月 23 日未经表决而获通过。中华人民共和国不是此决议的共同提案国。② 第 56/121 号决议概括了前面一项决议的目标，并将其表述为请"会员国在努力打击非法滥用信息技术时考虑到这些措施"。最终决议对决议草案进行了修改，序言中的第二自然段中将"民主与善治"改为"民主管治"。更为重要的是，这项 2002 年的决议得出结论，委员会"决定推迟对本问题的审议，以待进行预防犯罪和刑事司法委员会打击与高技术和计算机相关的犯罪的行动计划中的预期工作"③。这一决定有效地将实质性的与网络犯罪有关的讨论从联合国大会转移到了预防犯罪和刑事司法委员会，该委员会是 ECOSOC 的功能委员会之一。

　　接下来第三委员关于网络犯罪问题的唯一工作记录于大会第 63/195 号决议（2008），第 64/179 号决议（2009）和第 65/232 号（2011）决议中，题为"加强联合国预防犯罪和刑事司法方案，特别是其技术合作能力"。这些决议仅仅"提请注意［……］网络犯罪问题，并请联合国毒品和犯罪问题办公室在该办公室任务范围内探讨处理这些问题的方式和方法"。这些决议的前任，

---

①　United Nations General Assembly（2000），*Report of the Third Committee/55/593-Crime prevention and criminal justice*，A/55/593，New York：United Nations，16 November.

②　United Nations General Assembly（2001），*Report of the Third Committee 56/574-Crime prevention and criminal justice*，A/56/574，New York：United Nations，7 December.

③　United NationsGeneral Assembly（2002），*Resolution 56/121-Combating the criminal misuse of information technologies*，A/RES/56/121，New York：United Nations，23 January.

即第 62/175 号决议，其"盗用身份"的说法在第 63/195 号决议中首次得到
了丰富，提到了"网络犯罪"这一术语。① 这一系列决议的最新一项，即第
65/232 号决议不再使用"盗用身份"的说法，改为"赞赏地注意到召开了一
次不限成员名额政府间专家组会议，全面研究网络犯罪问题"②。

关于第十二届联合国犯罪预防和刑事司法大会，联合国大会在第 63/193
号决议中将"犯罪分子使用科学技术方面以及主管机关利用科学技术打击犯
罪包括网络犯罪方面的最新发展情况"批准为一项议程。③ 第 65/230 号决议
要求将网络犯罪包括进 UNODC 的技术援助计划和能力建设。④ 这使得第一委
员会成为联合国大会迄今为止唯一一个实质上仍继续关注网络安全规范的委
员会。

（2）犯罪预防和刑事司法委员会

犯罪预防和刑事司法委员会的首次会议是在 1992 年。2010 年以前，网络
犯罪一直都没有作为一个显著的主题出现在委员会的年度报告中。委员会

---

① United Nations General Assembly（2008），*Report of the Third Committee 63/431-Crime prevention and criminal justice*，A/63/431，New York：United Nations，4 December；United Nations General Assembly（2009），*Report of the Third Committee 64/440-Crime prevention and criminal justice*，A/64/440，New York：United Nations，1 December；United Nations General Assembly（2010），*Report of the Third Committee 65/457-Crime prevention and criminal justice*，A/65/457，New York：United Nations，6 December.

② United Nations General Assembly（2011），*Resolution 65/232-Strengthening the United Nations crime prevention and criminal justice programme, in particular its technical cooperation capacity*，A/RES/65/232，New York：United Nations，23 March.

③ United Nations General Assembly（2009），*Resolution 63/193-Preparations for the Twelfth United Nations Congress on Crime Prevention and Criminal Justice*，A/RES/63/193，New York：United Nations，24 February；United Nations General Assembly（2008），*Report of the Third Committee 63/431-Crime prevention and criminal justice*，A/63/431，New York：United Nations，4 December.

④ United Nations Office on Drugs and Crime（2011），"Open-ended Intergovernmental Expert Group to Conduct a Comprehensive Study of the Problem of Cybercrime-Vienna，17 – 21 January 2011"．（https：//www. unodc. org/unodc/en/expert-group-to-conduct-study-cybercrime-jan-2011. html）；United Nations General Assembly（2011），*Resolution 65/230-Twelfth United Nations Congress on Crime Prevention and Criminal Justice*，A/RES/65/230，New York：United Nations，1 April；United Nations Economic and Social Council（2011），*Commission on Crime Prevention and Criminal Justice-Report on the twentieth session*，E/2011/30*，New York：United Nations.

1994 年第三届会议的报告首次提到，他们正在考虑让第九届大会关注"计算机犯罪"技术合作方面的问题。① 1998 年，委员会最终请联合国大会将一场关于"计算机网络犯罪"的研讨会增加为第十届大会的一项议程。1999 年，委员会向 ECOSOC 提交了一份决议草案，要求秘书长进行一项关于计算机犯罪的研究并在第十届大会上报告他的研究成果。这份草案还提到于 1998 年在日本举行的一次关于计算机网络犯罪的专家会议。但是，2000 年的报告并没有提及"网络"、"互联网"和"身份"等术语，但是却有一处提到"技术"，三处提到"计算机"。2001 年的报告情况类似。

2002 年的报告首次提到"网络"这个术语，而且使用了两次，同时还提到了《网络犯罪公约》。2003 年的报告又一次没有提到"网路"、"技术"和"身份"等术语。2002 年报告中"互联网"这个词被提到三次，"计算机"只在建议部分中被提到了一次，即建议第十一届大会期间召开一次"对抗高科技和计算机犯罪的措施"主题研讨会。2004 年的报告是首次有记载的呼吁出台一份对抗网络犯罪的《联合国公约》，并且提到是一位发言人向第十一届大会提出此建议。这份报告还包括向 ECOSOC 提交的第一份关于"通过国际合作预防、调查、起诉和惩罚诈骗、非法滥用和篡改身份等相关方面的犯罪"的决议草案（参见 ECOSOC 章节中的进一步分析）。2005 年和 2006 年的报告数次提到了上述术语，但是没有采取进一步的行动。2007 年的报告再次包括一份给 ECOSOC 的决议草案，即和 2004 年相同的关于"通过国际合作预防、调查、起诉和惩罚诈骗、非法滥用和篡改身份等相关方面的犯罪"的决议草案（参见 ECOSOC 章节中的进一步分析）。2008 年，委员会决定将"经济诈骗和与身份有关的犯罪"算作第十二届大会的两个讨论主题之一，并且作为一项议程，讨论"犯罪分子使用科学技术方面以及主管机关利用科学技术打击包括网络犯罪在内的不法行为的最新发展"。

2009 年，委员会举行了关于经济诈骗和与身份识别相关犯罪的主题讨论

---

① United Nations Economic and Social Council（1994），*Commission on Crime Prevention and Criminal Justice-Report on the Third Session*，E/19940/31：65，New York：United Nations.

会，并准备了一份关于"通过国际合作预防、调查、起诉和惩罚诈骗、非法滥用和篡改身份等相关方面的犯罪"的决议草案供 ECOSOC 通过。该草案称《网络犯罪公约》是"目前唯一一项具体解决计算机诈骗、计算机伪造和其他形式的网络犯罪的条约。这些网络犯罪可能会为经济诈骗、与身份识别有关的犯罪、洗钱和其他相关的非法活动的实施提供帮助"（参见 ECOSOC 章节中的进一步分析）。委员会向 ECOSOC 提交的关于"犯罪预防和刑事司法委员会第十八届会议的报告，和第十九届会议临时议程与文件"草案决定，概述了委员会的决定，即"委员会第二十届会议的突出主题将是'在数字时代保护儿童：儿童虐待和剥削方面的技术滥用'"。

2010 年的报告提到，一些发言者再次提议出台一份全球性的打击网络犯罪的公约。该报告还包括委员会向 ECOSOC 提出的一项决议草案。联合国大会通过了这份决议草案，并要求委员会（这是一个循环过程）成立"一个不限成员名额的跨政府专家组，在委员会第二十届会议之前召集起来，对网上犯罪问题以及各会员国、国际社会和私营部门就此采取的对策进行一次全面研究，包括就国家立法、最佳做法、技术援助和国际合作开展信息交流，以期审查各种备选方案，加强现有和新的国家及国际打击网络犯罪的法律及相关对策"[1]。

截至目前，2011 年的报告是提到"网络"次数最多的一次报告。该报告中第 20/7 号决议题为"促进打击网络犯罪的相关活动，包括技术援助和能力建设"，引起了 ECOSOC 的注意。报告强调《反跨国有组织犯罪公约》可用于打击有组织犯罪中的网络犯罪。报告还向 ECOSOC 提出了一项决议草案，题为"利用新信息技术虐待和/或剥削儿童的预防、保护与国际合作"，并首次提到了网络欺凌。另一项关于"预防、调查、起诉和惩罚经济诈骗和身份相关犯罪的国际合作"的决议草案，要求 UNODC 继续就身份相关犯罪开展工

---

[1]　United Nations Economic and Social Council（2010），*Resolution 2010/18-Twelfth United Nations Congress on Crime Prevention and Criminal Justice*，E/2010/18，New York：United Nations，22 July；United Nations General Assembly（2011），*Resolution 65/230-Twelfth United Nations Congress on Crime Prevention and Criminal Justice*，A/RES/65/230，New York：United Nations，1 April.

作并积极使用政府间组织关于儿童问题研究的数据，建议专家组重视专家们关于身份识别相关犯罪的研究，并提到由加拿大政府自主编写的一份关于UNODC身份识别相关犯罪管治手册。

（3）麻醉药品委员会的互联网与毒品贩运防治工作

麻醉药品委员会成立于犯罪预防和刑事司法委员会之前。它早在1996年第39届会议上就已经关注互联网在毒品贩运犯罪方面的作用。① 有趣的是，委员会较早的一份文件主要关注的是互联网在毒品控制方面的潜在积极作用。② 1999年，委员会的年会报告中有一个章节，内容是"沟通网络对毒品问题的影响，例如互联网"。③ 2000年，委员会最终通过了一项决议，该决议仅关注"互联网"，并以"互联网"为标题，这引起了ECOSOC的注意。与较早的文件不同，这份决议强调万维网如何被用于或滥用于非法药物的推广和销售。美国和其他国家一同支持此项决议。④ 2000年之后，没有任何一项关于互联网的具体决议出台，但是委员会的讨论中反复提到互联网。

2004年，委员会提到2000年的决议，并为ECOSOC准备了一份决议草案。该草案获得通过并作为ECOSOC的第2004/42号决议，题为"通过互联网向个人销售国际管制合法药物"。⑤ 美国是草案的共同提案国。2005年，委员会通过了一项新的决议，这次决议的标题是"加强国际合作，以防止互联网被用于毒品相关的犯罪"。美国、俄罗斯和其他国家一道，都是此项决议共

① United Nations Economic and Social Council (1999), *Commission on Narcotic Drugs—Report on the forty-second Session*, E/1999/28/Rev. 1：45, New York：United Nations.

② United Nations General Assembly (1998), *Resolution S-20/4-Measures to Enhance International Co-operation to Counter the World Drug Problem*, A/RES/S－20/4＊, New York：United Nations, 21 October.

③ United Nations Economic and Social Council (1999), *Commission on Narcotic Drugs—Report on the forty-second Session*, E/1999/28/Rev. 1, New York：United Nations.

④ United Nations Economic and Social Council (2000), *Commission on Narcotic Drugs—Report on the forty-third Session*：*Resolution 43/8*, E/2000/28, New York：United Nations.

⑤ United Nations Economic and Social Council (2004), *Commission on Narcotic Drugs-Report on the forty-seventh Session*, E/2004/28, New York：United Nations.

同提案国。该决议引起了 *ECOSOC* 的注意。① 一项由美国作为共同提案国的类似决议于 2007 年获得通过，题为"通过国际合作防止通过互联网非法分销国际管制合法药物"，中国和俄罗斯都不是提案国。该决议提到第 43/8 号决议，也同样引起了 ECOSOC 的注意。② 然而，麻醉药品委员会最后仅仅根据其功能权限，从一种毒品贩运的角度展开互联网方面的工作。

（4）经济和社会委员会的身份识别相关犯罪防治工作

ECOSOC 于 2004 年首次通过了一项关于管治身份识别相关犯罪的决议。这一题为"通过国际合作预防、调查、起诉和惩罚诈骗、非法滥用和篡改身份信息等相关方面的犯罪"的第 2004/26 号决议的重点在于会员国，并且表达了对于"现代信息和沟通技术的广泛使用为诈骗、非法滥用与伪造身份带来广阔的新机会"的关切。③ 决议还要求秘书长召集成立一个政府间专家组，以准备一项关于诈骗和非法滥用与伪造身份的调查。专家组及其会议由加拿大和英国政府来支持。④

该决议的继任者，第 2007/20 号决议注意到"欧洲委员会的《网络犯罪公约》是一项国际性法律文书，不是欧洲委员会会员国的国家也可以批准或者加入此公约"，这就鼓励"会员国考虑同意"此公约。该决议还"要求联合国毒品和犯罪问题办公室根据要求和预算外资源的掌握情况，向会员国提

---

① United Nations Economic and Social Council （2005）, *Commission on Narcotic Drugs-Report on the forty-eighth Session: Resolution 48/5*, E/2005/28, New York: United Nations, 30 March.

② United Nations Economic and Social Council （2007）, *Commission on Narcotic Drugs-Report on the fiftieth Session: Resolution 50/11*, E/2007/28/Rev. 1, New York: United Nations.

③ United Nations Economic and Social Council （2004）, *Resolution 2004/26-International cooperation in the prevention, prosecution and punishment of fraud, the criminal misuse and falsification of identity and related crimes.* E/2004/26, New York: United Nations, 21 July 2004.

④ United Nations Economic and Social Council （2009）, *Resolution 2009/22-International cooperation in the prevention, investigation, prosecution and punishment of economic fraud and identity related-crime*, E/2010/18, New York: United Nations, 30 July 2009; United Nations Economic and Social Council, *Commission on Crime Prevention and Criminal Justice: Report of the Secretary-General-International cooperation in the prevention, investigation, prosecution and punishment of economic fraud and identity-related crime*, E/CN. 15/2009/2, New York: United Nations, 3 February 2009.

供法律专业知识或其他形式的技术援助"。

这一系列决议的最后一项，第 2009/22 号决议，详细阐述了其对 UNODC 的要求并且提到了专家组的报告。这项决议还概括了接下来专家组要做的工作：

> 认可联合国毒品和犯罪问题办公室在建立联合国国际贸易法委员会并与之协商方面付出的努力。该委员会是与身份识别相关犯罪的核心专家组，并定期将来自各国政府、私营部门实体、国际和区域组织和学术界的代表召集在一起，以分享经验、制定战略，促进进一步研究并就对身份识别犯罪采取实际行动达成一致意见。①

专家组已经建立起来，并举行了几次会谈。在第十二次联合国犯罪预防与刑事司法大会召开之前不久（2005 年以来的首次会议），专家组发布了成果。正如前面提到的，大会议程中包括网络犯罪。然而，参加 2010 年 4 月在巴西萨尔瓦多举行的第十二次联合国犯罪预防与刑事司法大会的国家并没有就网络犯罪达成条约。② 这场持续的辩论主要集中在这样一个问题，即起初由欧洲委员会通过的布达佩斯《网络犯罪公约》在得到信息社会世界首脑会议承认之后，是否将成为一项全球性公约，或者只是一项"区域性行动"。③

美国批准了条约，但是俄罗斯拒绝这样做。如本文前面提到的，只要条约允许由外国的法律执行机构进行跨境搜查，俄罗斯就会拒绝。相反，大会

---

① United Nations Economic and Social Council, *Commission on Crime Prevention and Criminal Justice: Report of the Secretary-General-Results of the second meeting of the Intergovernmental Expert Group to Prepare a Study on Fraud and the Criminal Misuse and Falsification of Identity*, E/CN. 15/2007/8 *, New York: United Nations, 2 April 2007.

② Toure, Hamadoun I. (2011), "Cyberspace and the Threat of Cyberwar", in The Quest for Cyber Peace, International Telecommunication Union and World Federation of Scientists, January 2011.

③ United Nations International Telecommunication Union, *ITU Global Cybersecurity Agenda: High Level Experts Group-Global Strategic Report.*, Geneva: United Nations, 2008.

的成果文件请求犯罪预防与刑事司法委员会成立一个新的不限成员名额的政府间专家组：

> 对**网上犯罪**问题以及各会员国、国际社会和私营部门就此采取的对策进行一次全面研究，包括就国家立法、最佳做法、技术援助和国际合作开展信息交流，以期审查各种备选方案，加强现有并提出新的国家和国际打击**网上犯罪**的法律和其他对策 ［粗体为作者加注］。①

2. 组织性平台：UNODC 和 UNICRI

（1）联合国毒品和犯罪问题办公室

比起本文讨论的其他联合国组织，UNODC 的预算相对较多，但 UNODC 只有一位全职人员负责网络方面的工作。对 UNODC 的第一项要求是参与到技术援助中去，具体指的是始于 2008 年第三委员会和联合国大会第 63/195 号决议中提到的"网络犯罪"。作为回应，UNODC 于 2009 年 6 月负责法律执行的官员举行了一次关于网络犯罪的为期一周的研讨会。② 另外，UNODC 预防恐怖主义部门已经就涉及到以恐怖主义目的使用互联网的案件向 CTITF 的一份出版物贡献了针对法律执行调查员和刑事司法官员的文章，并于 2012 年初发表。会员国第一次正式要求 UNODC 就以恐怖主义目的使用互联网开展工作是在 2011 年 4 月举行的犯罪预防与刑事司法委员会第二十届会议上③。而在前

---

① United Nations General Assembly（2010），"*Report of the Twelfth United Nations Congress on Crime Prevention and Criminal Justice*"，A/CONF. 213/18，Salvador，Brazil：United Nations，18 May.

② United Nations Office on Drugs and Crime（2009），"Law enforcement officers trained to tackle cyber-crime"．（https：//www. unodc. org/unodc/en/frontpage/2009/June/law-enforcement-officers-trained-in-tack-ling-cybercrime. html.）

③ United Nations Economic and Social Council（2011），*Commission on Crime Prevention and Criminal Justice-Report on the twentieth session*，E/2011/30*，New York：United Nations.

一年的第十九届会议上，就曾首次提到了这件事。① ITU 的网络法律工具和 UNODC 的工具模型类似，而且 ITU 的国家立法公共数据库是一项独特的法律分析资源。

（2）联合国区域间犯罪和司法研究所（UNICRI）

设在意大利都灵的 UNICRI 是联合国系统中若干较小的机构之一。该研究所研究的重点和范围是在犯罪预防和刑事司法领域，协助政府间组织、政府类组织和非政府组织制定和实施优化的政策。它与德国的马克思·普朗克研究所和瑞士的巴塞尔治理研究所共同出版杂志《F3——免于恐惧》（*Freedom From Fear*）。它最新一期杂志，也就是第 7 期，关注的是网络安全。

从网络安全的角度看，UNICRI 的特殊力量在于，拉乌尔·基耶萨（Raoul Chiesa）这位拥有技术专长的前黑客，以顾问的身份无偿支持这个研究所。他是黑客画像项目的领袖。2008 年，该项目的成员出版了一本题为《黑客画像——罪犯画像科学在黑客世界中的应用》的书。这个项目令人瞩目的贡献之一是它试图将一种行动者分类技术用于网络空间。因为这些黑客类型有时是重叠的，可以将它们简化为网络战争中的三类组织：

数码战士：私人行动者，技术高超的佣兵，为了钱财和理想而进行黑客攻击，有罪犯也有恐怖分子。

政府代理："公民国家行动者"——受雇于一个国家的平民政府的黑客，他们为（打击）间谍、政府信息监测、恐怖主义组织、战略产业和未经授权而通过使用电子世界来造成现实伤亡的个人。②

军事黑客："军事国家行动者"——受雇于一个国家军队的黑客，他们潜在地得到授权，并在战争情况下利用电子世界造成现实中的伤亡。

这种分类在克拉克和康科的研究中有更详细的阐述。他们仅仅将网络战士这个词的通常用法分为罪犯和军事黑客两种。UNICRI 的分类可以更加清晰

---

① United Nations Economic and Social Council（2011），*Commission on Crime Prevention and Criminal Justice-Report on the twentieth session*，E/2010/30＊，New York：United Nations.

② Chiesa，Raoul（2008），*Profiling Hackers: The Science of Criminal Profiling as Applied to the World of Hacking*，UNICRI：Turin，p. 56.

地区分网络战争中不同的行动者，比如国家与非国家的行动者，以及军事与民用行动者。（UNICRI《黑客画像——罪犯画像科学在黑客世界中的应用》一书也有一篇不同黑客攻击技术的概要。①）这是特别有价值的贡献，因为活动于网络空间的不同行动者在媒体以及某些学术文献中通常没有被正确地分类。混淆参与丑化网络的青少年和震网的发明者，并且将二者放在一起考虑，这只会使其看起来像是个骗局。②

（三）大会第二委员会——"全球网络安全文化"

大会第二委员会关于"全球网络安全文化"的三项决议将两个派别——政治—军事派和经济派——联系了起来，分别指向第一和第三两个委员会的决议。③

第三委员会决定不再关注网络犯罪，在此之后，美国于 2002 年提出了一项新的决议草案，这一次美国是向第二委员会提出的——也就是经济和财政委员会——草案题为"创造全球网络安全文化"。草案的提出也代表日本的想法，澳大利亚和挪威也加入到最初草案共同提案国的行列中。经过几次修改之后，包括俄罗斯联邦、法国、韩国在内的另外 36 个会员国也成为决议草案的共同提案国。草案经过修改之后，最终的决议文本（A/RES/57/239）也提到了第一委员会所通过的决议。该草案未经投票而获通过。④

① Chiesa, Raoul (2008), *Profiling Hackers: The Science of Criminal Profiling as Applied to the World of Hacking*, UNICRI: Turin, pp. 20 – 32.

② Singer, Peter W. (2011), "The Wrong War: The Insistence on Applying Cold War Metaphors to Cybersecurity is Misplaced and Counterproductive". (http://www.brookings.edu/articles/2011/0815_cybersecurity_singer_shachtman.aspx.)

③ United Nations General Assembly (2003), *Resolution 57/239-Creation of a Global Culture of Cybersecurity*, A/RES/57/239, New York: United Nations, 31 January.

④ United Nations General Assembly (2002), *Report of the Second Committee 57/529/Add. 3-Macroeconomic Policy Questions: Science and Technology for Development*, A/57/529/Add. 3, New York: United Nations, 12 December.

全球网络安全文化的第二份决议于 2004 年开始谈判，并于 2005 年 1月在联合国大会上获得通过。这份决议的内容有所丰富，将保护重要信息基础设施囊括了进去，并在附件中提炼出了关键的要点。这些要点的基础是 2003 年召开的八国集团司法部长和内政部长会议。这种关联又是一个信号，说明在国际上受到各个国家认可的各种要点和原则，是如何开始形成一个网络，而这一网络有可能发展成为一项制度。① 有趣的是，这项决议不再谈及政府对新技术的依赖，取而代之的是国家重要基础设施和国家重要信息基础设施之间的联系。包括中国在内的总共 69 个国家是这项决议的共同提案国，但俄罗斯不是。② 与第一份草案相比，最终的文本（第 58/199 号决议）的序言中增加了一个新的自然段，讲的是"每一个国家都将确定自己的重要信息基础设施"。最终的文本还新增加了一个操作性段落，鼓励会员国分享最佳做法。

第三份决议，也就是第 64/211 号决议，在美国政策发生转向之后于 2010年获得通过。此项决议第二部分的题目"创建全球网络安全文化以及评估各国保护重要信息基础设施的努力"揭示了这份文件的部分重要内容。该决议有一份附件，概括出一项"国家保护重要信息基础设施努力自愿自我评估工具"，为会员国提供了一幅详细的路线图。此项决议由美国代表另外 39 个国家提出。俄罗斯和中国不是该决议的提案国。

四、互联网治理论坛

成立互联网治理论坛的依据是 2005 年 11 月 16 日至 18 日召开的第二阶段信息社会世界首脑会议的成果文件。成员国就联合国和网络问题作出

---

① United Nations International Telecommunication Union （2008）, *ITU Global Cybersecurity Agenda*: *High Level Experts Group-Global Strategic Repor*, Geneva: United Nations, p. 24.

② United Nations General Assembly （2003）, *Report of the Second Committee 58/481/Add. 2-Macroeconomic Policy Questions: Science and Technology for Development*, A/58/481/Add. 2, New York: United Nations, 15 December.

了两项重要的决定。第一，成员国要求联合国秘书长成立 IGF①；第二，如前面所讨论的，ITU 被授权负责 C5 行动方针，即"建立使用 ICT 的信心和安全"。② 在 2005 年信息社会世界首脑会议上也发生了一场争论。③ 这场各国政府间的争论是关于域名治理的。目前域名治理由 ICANN 负责。ICANN 由美国人牢牢地把控着，一直被那些想要拥有发言权的政府警觉地监视着。例如，2010 年中国政府在其互联网政策白皮书中写道："中国认为，联合国在国际互联网管理中发挥的作用应该是全方位的"。④ 在突尼斯，一些欧盟会员国支持推动成立一个政府间组织以取代 ICANN。美国最终妥协了，IGF 作为一个论坛成立起来。在这个论坛上，"各国政府可以进行辩论，并就互联网政策问题提出建议，但不行使直接的政策权威"。在突尼斯做出的妥协是为寻求控制互联网命名系统所进行的争吵的最后一轮——也是一场寻求控制互联网的更大规模的战争。现在说谁赢得了这场战争的胜利都为时过早。⑤

　　IGF 一直以来依靠自愿捐助，其首脑向联合国主管经济和社会事务部的副秘书长汇报工作。IGF 的工作人员有执行协调员，一名项目和技术经理，和两名兼职顾问。⑥ IGF 将建议提交给联合国秘书长，而秘书长转而又将这些建议提交给联合国大会。

---

　　① United Nations（2005），"World Summit on the Information Society"，*Report of the Tunis Phase of the World Summit on the Information Society*，Tunis，KramPalexpo，November，p. 17.

　　② United Nations（2005），"World Summit on the Information Society"，*Report of the Tunis Phase of the World Summit on the Information Society*，Tunis，KramPalexpo，November，p. 26.

　　③ Wu and Goldsmith，Wu，Tim and Jack Goldsmith（2008），*Who Controls the Internet-Illusions of a Borderless World*，Oxford：Oxford University Press，p. 171.

　　④ Ford，Christopher A.（2010），"The Trouble with Cyber Arms Control"，*The New Atlantis-A Journal of Technology & Society*，p. 65.

　　⑤ Wu，Tim and Jack Goldsmith（2008），*Who Controls the Internet-Illusions of a Borderless World*，Oxford：Oxford University Press，p. 171.

　　⑥ United Nations Internet Governance Forum，"Past Staff Members".（http：//www. intgovforum. org/cms/component/content/article/762-past-staff-members）

五、结论

联合国的活动清晰地显示出新的网络规范正在慢慢出现。支持这一论点的关键证据是，随着时间的推移，特别是在 2005 年以后，联合国大会各委员会通过的决议数量，附件中的要点，数量不断上升的共同提案国，以及对于各官僚机构介入到该问题（指规范出现——译者注）之中的要求和提供技术援助的要求。

然而，我对两个派别的分析也显示出规范出现的过程是动态的。我概括了每一个派别的谈判是如何与另一个派别发生关联，谈判以之前的发展成果为基础并强化了之前的发展。我指出在国际层面一个规范生命周期的动力是如何依赖于（i）不断变化的行动者之间的整体关系，而这一整体关系受包括政府更迭在内的某些国内条件的影响也不断发生变化。（ii）外在因素，这些外在因素改变了资深政策制定者的观念，比如那些在 2007 年占据头条的网络事件。俄罗斯在这一过程中一直扮演着至关重要的角色，而美国则是最重要的制衡力量。德国、加拿大和英国也发挥了积极作用，这些国家资助了各种研究项目和专家组织。

本文证明了国家作为规范倡导者的重要作用。虽然国家的动机可能主要受本国利益以及某种结果逻辑的驱动，但是结果逻辑并不一定排除利他主义的动机和某种具有影响力的适当性逻辑。正如彼得·A. 豪尔（Peter A. Hall）和罗斯玛丽·C. R. 泰勒（Rosemary C. R. Taylor）两位学者指出，二者并不互斥。[①]

联合国系统本身的网络安全工作是相当碎片化的。每一个组织被会员国作为组织性平台用来推进它们自己的议程。然而，各个组织也做了一些重要的工作。例如，以恐怖主义目的使用互联网工作组发表的报告，揭示了一些

---

① Hall and Taylor (1996), "Political Science and the Three New Institutionalisms", *Political Studies XLIV*, pp. 955–956.

有意思且罕见的数据，这些数据是关于各个国家对于网络安全威胁的看法（虽然事实是报告没有具体指明哪些信息是由哪个国家提交的）。从组织理论的角度继续前进，问题就变成了如何最有效地利用专长和各种行动的努力，与此同时尽量避免过去的陷阱并潜在地采用更多类似网络的结构，因为各个组织工作人员人数不多而且有地域差异。

我们甚至还可以发现一些没有预料到的结果。ITU 给予网络和平行动的积极支持，有可能超越 ITU 的委托人（也就是其会员国）可能的意图，该行动是由世界科学家联盟推动的。这发生在突尼斯首脑会议上，当时委托人派给 ITU 掌管 C5 行动方针的任务。毕竟世界科学家联盟的原则中有这样一种诉求，即"所有政府都应该尽力减少或者消除信息、观念和人口之间自由流动的限制。这样的限制会增加世界上的怀疑和敌意"，这一诉求写在其 1982 年埃利斯声明中。这将使俄罗斯政府之前的努力付诸东流，也就是福特所强调的，俄罗斯利用互联网控制信息流动的努力。

至于未来研究的步骤和问题，以下四个主题仅仅是研究清单的开始，当然不能穷尽所有问题：

第一，鉴于第一委员会的工作，几个会员国向联合国秘书长提交了不同的声明。在这些声明中，它们概述了其关于网络安全的立场和观点。这看起来是很丰富的信息，可以用于描绘一幅更加全面的图景，即关于全球范围内不同国家如何思考网络安全这一问题，以及它们的想法如何随着时间推移而发生变化的图景。美国的政策转向是一种战术行动还是一种具有长期后果的战略行动？更宽泛地说，复杂的权力结构问题也出现了。例如，美国国务院是美国政府在国际组织中的官方代表。那么，国防部或者商务部在处理网络安全问题时是否应该和国务院坐在一起？克里斯·佩特（Chris Painter）担任国务院网络问题协调员这一新职务，他的作用是什么？又例如俄罗斯外交部和国防部如何协调它们在 ITU 中的位置？那么中国政府又该如何做呢？

第二，未来对于每一个联合国下属机构的深度分析可以丰富本文有限的、有时仅仅是描述性的解释。尤为值得注意的是一些传闻，这些传闻暗示了某些国家利用某些联合国组织作为组织性平台。例如，有这样一种言论，即

UNODC 是一个受"美国人"影响的组织，而 ITU 则处于"俄罗斯和中国"的影响之下。这样的言论可能指的是组织首脑的国籍，或者组织首脑受教育的地点，也可能指的是组织的主要资金来源。例如，ITU 现任秘书长，哈玛德·图埃是在俄罗斯接受的大学教育①，也或者以主要的投资人作为指标。这种观点值得进一步探究，以便清楚地了解一个组织究竟如何被一位规范倡导者利用，或者同时被不同的规范倡导者利用。

第三，联合国是多边主义世界唯一的参与者。一个显而易见的问题是，联合国在纽约、日内瓦和都灵的活动如何与欧盟的活动，以及布鲁塞尔的北大西洋公约组织、巴黎的经济合作与发展组织，或者是雅加达的东盟的活动联系起来。类似地，三个联合国大会委员会的互动如何相互影响。我的分析已经强调了这些联系中的两点，即八国集团通过的原则和以欧洲委员会为基础的布达佩斯《网络犯罪公约》。

第四，过去十年中出现了规范出现的第一批信号，那么接下来会出现规范扩散吗？这一过程是动态的，那么什么时候以及基于什么原因才会出现起起伏伏？我的分析已经指出了一个明显的原因，即会员国的国内政治环境和政府更迭。然而，这也可以仅被理解为某些更大趋势的征兆。影响规范起起落落的其他因素有哪些？又是在哪些条件下发生影响？外部的规范倡导者，比如世界科学家联盟，是如何恰好影响了这一过程，它们是否可能继续这样做并且其他人由于意识愈发深刻也加入其中？而且，正在浮现的规范是否会受到既存规范体系的溢出效应的影响，或者它们完全是新的规范？这些既存规范与犯罪和军事活动有关，而这些活动可以经过调整之后应用到网络空间中去。

简言之，关于网络安全和国际关系的研究仍然处于初级阶段。每一篇新文章都可能提出而不是回答更多的问题。在首次尝试对网络安全进行定义的十余年之后，仍未就此形成正式共识。但是，过去十年的活动显示了相较于典型国际关系时间轴，规范在网络空间出现的速度是惊人的。

---

① Toure, Hamadoun I. (2011), "Cyberspace and the Threat of Cyberwar", *International Telecommunication Union and World Federation of Scientists*, January, pp. viii – ix.

网络威胁与国家安全：德国、法国与英国是否反应过度？*

[英] 克莱门特·基顿　著　　刘杨钺　编译**

一、引言

在 2007 年美国一部电影大片的桥段中，汽车与火车相撞，电力停止供应，金融系统也遭到破坏。这样的情节本来不甚新颖。但不同的是，该片中的上述事件却是由黑客入侵信息系统所致。这个场景可能并不只是虚构。白宫前反恐事务主管理查德·克拉克与外交关系委员会国际事务研究员罗伯特·科奈克共同出版的书中，便提出了这些场景的可能性。美国政府以政策制定的方式回应了针对信息系统潜在威胁的感知。它在 2003 年公布了首份网络空间战略，而且用于保护网络安全的预算自此也不断提高，2011 年提出的下一财年 3.7 万亿美元支出中，网络安全预算达到 32 亿。

一些学者将这种监管和资源分配解读为网络空间的军事化和安全化举措。

＊ 本文首次发表于 *European Security*，2013 年第 22 卷第 1 期，第 21—35 页。文章原名 "Cyber insecurity as a national threat: overreaction from Germany, France and the UK?"。

＊＊ 作者简介：克莱门特·基顿（Clement Guitton），伦敦国王学院。译者简介：刘杨钺，国防科技大学讲师。

而另一些人则认为美国实施的网络政策并没有基于"公众可验证的明确证据"的原则，很大程度上仅仅是来自克拉克等人的著述。与此同时，欧洲的情况如何呢？从经济和人口规模看，德国、法国和英国是欧盟当中三大主要国家。在网络安全问题上，它们也在欧洲大陆起着领头作用。这些国家如何回应网络安全的挑战？它们的回应又是否恰当呢？欧洲网络空间的安全化也已立章建制，但在资源分配上却并不明显。仅仅依据一些公开信息便将网络安全上升到国家政策层面，这种做法并不能得到轻易认同。欧洲国家将网络安全宣布为国家威胁，但分配到这一领域的经费和人员却与这种宣称的威胁程度不相匹配。德国在采取《国家网络安全》政策时，该国还从未发生过关键信息基础设施的重大事件。对网络安全的渲染很大程度上是受到利益攸关的网络安全供应商的影响。法国和英国同样担忧对其关键信息设施的攻击，但两国在出台国家网络安全战略时也并未遭受过实质性的侵犯。因此，这些回应措施实际上依赖于别国发生的安全事件，以及很不可靠的数据。

不仅如此，法国还对互联网上日益增多的难以管控的数据流动感到忧虑。在法国看来，网络空间对其国家主权构成了挑战。而英国将网络安全上升到国家战略层面的理由是，国家网络攻击活动日益增加，"试图获取政治和经济情报，并破坏信息基础设施"。公众却很少被告知任何网络间谍的事例，而针对信息基础设施的攻击也缺乏实际证明。在国家战略基础上，德国（于2005和2011年）、英国（于2009和2011年）和法国（于2011年）进一步公布了其国家网络安全战略。网络犯罪本应是网络安全诸多问题的核心。但上述战略文件却并未聚焦网络犯罪，而是设置了更加广泛的议题。因此，这些网络安全战略意图通过打补丁的方式解决问题，而并没有试图抓住网络安全问题的根源，即震慑网络犯罪分子。

本文首先分析了为何网络安全上升到国家战略层面是缺乏正当理由的，然后着眼于这些网络安全战略如何解决网络威胁。接下来本文深入探讨了网络犯罪问题应作为解决网络不安全的核心路径，最后提出了相应的政策调整建议。

二、网络安全尚未真正成为国家安全威胁（2005—2008 年）

德国是欧洲最早对网络威胁作出反应的国家。在 2005 年联邦信息安全办公室的一份报告中，其负责人赫姆布瑞奇便提出网络安全应成为国家安全的一部分。政府的回应也较为迅速。一年之后，德国在其国家安全战略白皮书中便提及了关键信息基础设施面临的网络威胁。赫姆布瑞奇对国家网络安全紧迫性做出的解释有两点：一是网络连接率大幅提升，二是网络威胁不断增多。但这两点均站不住脚。

从德国互联网接入率和家庭拥有电脑的情况看，网络连接率始终处于稳定增长的状态。这一发展趋势是线性并可以预测的，将其视为国家安全的现实威胁缺乏说服力。对网络依赖性的恐惧是可以理解的，特别是如果网络威胁真的在迅速加剧的话。迈克菲、微软和赛门铁克这些网络安全供应商无疑想要传递这样一幅图景。但在前述 2005 年的报告中，政府和立法者仅仅使用了这三家安全商的数据来论证网络安全的严峻性。这些数据描述的也不是德国的独特情况，而是整个世界范围的发展态势。所以，依赖性的增长与威胁的增长之间并不能简单画上等号。

公众对于网络安全上升到国家安全层面并没有提出质疑，因为同样的网络威胁认知也存在于普通民众之中。例如，在德国即将举办 2006 年世界杯的前一年，一种蠕虫病毒在互联网上肆虐，引诱用户点击伪装成球赛门票的附件。媒体对这一事件的报道使民众意识到这种网络威胁能够侵袭他们的个人电脑。

表1　德国互联网接入率与家庭电脑拥有率（2004—2006 年）

年份	2004（％）	2005（％）	2006（％）
网络用户	64.73	68.71	72.16
家庭电脑拥有率	68.70	70	77

数据来源：国际电信联盟，2011。

公众同样有理由认为整个工业也可能面临类似的威胁。2005 年公布的首份网络安全战略中，工业控制系统（特别是数据采集和监控系统）被认为面临着与个人电脑相似的风险，而且这种风险可能人命关天。但同时该战略报告也提及，尚未出现此类影响国家关键基础设施的事件。因此对这些设施的保护主要是预防性的。德国政府历来在产业政策上偏向自由主义立场。在没有先例的情况下提出对关键设施的保护，充分显示出民众的威胁认知。即使到目前，德国也未曾出现工业控制系统遭到攻击而导致人员安全受损的事例。

2008 年法国与英国将网络安全纳入国家安全战略时，使用的理由与德国类似，都是担心网络攻击破坏其关键基础设施。同样，这种安全级别的提升也不是来自任何自身的危险先例。2007 年 5 月，爱沙尼亚遭到了有组织的网络袭击，致使国家陷入数日的瘫痪。置身于欧洲的大背景下，或许可以认为这次网络攻击塑造了英国和法国的威胁认知。

法国主要的担忧在于信息流动不受控制，而英国则提出了网络空间安全威胁的另外两个缘由。一是互联网为恐怖分子提供了活动平台。二是国家行为体可能窃取"政治和经济情报"。目前并没有可验证的数据能支持后一种说法。公司要确认他们的知识产权遭窃需要费些周章，而即使确认了，他们也可能出于维护企业形象的目的而隐瞒不报。因此，无法证明网络盗窃知识产权已构成了国家安全威胁。

相比德国而言，法国始终没有出台特定政策来保护关键信息基础设施，而是于 2006 年制定措施，要求政府各部门主管负责监管本部门的关键基础设施。安全标准虽然存在，但公众无法对其加以查验。法国直到三年后（2011年）才出台了略微具体的战略规划，以保护关键信息基础设施和国家设施。英国在政策应对上更为迅速，在国家战略纳入网络安全问题的一年之后便公布了网络安全战略。其网络安全战略涉及面更广，包括了商业间谍，也包括了在国家安全战略中没有提及的网络犯罪行为。但战略文件的出台并没有带来相应的资源配置。

法国和英国在 2009 年陷入了美国次贷危机导致的经济衰退。尽管如此，两国应对网络安全的中央机构仍然获得了很多财政支持。法国信息系统安全管理机构的预算由 2008 年的 2500 万欧元增加至 3300 万欧元，英国信息保障中心的同期经费也由 3100 万英镑提升至 3500 万英镑。而德国早在两年前就将联邦信息安全办公室的预算由 6000 万提高到 6400 万欧元。在金融危机背景下，这些经费本可能被削减。例如，法国私营部门的网络安全预算在 2008—2009 年间便出现了下调。问题是，这些国家平均低于 600 万欧元的经费增长是否与国家安全威胁相适应呢？

在德国、法国和英国将网络安全上升到国家战略层面时，这些国家面临的头号安全威胁是恐怖主义。2006 年德国判处了 16 名恐怖分子的罪行，2008 年法国和英国分别判处了 75 人和 60 人。英国 2008 年财政开支 6180 亿英镑（国防和公共安全的预算为 660 亿），其中打击恐怖主义的预算为 25 亿英镑。怎样判断政府开支是重视不够还是反应过度呢？恐怖主义的社会经济代价很难准确评估，网络安全的代价同样如此。

恐怖主义行为往往造成人员伤亡和设施损毁。网络攻击也可能具有破坏性，就像 2010 年的"震网"病毒攻击那样。但策划和发动此类攻击十分复杂，因此其可能性和绝对数量都很低，况且 2010 年以前还从未出现类似攻击。另一方面，网络攻击也可以产生轻微后果，如果这类后果轻微的攻击数量较多，也可为定性成国家安全威胁提供理由。轻微罪行在英国一般由地方法院处理。虽然网络攻击者不容易被发现且受害企业未必会上报此类案件，但 2008 年英国地方法院判处的网络攻击案件也仅有五起。这样来看，英国网络安全财政预算上涨不多，似乎与网络犯罪数据不甚起眼的状况比较匹配。但这一状况似乎一开始就不应当被视为国家级别的安全威胁。

各个国家在定义何谓国家安全威胁时使用的方式不同。由于国家安全问题事关国家和民族认同，民众往往对这类问题较为敏感，政治家也常常利用此类议题争取选票。对民众而言，将高度依赖信息系统与国家安全威胁联系在一起似乎顺理成章。有效利用民众的恐惧感来获得选举优势不失为一种好的策略。默克尔、萨科齐和布朗均是在上任一年后，便推出了各自的国家安全战略。或许可以认为，他们也利用了民众对网络依赖的潜在忧虑来增加选民支持。国家安全战略通常用于防止暴力伤害、财产损失和损害国家独立性的各种问题。恐怖主义和国家间武装冲突是最常见的两类威胁。法国、德国和英国在网络安全上采取的政策是否属于防止暴力伤害、财产损失和损害国家独立性的范畴？还是这些举措另有其他政治考量？

如前所述，在这些国家网络安全战略出台前，从未发生过关键信息基础设施遭遇攻击而导致人员伤亡的事件。这类暴力事件可能来自恐怖分子，可能来自流氓国家，也可能以网络战争的形式出现。但网络战争并没有出现过，甚至将来也可能不会有。因此，害怕网络攻击带来的暴力以及网络战争会导致国家独立性受损，并将其归为国家安全威胁，似乎并不妥当。

对国家独立性的侵犯也可能来自对信息媒介丧失管控。法国便是基于这一理由将网络安全定性为国家安全威胁。作为网络空间的组成部分，互联网本质上是去中心化的，没有任何单一国家能够施加控制。然而，虽然关于网络治理的探讨甚多，这一问题与安全并没有直接关联。因此，网络空间的独立性问题也不适合当成国家安全威胁来对待。法国、德国和英国都做着最坏的打算，担心财产和基础设施遭到破坏。但破坏信息流动较为容易，破坏基础设施则相对困难。

"破坏"意味着信息系统的可用性和完备性完全丧失。这一概念与保密性、完备性和可用性的暂时中断不能混为一谈，后者应当界定为"扰乱"更为合适。例如，如果个人电脑的基本输入输出系统（BIOS，即计算机在运行时首先进入的系统）感染病毒并使当中所有信息被删除，电脑将无法正常启动，所有的数据都可能丢失，此时 BIOS 系统将需要重整，或是更换相关芯片。在这种情况下，电脑的软件部分遭到了破坏，但硬件部分却并无影响。所以，只要某一系统的任何功能紊乱的部件（硬件、软件或是信息）能够替换，对这一系统（而不是单一组成部分）的彻底破坏就会相当困难。

将网络空间与国家安全威胁相连不仅缺乏现实基础，而且会产生概念上的负面影响。国家安全战略传递了一种民族受到威胁的理念，从而培养出对抗性的"我们与他者"的思维逻辑。国家安全战略是用来"保护民族价值不受外来侵犯"。因此，民众的网络威胁认知主要是来自其他国家而不是本国。然而，网络威胁具有高度的全球性，各个层次的全球合作至关重要。这种

"我们与他者"的划界思维不利于国家之间合作机制有效展开。

提升网络安全认知水平的另一个后果，是提高了对威胁的关注并加大资源投入。在网络安全进入国家安全战略数年之后，政策领域有哪些产出？资源分配有什么变化？法国、德国和英国在 2011 年公布了新的网络安全战略。这些新的战略是否与国家安全威胁水平相一致呢？

三、应对国家网络威胁的具体战略（2011 年）

在判断各份安全战略的内在一致性之前，首先应当了解网络安全战略究竟是什么，以及它要实现什么目标。网络安全影响着社会经济的方方面面。所以，网络安全战略必然是跨部门的，它不同于单纯的信息管理政策文件。这一战略凸显了政府在协调涉及网络安全的各个领域时的重要角色。类似的战略可参考其他类型的国家安全威胁，例如英国与欧洲的反恐战略。这一政策文件应当设定明确的目标，并提出解决安全风险的行动计划。

2011 年英国设立了"国家网络安全项目"，并为此拨付了四年共 6500 万英镑的经费。这个额度对解决网络安全威胁而言有所进步。法国和德国的情况与之相似。这两国在网络安全的公共开支方面有些模糊，但据估计，法国和德国 2011 年的相关开支也分别增加到 1200 万和 1500 万。英国另有 18 个机构涉及网络安全问题，因此上述经费必须共同使用。

英国将他国的网络间谍活动归为国家安全威胁的一部分。"国家网络安全项目"中 60% 的经费流向了与间谍活动关系最直接的情报机构。在新的网络安全战略出台后，英国政府通信总部（GCHQ）承担了枢纽角色，协调公私部门之间的网络安全信息交流。作为顶层机构，政府通信总部帮助企业评估网络攻击者所获取的信息。这项工作显然不仅仅是情报机构的任务。政府通信总部从 2003 年起便组织了通信—电子安全小组，为网络安全提供高技术知识的支持。从这一点上讲，情报机构涉足网络安全战略是恰当的，也与国家安全战略相吻合。

英国的网络安全战略为私营部门赋予的不仅仅是信息分享的角色，而且实际上是领头角色。政府希望私营部门能将网络战略"付诸实践"并真正转变网络安全的基本态势。市场环境并未能有效调节自身以增强网络安全，特别是公众对网络产品安全性的期望和需求都不旺盛。信息共享将能更加准确地评估安全态势，但却改变不了网络安全的市场环境（供给与需求）。欧洲委员会在2001年就已经指出，"市场力量并没有为安全技术和安全实践带来充足投入"。改变这一现状可能需要引入强制性的网络安全标准。但国家安全和反恐部长内维尔－琼斯已明确表示，政府对这一主张持反对态度。

个人数据的安全标准实际上已经存在，而且可以扩展到其他数据类型上。依据欧洲的数据保护指导方针，英国在1998年颁布了《数据保护法》。该法设立了信息专员职务，用以检查个人数据的管理者是否遵从恰当的安全标准。法国的相应机构为国家计算机与自由委员会，该机构权力较大并有相当大的自主权。用来保护个人数据的有关标准也可以进一步延展到其他类型数据的保护上。德国联邦信息安全办公室和法国网络信息安全机构都已经发布了网络安全的相关标准。这些标准没有强制效力，仅作为建议使用。下一步将需要建立贯彻和遵守这些标准的管理机构。

推行强制性标准不管在德国还是法国都不是优先事项。它们的国家安全战略聚焦于关键信息基础设施，而网络战略同样如此。但法国并没有用于保护基础设施的专门经费。与此相比，德国在2009—2011年间有2350万欧元的预算用于信息基础设施防护，在周边国家中投入资源最多。因此，这些国家的网络战略与国家战略具有一致性，但法国在资源分配上仍有些脱节。

法国在国家安全战略中阐述的另一个担忧是数据流动缺乏管控从而损害其国家主权。这一担忧没有体现在网络安全战略里，但是却体现在一系列相应的管控措施上。首先，根据《三振出局法》，互联网服务提供商被要求对知识产权侵犯加以管理，这种做法有损隐私权和保密性。其次，法律授权警察部门监听通讯以打击有组织犯罪活动。

为何互联网服务提供商的参与会损害隐私权呢？根据欧洲电子商务指令，互联网服务提供商仅仅是信息的"传递者"。《三振出局法》的规定实际上超出了这一职能。英国网络安全战略同样想对网络提供商提出要求，即监控网络流量并在出现可疑迹象时提醒用户注意。在 2001 年颁布的《反恐、犯罪与安全法案》授权下，目前政府已能够要求网络提供商上交某一用户的过往通讯信息（包括通讯内容）。将个人通讯对象、使用的通讯协议等信息细节拼拢起来，便能成为重要的信息来源，几乎等同于直接获取信息内容。而这显然损害了个人隐私。

国家对隐私的侵犯则更甚。法国、德国和英国都对合法截取通讯信息作出了类似规定。以上三国都是布达佩斯网络犯罪公约的参与国。按该公约精神，破坏信息系统保密性、完整性和可用性的行为都应被视为犯罪。法国网络安全战略中更是将提高数据的保密性作为四大基本目标之一。那么一方面要维护网络安全，另一方面又打破网络安全的保密性，这岂非自相矛盾？

最后，法国在其国家战略中表示要加强网络战的进攻能力。在网络安全战略中，法国进一步提出要成为网络防御上的超级大国。其所使用的"国防"一词明显带有军事意味。这也是在官方网络战略中提及网络空间军事化的唯一国家。法国国防部网站将网络战定义为"针对军方、国家（及其基础设施）和企业发动的带有政治目的的网络攻击"。法国为达到这一目标投入了怎样的资源呢？根据迈克菲 2009 年的一份报告，法国是前五位拥有进攻性网络战能力的国家之一。但目前在其官方文件或是媒体报道中，都尚未披露其是否在军队中设立了网络作战中心或是其他行动部门。

与此同时，英国和德国也出现了军事化迹象。英国的"国防网络行动小组"拥有 350 名研究人员，负责开发、测试和确保足够的网络能力以保障国防部的网络系统，并作为传统军事能力的补充。媒体也报道了军方对于发展进攻性网络能力的认可。德国则设立了信息与计算机网络的行动部门，在 2009 年时有 74 名雇员。法国的网络战略与其国家安全战略在理念上具有一致性，但还需将更多资源投入关键基础设施的保护上。

聚焦于网络犯罪能够部分解决关键信息基础设施方面的问题，而且能减少网络攻击数量，从而增强企业安全并使上述三国更具商业吸引力。惩罚难以施行是网络安全的核心困境。消除这一困境就必须使相应人员承担起责任。也就是说，必须将网络犯罪分子（以及在某种程度上将网络产品的制造者）

纳入法律规制之下。从长远而言，这一战略能够起到威慑作用，并降低网络攻击的破坏性。那么德国、法国和英国应当如何实施这一战略呢？

四、通过打击网络犯罪来解决网络不安全

积极的防御体系必须抢在威胁之前。补丁修复或是开发技术产品来保护基础设施并不属于积极防御体系的内容，而仅仅是试图减轻网络攻击的后果。与之相对，震慑犯罪分子则是实施积极防御的重要环节。这可以通过降低犯罪分子的犯罪几率来实现（例如从一开始便设计相对安全的技术），也可以通过增大犯罪分子被抓获的可能性来实现（也就是要增加对执法机构的投入）。

德国在 2005 年是唯一将网络攻击增多作为加大网络安全投入理由的国家，也是目前唯一记录着警方解决的网络犯罪数量和开销等信息的国家。2010 年登记在案的案件里许多都是网络诈骗类型（45%），涉案金额估计达到 6100 万欧元。这一金额尚不足以构成国家层面的安全威胁。网络犯罪的代价相比 2009 年的 3700 万欧元已有较大上升。每个州均设立了网络警察部队，而联邦层面另有 45 名网络警察。人力资源的配置与前述网络犯罪的公共成本基本相适应，但却体现不出国家安全威胁的重要性。

另一方面，英国则可能过高估计了网络犯罪的代价，因为英国的评估不是直接来自上报警方的案件。尽管在 2010 年英国仅出现了 7 起针对网络犯罪的判决，但当年估计的公共损失却高达 270 亿英镑。然而，英国国家网络安全项目中拨付给网络犯罪警察部门的经费仅为 4 年 3000 万英镑，涉及警力104 人。这样的资源配置方式显然与官方文件中做出的网络犯罪状况评估不相吻合。英国 2011 年的网络战略里将打击网络犯罪作为首要目标。网络犯罪部门和严重组织犯罪机构都是打击网络犯罪的重要部门，同时英国正在部署到2012 年正式运转的地方行动部门。部署和训练更多警力，来调查网络犯罪活动和运用电子取证等技术将是有效方案之一。就目前而言，网络事件调查的成本相当高昂。这意味着只有那些涉案金额较大的案件才会启动调查程序，而其他案件则被搁置一旁。如果要震慑那些小打小闹的犯罪分子，则必须将

打击网络犯罪的目标进一步扩大。

法国在应对网络犯罪问题上同样力度有限。仅法国没有在其网络安全战略中提及网络犯罪问题。在 2000 年法国设立了应对信息和通信技术犯罪的中央办公室。2008 年当时的国防部长起草了一份路线图，但从未公之于众。尽管法国也承认保留网络犯罪变化发展的相关数据信息非常重要，公开显示的最近数据却还是 2003 年的。在这一点上，资源配置似乎走在了政策规划前面：法国议会决定在 2010 年拨付 3200 万欧元以打击网络犯罪问题。

法国、德国和英国审理的 55 起案件涉及触犯网络犯罪法律，其违法行为可分别定性为破坏信息系统的保密性、完备性或是可用性。这当中大部分案件（63%）都属于破坏保密性的类型。这一比例与英国估计的网络犯罪的损失大致相当，该估算将 63% 的损失归结于知识产权失窃和商业情报活动（也就是对保密性的破坏）。

因此，对保密性的保护应当成为网络战略的实施重点。政府在一定程度上将关注点放在了关键信息基础设施上，但针对这类设施的攻击尚属杞人忧天。工业控制系统中占主导的是控制进程的数据交换。即使保密性遭到破坏，只要完备性和可用性未受影响，信息系统仍能够正常运转。本文已经强调，当前的主要趋势是信息窃取。企业才是这类活动的主要目标，而不是关键基础设施。这一问题必须从源头上加以解决，也就是网络犯罪活动。

表 2 法国、德国和英国涉及破坏保密性、完备性和可用性的案件数量

	保密性（%）	完备性（%）	可用性（%）
法国	9（53）	7（41）	6（35）
德国	5（45）	1（9）	3（27）
英国	20（77）	1（4）	9（33）
总计	34（63）	9（17）	18（33）

五、结论

　　法国、德国和英国都在其国家安全战略中采取举措来保护网络空间不受侵害。但采取这些举措的理由却显得不够充足。这些国家的网络安全战略与国家安全战略基本衔接，但配置的资源却与描述的威胁程度不相匹配。这些网络战略中也没有给打击网络犯罪以足够重视。增强欧洲信息系统防御需要重点关注两个因素：一是网络攻击者。在这一点上，必须进一步强化执法部门以打击网络犯罪。二是那些生产不安全的网络产品的制造者们。

　　网络产品必须从设计之初就具备足够的安全性能。生产者必须受到法律约束，避免生产安全性能较为脆弱的产品。一些网络安全生产商在与用户的协议中加入了免责条款，这类协议应纳入欧洲电子商务指令中管辖。欧洲关于消费合同中的不公平条款的相关规定可以适用于这类案例，因为其将责任转嫁给消费者，从而构成不公平合约。

　　在目前情况下，很少有人会认为网络产品缺乏安全性是什么严重缺陷。因为大家普遍认为网络产品总是不安全的。但这不应该成为一成不变的规范。增加网络安全的需求，将能够改变用户以及网络产品生产者的认知。但这一供给关系的再平衡不会是自发形成的。市场已表现出它在提供网络安全上的无能为力。因此，依赖企业来解决网络安全问题不是有效出路，国家必须加大对这一问题的干预力度。如果政府确实相信它们对威胁做出的评估，那么没有什么理由不采取进一步行动来改善现状。

　　政府对现状的评估受困于缺乏客观可信的数据。事实上，政府有能力收集此类数据，而不受那些想要极力渲染网络威胁的生产商的利益左右。政府与公众对网络威胁的认知是相互关联的。本文并未对公众的网络威胁认知做过多探讨。对这一问题的研究将是下一步的研究方向，这将为理解公众与政府围绕网络安全议题展开的互动提供参考。

参考文献

Agence nationale de la securite des systemes dinformation & Direction generale de la moderni-sation de lE'tat (2010), Referentiel General de Securite [General security framework], Paris: ANSSI.

Assemblee nationale (2009), *Avis Tome VIII Securite* [Report Book VIII Security], Paris: Assemblee Nationale.

Breton, T. (2005), *Chantier Sur la lutte Contre la Cybercriminalite* [*Policies to tackle cy-bercriminality*], Paris: La documentation francaise.

Brito, J. and Watkins, T. (2011), *Loving the cyberbomb? The danger of threat inflation in cybersecurity policy*, Arlington: Mercatus Center, George Mason University.

Bundesamt fur Sicherheit in der Informationstechnik (2005), *Die Lage der IT-Sicherheit in Deutschland 2005* [The situation of IT security in Germany], Bonn: BSI.

Bundesamt fur Sicherheit in der Informationstechnik (2008), *BSI-Standard* 100 – 1, 100 – 2, 100 – 3, 100 – 4 [Standards from the BSI number 100 – 1, 100 – 2, 100 – 3], Bonn: BSI.

Bundeskriminalamt (2010), Cybercrime Bundeslagebild 2010 [Cybercrime: a federal over-view of the 2010 situation], Wiesbaden: BKA.

Bundesministerium der Finanzen (2010), Bundeshaushalt Einzelplan 06 [(Federal budget-section 06)], Berlin: BMF.

Bundesministerium der Verteidigung (2006), " Weißbuch 2006 zur Sicherheitspolitik Deutschlands und zur Zukunft des Bundeswehr [The 2006 white paper on German Security Policy and the Future of the Bundeswehr]", Bundesministerium der Verteidigung, ed. Berlin: BMV, p. 149.

Bundesministerium des Innern (2005), *Nationaler Plan zum Schutz der Informationsinfras-trukturen* [National plan for information infrastructure protection], Berlin: BMI.

Cabinet Office (2008), *The National Security Strategy of the United Kingdom Security in an Interdependent World*, London: Cabinet Office.

Cabinet Office (2009), *Resource Accounts 2009 – 2010*, London: Cabinet Office.

Cabinet Office (2011), *The UK Cyber Security Strategy Rotecting and Promoting the UK in a digital World*, London: Cabinet Office.

Cabinet Office & Detica (2011), *The Cost of Cyber Crime*, London: Cabinet Office.

Clarke, R. A. and Knake, R. K. (2010), *Cyber War: the Next Threat to National Security and What to Do about It*, New York: Ecco.

Club de la securite des systemes d'information francais (2008 – 2010), *Menaces Informatiques et Pratiques de Securite en France* [Information systems threats and security practices in France], Paris: Clusif.

Council of Europe (1993), "On unfair terms in consumer contracts", *Official Journal of the European Communities*, L 095, 2934. 93/13/EEC.

Council of the European Union (1985), "On the Approximation of the Laws, Regulations and Administrative Provisions of the Member States Concerning Liability for Defective Products", *Official Journal of the European Communities*, L 141, 2021. 85/374/EEC.

Deibert, R. (2011), "Tracking the Emerging Arms Race in Cyberspace", *Bulletin of the Atomic Scientists*, No. 67, pp. 1 – 8.

Deudney, D. (1990), "The Case Against Linking Environmental Degradation and National Security", *Journal of International Studies*, No. 19, pp. 461 – 476.

Die Beauftragte der Bundesregierung fur Informationstechnik (2011), IT-Investitionsprogramm Wirtschaft starken Verwaltung verbessern [IT investment programs Strengthening the economy Improving the administration]. Berlin: CIO

Espiner, T. (2009), "Britain to Get Official Cyber Attack Dogs", *ZDNet*, 25 June.

European Commission (2001), *Network and Information Security: Proposal for a European Policy Approach*, Brussels: European Commission.

European Parliament and Council (2000), "On Certain Legal Aspects of Information Society Services, in Particular Electronic Commerce, in the Internal Market (Directive on electronic commerce)", *Official Journal of the European Communities*, L 178, pp. 1 – 16, 2000/31/EC.

European Parliament and Council (1995), "On the Protection of Individuals with Regard to the Processing of Personal Data and on the Free Movement of Such Data", *Office Journal of the European Communities*, L 281, 31 – 50, 95/46/EC.

European Police Office (2007), *EU Terrorism Situation and Trend Report*, The Hague, the Netherlands: Europol.

European Police Office (2009), *EU Terrorism Situation and Trend Report*, The Hague, the Netherlands: Europol.

Fottrell, M. (et al) (2007), *Live Free or Die Hard*, Beverly Hills, CL: 20th Century Fox Home Entertainment.

Hansen, L. and Nissenbaum, H. (2009), "Digital Disaster, Cyber Security, and the Copenhagen School", *International Studies Quarterly*, No. 53, pp. 1155 – 1175.

Heise Online (2005), "Sober-Wurm tarnt sich als Benachrichtung zur WM-Ticket-Auslosung ", http://www.heise.de/newsticker/meldung/Sober-Wurm-tarntsich-als-Benachrichtung-zur-WM-Ticket-Auslosung-2-Update-158190.html.

HM Treasury (2008), *Budget 2008 Stability and Opportunity: Building a Strong, Sustainable Future*, London: The Stationery Office.

Hopkins, N. (2011), "UK Developing Cyber-weapons Programme to Counter Cyber War Threat [online]", http://www.guardian.co.uk/uk/2011/may/30/military-cyberwar-offensive.

Intelligence and Security Committee (2011), *Annual Report* 2010 – 2011, London: Cabinet Office.

International TelecommunicationUnion, 2011. ICT eye. Geneva: ITU.

Lesk, M. (2007), "The New Front Line", *IEEE Computer Society*, No. 5, pp. 76 – 79.

Levy, M. A. (1995), "Is the Environment a National Security Issue?", *International Security*, No. 20, pp. 35 – 62.

Lorents, P. and Ottis, R. (2010), "Knowledge Based Framework for Cyber Weapons and Conflict", In C. Czosseck and K. Podins (eds.), *Conference on Cyber Conflict*, 15 – 18 June, Tallinn, Estonia. CCD COE Publications, pp. 129 – 142.

McAfee (2009), *Virtual Criminology Report* 2009 *Virtually Here*: the Age of Cyber Warfare, Santa Clara: McAfee.

McAfee (2011), *McAfee Threats Report*: *third Quarter* 2011, Santa Clara, CA: McAfee.

McMurdie, C. (2011), *What does 'Secure' look like? Cyber Challenges for National Security*, London: Royal United Services Institute.

Ministry of Justice (2008), "Criminal Justice Statistics in England and Wales: Supplementary table", Vol. 1, s. Magistrate Court-Part 3, London: Ministry of Justice.

Ministry of Justice (2010), "Criminal Justice Statistics in England and Wales: Supplementary table", Vol. 1, s. Magistrate Court- Part 3, London: Ministry of Justice.

Moussu, N. (2011), Plongee dans la cyber-terminologie. Ministere de la defense et des anciens combatants, http: //www. defense. gouv. fr/actualites/dossiers/sept-2011-cyberdefense-enjeu-du-21eme-siecle/cyberespace/voir-lesarticles/plongee-dans-la-cyber-terminologie.

Quinault, J. (2011), *Delivering the National Cyber Security Strategy*, London: Royal United Services Institute.

Rid, T. (2012), "Cyber War Will not Take Place", *Journal of Strategic Studies*, No. 35, pp. 5 −32.

Russinovich, M. E. (2011), *Zero Day*, New York: Thomas Dunne Books.

Sarkozy, N. (2008), *Defense et Securite Nationale-Le Livre Blanc* [*Defence and National Security: the White Paper*], Paris: Odile Jacob.

Senat (2008), "Projet de loi de Finances Pour 2008: Direction de l'action du Gouvernement", http: //www. senat. fr/rap/l07 −091 −310/l07 −091 −3106. html.

Spiegel Online (2009), "Bundeswehr Baut Geheime Cyberwar-Truppe auf ", http: // www. spiegel. de/spiegel/vorab/0, 1518, 606095, 00. html.

Sternstein, A. (2011), "Pentagon Seeks ＄3. 2 Billion for Revised Cyber Budget", http: //www. nextgov. com/nextgov/ng_20110324_2474. php.

Villepin, D. D. (et al.) (2006), Arrete du 2 juin 2006 fixant la liste des secteurs d'activites d'importance vitale et designant les ministres coordonnateurs desdits secteurs [Decree from the 2 June 2006 setting the list for sectors of critical importance and appointing the ministers coordinating these sectors]. Journal Official, 129, 8502.

The White House (2003), *The National Strategy to Secure Cyberspace*, Washington, DC: The White House.

GGS　互联网全球治理

Global
Governance
Series

第四部分 ｜ 中国和互联网全球治理

在私人控制时期，中国对全球互联网
治理的影响[*]

［法］塞维莉娜·阿尔塞娜　著　　　邹卫中　译[**]

过去十年，中国成为国际互联网最重要的参与者之一。中国不仅拥有数量最多的网民（至 2012 年 1 月有 5.13 亿人[①]），并且像中兴（ZTE）、华为（Huawei）这样的中国企业也在互联网基础设施和移动设备行业发挥着领导作用。中国金融机构大力支持中国企业"走出去"，为大型基础设施工程，尤其是电信行业提供资金扶持。此外，中国政府和其他私有企业在互联网治理研讨会上，如互联网名称与数字地址分配机构（ICANN）、互联网治理论坛（IGF），扮演着愈发重要的角色。

在本文中，我认为中国主张国家主权高于互联网和现存的被称之为

---

　*　本文是教育部人文社会科学研究一般项目"自由与控制：网络民主的困境及其新路"（批准号 14YJCZH237）的阶段性成果。本文原载于"Chinese Internet Research Conference，May 2012，Los Angeles，United States."https：//hal. archives-ouvertes. fr/hal－00704196v1。

　**　作者简介：塞维莉娜·阿尔塞娜（Severine Arsene），法国巴黎政治大学政治学博士、美国乔治敦大学驻校研究员。译者简介：邹卫中，常州大学江苏省中国特色社会主义理论研究基地。

　①　中国互联网络信息中心：《中国互联网发展统计报告》，2012 年 1 月，http：//www.cnnic.cn/dtygg/dtgg/201201/t20120116_23667. html。

"中国超级防火墙"的审查制度可能都让人误读了。中国作为一个互联网的中心参与者，其发展的主要风险，不是创造了一个与世隔绝的中国"内联网"。正相反，在国际互联网生态系统中，中国逐渐增长的压倒性的存在感和影响力才是最令人担忧的。因此，一个核心问题是，如何从技术标准和"道德"准则方面来评估中国在全球范围的互联网领域中可能采取的新规范的影响力。

中国互联网影响力发生演变的环境是，对于互联网的掌控越来越多地落在私人参与者和私人企业之手。的确，越来越多的国家通过立法把控制网络出版的责任转嫁给服务供应商。服务供应商的使用条款和编辑选择受全世界的影响，这通常就会导致司法依据不明。在这种背景中，基于中国的企业或多或少与中国政府有关联的事实，一些中国企业正逐渐成为电信行业中的全球领导者。这一事实也许会对网络中立、网络安全、言论自由等一些重要问题产生重大影响。

为探讨中国影响全球互联网治理的各个维度，本文将分为四个部分。第一部分，首先描述中国对在线活动的"自律"控制策略。第二部分，分析这种控制策略是如何与中国政府捍卫互联网主权相联系的。第三部分，我们将通过中国政府对中国企业的支持，研究中国的网络影响力超越国界的情况。最后，在网络日益私有化且一种新的地缘政治正在发展的背景下，分析这种影响的风险。

一、互联网管理在中国，以自律换取现代化

2010 年由中国政府出版的《中国互联网白皮书》① 中，中国领导人清楚地表明，把互联网作为一个重要的发展引擎以及提升国家实力的工具。中国政府鼓励"使用互联网以促进经济和社会发展，提升公共服务水平，方便人们的工作和生活"。中国政府计划为"互联网基础设施建设注入巨额资金"，

---

① 《白皮书：中国互联网》，2010，http：//china. org. cn/government/whitepaper/node_7093508. htm。

以"确保中国 99.3% 的城镇和 91.5% 的村庄能够联网"。为此，中国领导人感到十分骄傲。

在中国人看来，互联网代表着一种更现代化、更富裕的生活方式。这对坚持中国共产党领导的政治体系的稳定起着至关重要的作用。因为互联网连通不仅是这种生活的一部分，也是促进经济发展的重要工具。因此，促进公民使用互联网是中国共产党的必要之举。

在官方讲话中，此承诺很明显取决于中国共产党对于互联网活动保有一定的管理权和审查权。这是社会契约的一部分。在此契约中，中国共产党承诺给人民更好的生活来保持社会稳定。

"自律"方式的实施是符合这个逻辑的。尽管在中国最广为人知的互联网审查是通过"超级防火墙"过滤数据和阻止访问关键外国网站，但是，事实上大部分的管理是由互联网参与者自己实施的。中国的互联网审查主要是基于中介责任的原则，即网络服务供应商对本平台用户的网络发布负责。他们雇用员工使用过滤系统以删除敏感词，并查找可能会引发问题的言论，以确保在本平台上没有发布敏感内容。此外，"实名登记系统"逐步推广到所有流行的社交媒体（最近应用到微博）以阻止网民匿名发表颠覆性言论。这使网民感到害怕，他们担心因"颠覆国家政权"而被逮捕或指控，所以自我审查。

这种审查制度并非完美无缺。反审查的策略有很多，如使用代理服务器访问某些被禁止访问的网站，玩弄文字、图片、符号和双重含义，使人们能"对权力说真话"①。信息传播的速度之快使得丑闻不可能被掩盖。最重要的是，控制最终是个人——识别存在潜在威胁话题的警察、行政管理人员，互联网服务提供商雇用的版主，进行自我审查的互联网用户——根据自己对情况的理解和评价来做出决定，因而产生一些错误的判断或有争议的判断，使一些敏感话题不时地登上首页。因此，中国政府部门正在制定更复杂和完善

---

① Ashley Esarey and Qiang Xiao（2008），"Political Expression in the Chinese Blogosphere：Below the Radar"，*Asian Survey*，Vol. 48，No. 5，pp. 752 – 772.

的策略，来监测和影响公众的观念①，而不只是审查内容。

在这里我想说的是，中国大部分的互联网管理依赖于个人遵守中国共产党推动的社会契约。换句话说，管理的基础及其在日常生活中的实施方式可以解释为一种"治理"形式，即个人进行自我控制和支配。②

官方话语中对"自律"这一概念的坚持，无疑是中国互联网管理方面的一个指示。中国政府强烈建议互联网服务提供商加入如中国互联网协会之类的一些组织，由这些组织发布、传播非正式的审查纲领，并签署中国互联网行业自律公开承诺之类的自律章程。③宣传也在不断提醒网民抵制潜在的社会混乱和网络犯罪，坚持自身"文明"上网。

互联网自律可以用多方面的因素来解释，如恐惧，或者倾向稳定，特别是由于自我审查使个人不知道别人会在什么程度上打破现状。但这也是有限度的。每当控制过度，或损害了互联网接入带来的利益时，网民会毫不犹豫地表达不满。例如，在2009年中国政府试图在中国销售的所有计算机上强制安装一个名为"绿坝—花季护航"的过滤软件，此计划在网民的强烈反对下未能实施。④

理解中国这种契约性质的网络管理对于分析中国在全球互联网治理中的地位和出现越来越多的中国互联网公司的风险非常重要。事实上，中国承诺通过新技术和互联网络建设一个更加现代化、舒适的社会，由于担心破坏这一承诺，中国不可能建立一个与世隔绝的中国"内联网"；相反，中国正在倡导国内互联网主权，提高海外国有公司的收益，使他们确保其自律模式的可

① David Bandurski (2008), "China's Guerrilla War for the Web", *Far Eastern Economic Review*. (http://74.125.155.132/scholar? q = cache：CmJr6nHw4qMJ：scholar. google. com/ + bandurski + david&hl = fr&as_sdt = 2000)

② Michel Foucault (2010), *The Government of Self and Others: Lectures at the College De France, 1982 - 1983*, Palgrave Macmillan.

③ Launched in 2002 and signed by more than 300 signatories, "Chinese Sites Agree to Censor Content", The Guardian, 07/16/2002. (http://www.guardian.co.uk/technology/2002/jul/16/onlinesecurity.internetnews)

④ Tom Doctoroff (2009), "China's Digital Green Dam：The Party Capitulates", *Huffington Post*, 06/30/2009. (http://www.huffingtonpost.com/tom-doctoroff/chinas-digital-greendam_b_223535.html)

持续性。

二、中国，互联网主权和全球互联网治理

虽然中国的目标不是建立一个孤立的互联网络，中国共产党选择的管理方式仍要求将互联网基础设施的定义和实施，中国互联网用户的行为法规和准则，掌握在中国政府手中。

在国内，这意味着中国政府坚决反对任何对他们管理互联网行为的干涉。《中国互联网白皮书》将网络管理与网络主权这两个概念直接联系起来。"中国的互联网主权应该得到尊重和保护。中华人民共和国公民及在中华人民共和国境内的外国公民、法人和其他组织在享有使用互联网权利和自由的同时，应当遵守中国法律法规、自觉维护互联网安全。"

在全球范围内，这种情形与现在互联网产业盛行的多方利益攸关方共同参与的治理模式不相融合。如今，有关全球互联网的一些重要政治科技决定不仅仅由政府代表决定，也由工程师、非营利组织的成员、说客以及非政府的个人等"多方利益相关方"来决定。例如，技术标准的详细说明必定是由国际互联网工程任务组（IETF）颁布，他们自我宣称是"管理松散的一群人"，"不是一个公司，他们没有董事会，没有成员，没有收益"。域名系统则由互联网名称与数字地址分配机构（ICANN）管理，它被认为是多方利益攸关方组织的先驱，由非政府的私人部门、非营利部门的代表组成。2005 年在突尼斯举行的信息社会世界峰会（WSIS）上，建立了互联网治理论坛，所有不同类别的利益相关者都可以在此讨论互联网治理的话题。①

总的来说，尽管这一治理模式似乎更加包容，但是它还是具有相当程度

---

① On multi-stakeholderism：Wolfgang Kleinwächter（ed.）（2011），*Internet Policy Making*，Collaboratory discussion paper series no. 1；Jeremy Malcolm（2008），*Multi-Stakeholder Governance and the Internet Governance Forum*，Perth：Terminus Press；Milton L. Mueller（2010），*Networks and States：the Global Politics of Internet Governance*，*Information Revolution and Global Politics*，Cambridge，Mass.；London：MIT Press.

的试验性，而且引发了新的问题。最明显的问题是每一方应拥有多大的话语权，要达到哪种程度的全体一致才可以使决策生效，或者自称的利益相关者对于其他的社会成员具有多大程度的代表性。

中国和其他发展中国家对这种组织持批判态度，认为其是支撑美国及西方霸权的工具。首要的是，参与组织的经费由发达国家提供，利益相关者有更多资源积极进行调查和游说活动。此外，由于 ICANN 总部设在加利福尼亚州，和美国商务部有备忘录联系。① 他们也质疑 ICANN 这种组织的独立性。

中国特别反感不结盟的 ICANN 对台湾国际地位的说法。由于台湾以政府身份出席 ICANN "政府咨询委员会"，从 2001 年到 2009 年，中国拒绝派出代表参与该委员会。直到 2009 年，ICANN 妥协，台湾更名为中国台北出席会议，中国才再次开始向 ICANN 派出代表。

此外，继 IGF（互联网治理论坛）成立五年后，中国曾在 2010 年对其重新授权的决定予以反对。② 虽然 IGF 的授权最终得以更新，但是中国似乎在尝试加强政府间的互联网治理，推动将互联网治理置于联合国的职责范围内。

除了这些具体的批评外，中国坚持互联网主权的见解总体上与多重利益相关主义的原则相左。中国政府的主要目标是成为中国人民在国际舞台上的唯一合法代表。因此，中国主张互联网的治理在政府间开展。

以 2011 在法国举行的 e－G8 峰会和 2012 伦敦会议为例，越来越多的国家关注网络安全和网络执法方面的问题，中国不再是唯一倡导网络主权和政府间对话的国家。然而，由于这不是对话体系中的一部分（中国不是 G8 成员），中国对这种形式的会议并不是特别满意。另一个例子是 40 个国家讨论防伪贸易协定，中国、印度、巴西等重要国家没有参与。

因此，中国政府将联合国视为全球互联网治理的理想组织。中国在白皮书中写道："中国认为联合国在国际互联网管理中的作用应该得到充分的发

---

① http：//www. ntia. doc. gov/page/docicann-agreements.

② Rebecca MacKinnon（2009），"China Calls for an end to the Internet Governance Forum"，R Conversation，05/14/2009. （http：//rconversation. blogs. com/rconversation/2009/05/china-calls-for-an-end-to-theinternet-governance-forum. html）

挥。中国政府支持通过民主程序建立一个权威的、公正的联合国体系下的国际互联网管理组织。"

基于此种考量，2005 年在突尼斯举行的信息社会世界峰会（WSIS）上，中国政府尝试在联合国的框架下，将互联网名称与数字地址分配机构（ICANN）的职责转移给国际电信联盟（ITU），然而这一尝试没有成功。国际电信条例（ITRs）可追溯到 1988 年，2012 年重新协商，借此机会中国试图扩大国际电信联盟在网络安全和域名系统领域中的作用。①

这一框架也可以让中国政府和其他国家，遏制那些对全球互联网治理持有异议的声音。丽贝卡·麦康瑞（Rebecca Mackinnon）是一名新闻记者，中国问题专家，以及崇尚互联网自由的激进分子。她在 2005 年举行的突尼斯峰会期间，有过类似经历。她本应该是一个专题研讨会的主持人。尽管研讨会在之前已经得到官方授权，并且会议组织者安排好了议程，但研讨会还是被突尼斯政府以不符合会议总议题——"信息与通信技术促发展"的理由驳回。在荷兰大使的干预下，该讨论会最终得以举行，但是不允许进行宣传。②

中国政府显然在倡导互联网治理方案，这将保证其对中国网络活动的管辖权，确保其作为中国互联网用户利益的唯一合法代表的地位。但是他们无意构建一个与世隔绝的所谓"内联网"。在当前的治理体系下，他们捍卫利益的务实方式证明了这一点。

三、中国政府的管理已越过国界

尽管中国政府不赞成多方利益相关主义，但也积极参与现有的组织来捍

---

① Robert McDowell（2012），"The U. N. Threat to Internet Freedom"，WSJ. com，02/21/ 2012.（http://online. wsj. com/article/SB10001424052970204792404577229074023195322. html）；Ben Woods（2012），"Schmidt: UN Treaty a 'Disaster' for the Internet"，ZDNet UK，02/29/2012.（http: //www. zdnet. co. uk/news/regulation/2012/02/29/schmidt-un-treatya-disaster-for-the-internet-40095155/）

② Rebecca MacKinnon（2012），*Consent of the Networked: The Worldwide Struggle for Internet Freedom*，Basic Books，2012，p. 203.

卫中国的利益。

2009 年，当互联网名称与数字地址分配机构（ICANN）开始一系列非常重要的关于域名系统的谈判时①，中国代表又一次参加了 ICANN 政府咨询委员会。其中一个重要议题是建立"国际化顶级域名"，换句话说，就是用非拉丁语脚本来书写域名。在 2010 年，中国迎来了建立国家代码顶级域名（ccTLD）"．中国"（．China）的加速发展阶段，使其能够用中文的统一资源定位符（URL）为上海世博会建立网址："http：／／上海世博会．中国"。另一个重要议题是在 2012 年建立一套新的"通用顶级域名"（gTLDs），如"．运动"或者"．音乐"，也可能是像"．海尔"这样的商标，或者是国际化的通用顶级域名如"．教育"②。

事实上，中国早在 2006 年已经实行了只可适用于中国的中文域名系统，例如，"．中国"，"．公司"，"．网络"等域名，以及子域如"com．cn"。③ 这次首创开始被认为是创建中国内联网的一步。但是，中国参与创建国际化域名的全球系统强调了他们的定位更复杂的事实。通过提供成长性机会，网络成为中国政府来加强自身合法性策略的中间一环。对中国政府而言，中国政府能够从这些"网络领域"中获得相当大的利益，能够维护好中国公司、社团和商标的利益。与此同时，中国政府能够超越中国国界，对一些中文在线活动施加中间责任的影响。因此，一个关键问题就是有多大比例的新国际通用顶级域（gTLDs）将由中国登记者管理［通过中国互联网网络信息中心（CNNIC）］，并在某种意义上处于中国监管。

同时，中国通过发展自身的技术标准，并采用对中国公司有利的全球标准来扩大对全球互联网的影响力。这样做的动机是要减少中国对国外模式的

---

① Rebecca MacKinnon（2009），"China @ ICANN：Thoughts from Former CEO Paul Twomey"，R Conversation，07/03/2009.（http：//rconversation.blogs.com/rconversation/2009/07/china-icann-thoughts-fromformer-ceo-paul-twomey.html）

② More than 1200 applications have been received by the ICANN so far.（http：//newgtlds.icann.org/en）

③ Rebecca MacKinnon（2006），"China's New Domain Names：Lost in Translation"，Circle ID，02/28/2006.（http：//www.circleid.com/posts/chinas_new_domain_names_lost_in_translation/）

依赖，并且在可能的情况下，从中国本土技术中获取特许权使用费，例如中国大量投资开发像 Ipv6 协议之类的技术，中国于 1998 年在中国教育和科研计算机网（CERNET）上开放了测试平台，并用此协议运行了 2008 年奥运会信息系统。① 中国也可以利用自身市场的吸引力，促使那些想在中国经商的公司接受中国的标准。例如，2003 年，中国当局考虑强行在中国销售的所有无线局域网设备上，使用无线局域网认证标准和保密基础结构（WAPI）。这被认为是在中国市场开展贸易的技术壁垒，也与 WTO 的规则相矛盾②。这种标准的强制使用最终被一种简单的"优先权"所取代，但是中国并没有放弃这一标准。在 2006—2009 年间，中国将它递交给 ISO（国际标准化组织）（未成功），并在 2008 年的奥林匹克运动会上展示。另一个例子也可说明中国严守有利于本土公司发展的准则，他们以与 IETF（国际互联网工程任务组）及 ITU（国际电信同盟）这两个组织的关系作为代价，极力支持采用 MPLS（多协定标签交换）标准。③

借助专利技术，中国在征服国外市场的过程中处于一个更有力的地位，尤其是在那些新兴基础设施不那么依赖先前技术选择的发展中国家。中国两大电信巨头，华为和中兴，在中国进出口银行的经济支持下，正在埃塞俄比亚、安哥拉和坦桑尼亚等国家建立主干互联网和无线网络。④ 中国互联网和手机服务提供商，中国电信和中国移动，也正在积极拓展发展中国家和欧美等

---

① Laura DeNardis (2009), *Protocol Politics: the Globalization of Internet Governance, Information Revolution and Global Politics*, Cambridge, Mass.: MIT Press, p. 110.

② Christopher Gibson, "Technology Standards-New Technical Barriers to Trade?", Sherrie Bolin (ed.) (2007), *The Standards Edge: Golden Mean.* (http://papers.ssrn.com/sol3/papers.cfm?abstract_id=960059)

③ Iljitsch van Beijnum (2011), "ITU Bellheads and IETF Netheads Clash over Transport Networks", ars technica, 03/03/2011. (http://arstechnica.com/techpolicy/news/2011/03/itu-bellheads-and-ietf-netheads-clash-over-mpls-tp.ars)

④ Andrea Marshall (2011), "China's Mighty Telecom Footprint in Africa", E-learning Africa, 02/21/2011. (http://www.elearning-africa.com/eLA_Newsportal/china%E2%80%99smighty-telecom-footprint-in-africa/)

地的海外市场。①

无论网络安全风险的现实情况是什么，它都有可能掩盖另一个重要的风险，即在全球互联网上有越来越多的中国声音。很明显，这是 2011 年中国共产党十七届六中全会期间制定的、享有官方优先权的"软实力"战略的中心。② 通过发展模式、主导大部分中文域名、将中国企业作为最重要的事物来宣传中国技术的价值等，中国政权可能有能力影响对中国有利的全球舆论。

此外，因为这些举措可能会导致部分参与者依赖中国企业、专利、许可证和规定，可以发现一些自律行为也扩展到这些参与者身上。

四、私人控制下的网络地缘政治学

随着当今全球网络"私人控制"特点的出现，这一方面显得更为重要了。一小部分的互联网服务提供商集中了大量用户的网上活动、时间以及个人数据和社会网络。只要用户承诺遵守其条款，他们就对用户拥有了很大的权力。他们可以对一些他们认为不健康的内容进行检查，删除用户的账号，或者向第三方出售用户的私人信息，更重要的是，他们还可以单方面更改使用条款。有些服务甚至扮演了以前政府垄断的角色，比如保护用户身份或者是维护网络秩序。像苹果、脸书或谷歌这些公司都拥有大量的用户，对用户的生活影响很大，可以和实际的"国家"相匹敌了。③

但是，把虚拟的网络地带描述为完全脱离线下现实生活的世界也是不正确的。互联网服务提供商要受到许多地区法律规则的约束，如服务器所在地，

---

① Jonathan Browning et Edmond Lococo，"China Mobile Seeks Partners Abroad"，China Daily，02/16/2011.（http：//www. chinadaily. com. cn/bizchina/2011 – 02/16/content_12024698. htm）；"China Telecom Will Launch Mobile Services In UK"，China Tech News，01/11/2012. （http：//www. chinatechnews. com/2012/01/11/15975-china-telecom-will-launch-mobile-services-in-uk）

② David Bandurski（2011），"All in favor of Culture，Say 'Aye'"，China Media Project，10/26/2011.（http：//cmp. hku. hk/2011/10/26/16743/）

③ MacKinnon（2013），*Consent of the Networked：The Worldwide Struggle for Internet Freedom*，Basic Books.

域名登记地，雇员所在地及服务接入地。

无处不在的对于网络犯罪（色情文学，造假），网络安全（间谍行为，恐怖主义）以及滥用自由言论的担忧导致了更多的对互联网主权的关注和对网络活动更严格的规定。中间责任是政府控制网络活动的特许工具，尤其当执法受到其国际性的挑战时。在澳大利亚，当网络过滤的基本法仍未确定时，网络服务提供商被授权"主动"限制一系列的虐童网站。[①] 在印度，新德里高等法院要求21家公司审查可能触犯宗教信仰的网络内容。[②] 在意大利，谷歌的雇员因为允许在网上发布一个具有攻击性的视频而受到了缓刑六个月的判决。[③]

结果，像谷歌和推特之类的公司已经宣布要将过滤政策应用于各个国家。[④] 那些不能负担得起如此复杂系统的公司发现自己处于一种尴尬的境地，他们不得不遵从多重有时候甚至是矛盾的法律，或眼看着自己的网站在某些区域被禁止访问。

一些国家的规章制度的影响超越了地域的边界。比如美国每年直接从威瑞信（Versign）公司获取上百个域名，威瑞信公司是一家美国公司，管理着以".com"，".net"，".cc"，".tv"或".name"结尾的域名。[⑤] 因此，美国的法律适用于那些不属于美国公司，没有在美国建立，或没有被美国公民使用的网站。

换句话说，尽管很多人支持公开的、无国界和中立的互联网，网络现在

---

① Jennifer Dudley-Nicholson（2011），"Telstra, Optus to Start Censoring the Web Next Month", News. com. au, 06/22/2011.（http：//www. news. com. au/technology/internet-filter/telstraoptus-to-begin-censoring-web-next-month/story-fn5j66db-1226079954138）

② Emil Protalinski（2012），"Indian Court Forces Facebook, Google to Censor Content", ZDNet, 02/06/2012.（http：//www. zdnet. com/blog/facebook/indian-court-forces-facebookgoogle-to-censor-content/8643）

③ "Google Bosses Convicted in Italy", BBC, 02/24/2010, http：//news. bbc. co. uk/2/hi/8533695. stm.

④ Danny Sullivan（2012），"Twitter Now Able to Censor Tweets, If Required by Law, On A Country-By-Country Basis", Marketingland, janvier 26, 2012.（http：//marketingland. com/twitter-now-able-to-censor-tweets-by-country-4531）

⑤ David Kravets（2012），"Uncle Sam：If It Ends in. Com, It's. Seizable ｜ Threat Level｜ Wired. com", Wired, 03/06/2012.（http：//www. wired. com/threatlevel/2012/03/fedsseize-foreign-sites/）

处于一种地缘政治斗争的新形势，争夺如域名、搜索引擎、社交网站及其他网站等虚拟"领土"的主权。这样的后果就是互联网使用者受制于他们无法选择的技术选择、规章制度、行为代码和使用条款，并由那些没有民主合法性的人来做决定。①

我们能够理解中国在全球互联网治理中的定位，中国对互联网主权的倡导和中国为获得能在全球范围内访问的中文域名系统所做出的努力，以及在这种背景下为了发展专利技术所做的科研投入。尽管中国政府倡导互联网主权，使之能够对国内的网络活动实施十分严格的管理，但是中国政府的主要目标并不是把中国的互联网用户与国际互联网隔离开来，而是为了确保能在扩大的网络领土这一重要方面占据支配地位。

毋庸置疑，对中国地位的分析并不是要呼吁大家参与地缘政治斗争，或是与中国开展虚拟领土竞争，因为这样只会强化一种逻辑，即没有得到公民的同意就牺牲了他们的自由，而是呼吁更包容的、民主的且透明的全球互联网治理，从而确保其他普通民众获得客观中立的互联网以及在线言论自由。

---

① See MacKinnon, *Consent of the Networked: The Worldwide Struggle for Internet Freedom*, Basic Books. See also arguments by the Electronic Frontier Foundation. （https：//www. eff. org/ or La Quadrature du Net for example. http：//www. laquadrature. net/）

中国与全球互联网技术治理：北京应对 ICANN、WSIS 和 IGF 中 "多利益攸关方" 治理的方法[*]

[美] 特里斯坦·加洛韦　何包钢　著　　王　敏　译^{**}

一、引言

在过去的几十年里，互联网发展迅猛，在国家甚至全球社会的各个方面发挥着越来越重要的作用。自 20 世纪 90 年代末以来，各国已经逐渐认识到互联网的意义，并开始谋求在全球互联网治理中更重要的角色。[①] 全

＊　本文首次发表于 *China: An International Journal*，2014 年第 12 卷第 3 期，第 72—93 页。文章原名 "China and Technical Global Internet Governance：Beijing's Approach to Multi-Stakeholder Governance within ICANN，WSIS and the IGF"。

＊＊　作者简介：特里斯坦·加洛韦（Tristan GALLOWAY），迪肯大学人文与社会科学学院，他的研究兴趣包括国际关系理论、中国对外关系、网络治理与全球治理机制演进；何包钢，南洋理工大学人文与社会科学学院，公共政策和全球事务项目主任、教授，他的研究兴趣包括国际关系规范理论、亚洲区域主义、世界公民、全球正义、国际非政府组织、亚洲联邦主义、乡村公民、协商民主、中国民主化、中国政治、比较政治以及政治理论。译者简介：王敏，中国社会科学院研究生院世界经济与政治研究所博士研究生。

① Milton Mueller（2002），*Ruling the Root：Internet Governance and the Taming of Cyberspace*，Cambridge，MA：The MIT Press，ch. 9.

球各国越来越意识到，互联网技术治理是以美国为中心的、由一个不断发展的私营部门主导的、"多利益攸关方"的治理制度，这在一系列国际论坛上引发了关于全球互联网治理（GIG）的合理形式和范围的争论。①与互联网的成长和互联网全球治理的紧张局势并行的是中华人民共和国在国际社会中的强势崛起。随着中国重塑全球治理能力的增长和日益崛起的力量，与其他全球治理领域一样，中国在全球互联网治理领域的参与越来越重要。②随着中国的崛起，其倡导的治理模式已经对当今美国主导的、自由的全球互联网治理模式形成挑战。北京主张用以国家为中心的治理机制来取代现存的"多利益攸关方"全球互联网治理机制。然而，尽管中国政府热衷于制度改革，学术界解读中国政府参与全球互联网治理或展望其改革成功的却屈指可数。

关于中国政府参与全球互联网治理的英文文献主要集中在两个领域，一是探讨中国的非国家行为体在中国政府制定总体政策中的作用，一是探究中国参与国际互联网治理中的一些具体的治理问题。③除此之外，大多数论及中国政府参与全球互联网治理的论文没有具体聚焦到本文探讨的话题。然而，我们对中国参与全球互联网治理的认识存在巨大的鸿沟，

---

① Daniel Drezner（2004），"The Global Governance of the Internet：Bringing the State Back In"，*Political Science Quarterly*，Vol. 119，No. 3，pp. 477 - 498；Marcus Franda（2001），*Governing the Internet：The Emergence of an International Regime*，Boulder，CO：Lynne Rienner Publishers，2001，p. 74.

② Robert Ross and Zhu Feng（eds）（2008），*China's Ascent：Power，Security，and the Future of International Politics*，Ithaca，NY：Cornell University Press；Wang Hongying and James Rosenau（2009），"China and Global Governance"，*Asian Perspective*，Vol. 33，No. 3，pp. 5 - 39.

③ Warren Chik（2008），"Lord of Your Domain，But Master of None：The Need to Harmonize and Recalibrate the Domain Name Regime of Ownership and Control"，*International Journal of Law and Information Technology*，Vol. 16，No. 1，pp. 8 - 72；Park Youn Jung（2008），"The Political Economy of Country Code Top Level Domains"，PhD diss.，Syracuse University；Tso Chen-dong（2008），"Computer Scientists and China's Participation in Global Internet Governance"，*Issues & Studies*，Vol. 44，No. 2，pp. 103 - 144；Xue Hong（2004），"The Voice of China：A Story of Chinese-Character Domain Names"，*Cardozo Journal of International and Comparative Law*，Vol. 12，pp. 559 - 591；Hidetaka Yoshimatsu（2007），"Global Competition and Technology Standards：Japan's Quest for Techno-Regionalism"，*Journal of East Asian Studies*，Vol. 7，No. 3，pp. 439 - 468.

尤其是对中国政府政策的认识：针对"多利益攸关方"治理的原则、决策程序以及重塑"多利益攸关方"制度以便能够更好体现其政策偏好的潜力。这种遗漏主要是因为"多利益攸关方"治理是当代全球互联网治理的核心宗旨，一些评论员提到中国政府反对这一原则，但没有详细说明。①

　　只有两部学术作品具体阐述中国政府针对"多利益攸关方"全球互联网治理的政策，以及中国改革现行制度的可能性。刘杨钺有一篇文章谈到中国政府在全球互联网治理的参与，以及在何种程度上参与已经或可能影响这种治理结构，他认为中国对全球互联网治理改革的某些方面做出了贡献，未来随着力量增长有可能会做出更多贡献。② 弥尔顿·穆勒断言：中国不大可能成功地改革全球互联网治理中的"多利益攸关方"特性。③然而，这两个研究都没有对中国政府参与具体工作进行实证研究，而是将它放在一个广泛的全球互联网治理机构以及技术或非技术的全球互联网治理问题中来考察。从更广泛的关注角度出发，刘杨钺和弥尔顿·穆勒虽然论及中国

---

① Christopher Hughes and Monika Ermert (2003), "What's in a Name? China and the Domain Name System", in Christopher Hughes and Gudrun Wacker (ed), *China and the Internet: Politics of the Digital Leap Forward*, London: Routledge, pp. 127 – 138; Solana Larsen (2003), "The WSIS: Whose Freedom, Whose Information?", *Open Democracy. net*, pp. 1 – 5. (http://www. opendemocracy. net/democracy-ede-mocracy/article_1630. jsp > [5 April 2013]); Jeremy Malcolm (2008), *Multi-Stakeholder Governance and the Inter-net Governance Forum*, Perth, WA: Terminus Press, chs. 5 – 6; Milton Mueller (2010), *Networks and States: The Global Politics of Internet Governance*, Cambridge, MA: The MIT Press, ch. 6; Kevin Rogers (2006), "Internet Governance: The United States Won the Battle, but will the Internet Win the War?", *Hertford-shire Law Journal*, Vol. 4, No. 1, pp. 26 – 35, esp. 30 – 32; Jeremy Shtern (2009), "Global Inter-net Governance and the Public Interest in Communication", PhD diss. , Université de Montréal, pp. 74, 114, 130; Richard Winfeld and Kristin Mendoza (2008), "Does China Hope to Remap the Internet in Its Own Im-age?", *Journal of International Media & Entertainment Law*, Vol. 2, pp. 85 – 96, esp. 86.

② Liu Yangyue (2012), "The Rise of China and Global Internet Governance", *China Media Research*, Vol. 8, No. 2, pp. 46 – 55.

③ Milton Mueller (2010), "China and Global Internet Governance: A Tiger by the Tail", in Ronald Deibert, John Palfrey, Rafal Rohozinski and Jonathan Zittrain (ed.), *Access Contested: Security, Identity and Resistance in Asian Cyberspace*, Cambridge, MA: The MIT Press, pp. 177 – 194.

针对全球互联网技术治理的各种政策，但因为缺失中国政府参与"多利益攸关方"治理的深度分析，没能对中国改革现存治理模式的可能性做出具体评估而大打折扣。关于中国政府参与"多利益攸关方"全球互联网技术治理的中国文献比相应的英文文献要丰富一些。然而，同英文文献所受的局限性一样，中文文献总体上也没能从大量的实证细节来验证中国政府参与全球互联网技术治理。① 这篇文章旨在以下两点做出贡献：一是填补文献上的空白。在当代全球互联网技术治理体制中有一些关键性的组织机构，本文对中国政府参与这些组织中的"多利益攸关方"治理的实证性详细描述。二是概述推动和制约北京应对"多利益攸关方"治理政策的因素。文章首先简要介绍了"多利益攸关方"和全球互联网技术治理制度，这为理解北京的参与提供了必要的背景知识，然后描述了中国参与全球互联网技术治理中的核心组织，包括中国政府和非政府行为体的参与。作者认为北京的政策目标很大一部分源于中国共产党偏好的驱动：国内乃至全球社会强势的国家权威、中国相对全球总体实力的增加。追求这些目标的战略受到全球硬实力和软实力分布的约束，这迫使中国一方面与根深蒂固的美国力量竞争，另一方面采取稳健、温和的行动以避免损害中国的国际地位。作者认为，这些因素的相互作用导致了中国政府改革全球互联网技术治理"多利益攸关方"模式的失败，还有可能会在未来的近、中期妨碍中国实现其偏好的全球互联网技术治理的政府间工作模式。

---

① Run Hongqiang and Han Xia（2005），"Hulianwang guoji zhili wenti zongshu"（Summary of International Internet Governance Issues），*Dianxin wang jishu*（*Telecommunications Network Technology*），No. 10，pp. 16 – 19；Jiang Lixiao（2011），"Shi xi hulianwang zhili de gainian，jizhi yu kunjing"（Analysis of Concept，Regime and Diffculty of Internet Governance），*Jiangnan shehui xueyuan xuebao*（*Journal of Jiangnan Social University*），Vol. 13，No. 3，pp. 34 – 38；Yi Wenli（2012），"Zhong Mei zai wangluo kongjian de fenqi yu hezuo lujing"（Sino-US Disagreement and Cooperation in Cyberspace），*Xiandai guoji guanxi*（*Contemporary International Relations*），No. 7，pp. 28 – 33；Liu Yangyue（2012），"Quanqiu wangliu Quanqiu wangluo zhili jizhi：yanbian，chongtu yu qianjing"（Global Internet Governance Regime：Evolution，Confict and Prospects），*Guoji luntan*（*International Forum*），Vol. 14，No. 1，pp. 14 – 19.

二、全球互联网技术治理制度"多利益攸关方"模式

网络治理有多种理解方式，取决于不同需求各有所侧重。本文关注的是国际政治视野下的互联网治理，采用互联网治理工作组（WGIG）的定义，WGIG 是在联合国主持下成立的。这个定义明确代表了国际政治界关于网络治理涵义的共识，广义理解为："……是政府、私营部门和公民社会在发挥各自角色的基础上共同发展和应用一致的原则、规范、规则、共同制定政策以及发展和开展各类项目的过程，其目的是促进互联网的发展和使用。"① 互联网治理工作小组（WGIG）对于互联网治理的定义传达了两个高度相关且有政治意义的论断。首先，定义明确承认，互联网治理是一个"多利益攸关方"的过程，由国家和非国家行为体共同主导。其次，它认为，这些行动体在互联网治理中各自发挥不同作用。这两个有争议的观点对于与全球互联网治理相关的当代全球政治至关重要。②互联网治理工作组（WGIG）还定义了网络治理问题，将他们分成四类：技术问题、互联网的具体问题、与互联网和其他现象相关的问题、与互联网相关的发展问题。③这样的分类说明，全球互联网治理涉及范围广泛，因此，本文将讨论范围限制在第一类，技术问题，这主要是源于以下两个原因：首先，技术治理是互联网存在的基础，因此成为考察中国参与全球互联网治理的一个重要问题领域。其次，全球互联网治理中最有争议的"多方利益攸关方"治理机构的主要工作是互联网技术治理问题，从而为检验中国政府针对这种决策规范提供了最好的场所。

---

① Working Group on Internet Governance（WGIG），"Report of the Working Group on Internet Governan" WGIG，June 2005，p. 4.（＜http：//www. wgig. org/docs/WGIGREPORT. pdf＞［5 April 2013］）.

② Richard Collins（2007），"Trilateralism，Legitimacy and the Working Group on Internet Governance"，*Information Polity*，Vol. 12，No. 1，pp. 15－28，esp. 23；Kostantinos Komaitis（2008），"Aristotle，Europe and Internet Governance"，*Pacifc McGeorge Global Business & Development Law Journal*，Vol. 21，No. 1，pp. 57－78，esp. 58.

③ Working Group on Internet Governance（WGIG），"Report of the Working Group on Internet Governan"，WGIG，June 2005，p. 4.（＜http：//www. wgig. org/docs/WGIGREPORT. pdf＞［5 April 2013］）

学者们已经认识到一种全球互联网技术治理的应急制度，它根植于互联网名称与数字地址分配机构（ICANN）的中央管理机构中。[①] ICANN本身是由一系列专业的组织，有时是附属机构来支持以促进全球互联网技术治理。此外，因为互联网必须依赖传统的电信基础设施运作，国际电信联盟（ITU）、其他涉及基础设施监管的电信管理组织和公司也在当代全球互联网技术治理中功不可没。[②]最后，一系列的政策发展论坛协助制定全球互联网技术治理的相关政策。[③]但是，受篇幅空间所限，本文将思考论证集中在中国参与全球互联网技术治理机制的关键的几个组织，它们分别是：互联网名称与数字地址分配机构（ICANN）、信息社会世界高峰会议（WSIS）及其附属机构互联网治理工作组（WGIG）、互联网治理论坛（IGF）。本文重点研究ICANN，因为它在当代全球互联网技术治理制度中占据重要地位，同时，本文也将考察信息社会世界高峰会议（WSIS）和互联网治理论坛（IGF），因为这两者是联合国全球互联网治理相关举措中的巅峰之作，探讨全球互联网技术治理及其"多利益攸关方"决策规则的可能性改革。

然而，与技术问题相关的全球互联网治理及其制度不仅仅是简单的各个组织机构部门的叠加总和。它是由一系列的原则、规范、规则和决策程序形成的。[④]其中，对全球互联网技术治理制度的管理结构最为重要的是"多利益

---

① Marcus Franda（2001），*Governing the Internet：The Emergence of an International Regime*，Boulder，CO：Lynne Rienner Publishers，pp. 45 – 65；Jeremy Malcolm（2008），*Multi-Stakeholder Governance and the Inter-net Governance Forum*，Perth，WA：Terminus Press，pp. 38 – 39；Milton Mueller，John Mathiason and Lee McKnight（2004），"Making Sense of 'Internet Governance'：Defning Principles and Norms in a Policy Context"，Internet Governance Project，Syracuse University，pp. 1 – 22，1 – 5.（< http：// ccent. syr. edu/wp-content/uploads/2014/05/su-igp-rev2. pdf > ［5 April 2013］）

② William Drake and Ernest Wilson（eds.）（2005），*Governing Global Electronic Networks: International Perspectives on Policy and Power*，Cambridge，MA：The MIT Press，Part 1.

③ Jeremy Malcolm（2008），*Multi-Stakeholder Governance and the Internet Governance Forum*，Perth，WA：Terminus Press，pp. 38 – 39.

④ Stephen Krasner（1982），"Structural Causes and Regime Consequences：Regimes as Intervening Variables"，*International Organization*，Vol. 36，No. 2，pp. 185 – 205，esp. 185 – 186；Milton Mueller（2010），"China and Global Internet Governance：A Tiger by the Tail"，in Ronald Deibert，John Palfrey，Rafal Rohozinski and Jonathan Zittrain（ed.），*Access Contested: Security，Identity and Resistance in Asian Cyberspace*，Cambridge，MA：The MIT Press，p. 64.

攸关方"管理规范和决策程序。"多利益攸关方"治理指政府、私营部门和公民社会共同解决特定议题。①这种风行于 20 世纪 90 年代早期全球环境治理的观念，被积极应用到全球互联网技术治理中。这不仅因为国家和非国家行为体对互联网治理的历史参与，也因为国际社会内新兴范式的转移：全球治理的有效性得益于非国家行为体的参与。②"多利益攸关方"治理可能仅仅涉及拥有决策权的利益攸关方这个小团体的对话和争论，或许可以扩大到所有的利益攸关方共同做出决策；尽管未必所有的利益攸关方都平等。③在正式制度化之前，各行为体参与全球互联网技术治理时受到的有区别的不平等待遇就一直饱受争议，事实上，正是这种争议促成了 ICANN 的创立。对许多利益攸关方来说，这显然还是有争议的。即便如此，绝大部分全球互联网技术治理组织明确地自我定位为"多利益攸关方"，尽管什么是适当的利益攸关方的角色这个问题仍没有定论。"多利益攸关方主义"虽然备受争议，却已经在全球互联网技术治理制度中根深蒂固。④

　　通过探讨中国政府、私营部门和公民社会组织参与全球互联网技术治理中主要的几个机构的活动，本文详细考察了全球互联网技术治理"多利益攸关方"制度的主题以及中国政府对此的立场和策略。尽管对于中国的参与者，如政府、私营部门和公民社会的合法性认证和鉴定还存在模糊性、不明确性，本文在承

---

①　Minu Hemmati, Felix Dodds and Jasmin Enayati（2002），*Multi-Stakeholder Processes for Governance and Sustainability: Beyond Deadlock and Confict*，London：Earthscan，p. 2.

②　Kof Annan（2000），*We the Peoples: The Role of the United Nations in the 21st Century*，New York：United Nations，pp. 13，69；Milton Mueller（2002），*Ruling the Root: Internet Governance and the Taming of Cyberspace*，Cambridge，MA：The MIT Press，p. 69.

③　Nancy Vallejo and Pierre Hauselmann（2004），*Governance and Multi-Stakeholder Processes*，Winnipeg，MB：International Institute for Sustainable Development，p. 6.

④　Marcus Franda（2001），*Governing the Internet: The Emergence of an International Regime*，Boulder，CO：Lynne Rienner Publishers，pp. 55 – 60；ICANN（2010），"ICANN Leader says Multi-Stakeholder Model of Internet Governance under Threat"，The Internet Corportation for Assigned Names and Numbers（ICANN），news release，14 September 2010.（< http：//www. icann. org/en/news/releases/release-14sep10-en. pdf > ［5 April 2013］）；Internet Governance Forum（IGF），"About the Internet Governance Forum"，IGF website.（< http：//www. intgovforum. org/cms/aboutigf > ［5 April 2013］）

认这种分类的不确定性同时，主张将参与者分为三类以加强分析的清晰性。①

　　私营部门参与者定义为名义上的私人的、营利性的实体，而公民社会参与者通常指私人的、非营利性实体。②需要注意的是，本文只专注于研究中国政府参与"多利益攸关方"全球互联网技术治理。这并不意味着认同一个更广泛的中国式治理—指导国家和非国家的中国参与者。相反地，文章坚定认同中国政府对这一问题的态度和做法。长久以来，任何国家的政府在外交政策问题上，政策制定者之间和政府部门之间的意见都存在分歧；比如，中国政府最初接受在 ICANN 担当顾问的角色，随后紧跟关于北京地位的明确声明，表示国家顾问的角色不能接受。③然而，本文认为中国政府总会采取一个通用的模式或主导的政策方法来应对全球互联网技术治理中的"多利益攸关方"管理问题。

三、北京参与全球互联网技术治理的关键组织④

　　互联网名称与数字地址分配机构 ICANN（The Internet Corporation for As-

---

　　① Daniel Drezner（2004），"The Global Governance of the Internet：Bringing the State Back In"，*Political Science Quarterly*，Vol. 119，No. 3，p. 498；Yang Guobin（2003），"The Co-Evolution of the Internet and Civil Society in China"，*Asian Survey*，Vol. 43，No. 3，pp. 405 – 422，esp. 406 – 408.

　　② Zhang Ye（2003），"China's Emerging Civil Society"，Brookings Institution，June 2003，pp. 1 – 24，esp. 3 – 12.（ ＜ http：//www. brookings. edu/ ~ /media/research/fles/papers/2003/8/china% 20ye/ye2003. pdf ＞ ［5 April 2013］）

　　③ ICANN（1999），"Communiqué of the Governmental Advisory Committee（2 March 1999）"，ICANN，2 March 1999.（ ＜ http：//archive. icann. org/en/committees/gac/communique-02mar99. htm ＞ ［5 April 2013］）；WGIG（2005），"Open Consultations of the Third Meeting of the Working Group on Internet Governance，18 April 2005（Morning Session）"，Working Group on Internet Governance（WGIG），18 April 2005.（ ＜http：//www. wgig. org/April-scriptmorning. html ＞ ［5 April 2013］）

　　④ Evidence of Chinese involvement in ICANN，WSIS and WGIG and the IGF is sourced from a reasonably exhaustive examination of documents accessible respectively at ＜ http：//www. icann. org/，http：//www. itu. int/wsis/ and http：//www. wgig. org/index. html ＞ and ＜ http：//www. intgovforum. org/ ＞ （except where otherwise indicated by footnote references）. Research is inclusive of documents available up to 5 April 2013.

signed Names and Numbers）是一个独立的、非营利的、公益社团，遵守加利
福尼亚法律，管理全球互联网的域名系统（DNS）和互联网协议（IP）地址
系统。①它是对互联网名称及号码资源进行技术协调和政策发展的顶级管理机
构，拥有对域名使用以及通过对互联网数字分配机构（IANA）监督来分配 IP
地址的权威。②IP 地址授予和域名使用的权利都受限于与 ICANN 政策签订的
合约。③

　　通过提供集中化管理，ICANN 确保互联网在全球范围内整体性的存在，
避免全球互联网破裂或分散成无数的次全球网络。④最初，ICANN 的权威来自
它与美国商务部之间的一份合同。2009 年，《承诺确认文件》取代了这份合
同，取消了美国政府审查的专属权利，取而代之的是由更有广泛代表性的
ICANN 社团来行使审查权利。然而，虽然现在 ICANN 本身正式独立，在实践
中仍受限于美国政府的权威。《承诺确认文件》包括承诺将总部留在美国、根
据美国法律行事；这使得 ICANN 终究要服从美国法定管辖权。⑤此外，根服务
器管理和 IP 地址的分配是由 IANA 来执行，其权力源于与美国商务部的一份
合同，根据合同，IANA 要依据 ICANN 政策来运行。⑥ ICANN 的历史和操作层
面的法律因素以及美国政府对 IANA 的持续管控共同确保了美国在全球互联网

----

① ICANN（2013），"What does ICANN do?"，ICANN website.（< http：//www. icann. org/en/a-bout/participate/what > ［5 April 2013］）

② IANA（2013），"Introducing IANA"，Internet Assigned Numbers Authority（IANA）website.（< http：//www. iana. org/about/ > ［5 April 2013］）

③ Steve DelBianco and Braden Cox（2008），"ICANN Internet Governance：Is it Working?"，*Pacifc McGeorge Global Business & Development Law Journal*，Vol. 21，pp. 27 – 44，esp. 28 – 30.

④ Laura DeNardis（2009），"Open Standards and Global Politics"，*International Journal of Communications Law and Polic*，Vol. 13，pp. 168 – 184，esp. 176.

⑤ ICANN（2009），"ICANN CEO Talks about the New Affrmation of Commitments"，ICANN website，30 September 2009.（< http：//www. icann. org/en/news/announcements/announcement-30sep09-en. htm > ［5 April 2013］）；*International Shoe Company v. State of Washington*，*Office of Unemployment Com-pensation & Placement*，*et al.*，326 US 310（1945）.

⑥ National Telecommunications and Information Administration（US），"IANA Functions Contract"，National Telecommunications and Information Administration（2012）.（< http：//www. ntia. doc. gov/page/iana-functions-purchase-order > ［5 April 2013］）

技术治理中的统治地位；成为激起其他国家以及其他非国家行为体推动现存制度改革的一个主要因素。①

ICANN 采用"多利益攸关方"模式来治理，支持由各不同利益攸关方组成组织，自我描述为"自下而上、共识驱动，多利益攸关方模式"②。这种治理模式的形成受一种哲学观念的影响，即互联网技术社团有助于建立互联网。美国在创建 ICANN 的时候，很大程度上采用了这种哲学观念，只做了细微的修改，即赋予了私营部门领导权。③最终决策权归属于 ICANN 董事会，主要由各种各样的全球互联网技术治理"多利益攸关方"团体组成。董事会通常根据 ICANN 的支持性组织、咨询委员会以及 ICANN 内部其他实体的报告来制定政策。ICANN 的支持机构代表与全球互联网技术治理相关的特定政策区域。地址支持组织（ASO）代表互联网地址分配的利益攸关方，国家代码域名支持组织（CCNSO）代表国家特定域名运营商，通用域名支持组织（GNSO）代表通用域名运营商以及其他商业和非商业实体。ICANN 的咨询委员会的设计初衷是代表更广泛的利益攸关方的，包括代表政府的政府咨询委员会（GAC）；代表根服务器管理员的根服务器系统咨询委员会（RSSAC）；代表网络安全专家的安全与稳定咨询委员会（SSAC）；以及代表个人互联网用户的普通会员咨询委员会（ALAC）。④

①　Daniel Drezner（2004），"The Global Governance of the Internet：Bringing the State Back In"，*Political Science Quarterly*，Vol. 119，No. 3，p. 497.

②　"Affrmation of Commitments by the United States Department of Commerce and the Internet Corporation for Assigned Names and Numbers"，Article 8（c），ICANN website，30 September 2009.（＜http：//www. icann. org/en/about/agreements/aoc/affrmation-of-commitments-30sep09-en. htm＞［5 April 2013］）；ICANN，"Welcome to ICANN!"，ICANN website.（＜http：//www. icann. org/en/about/welcome＞［5 April 2013］）

③　Grace Ayres（2008），"ICANN's Multi-Stakeholder Model"，p. 2，ICANN.（＜https：//www. icann. org/en/system/fles/fles/icann-multi-stakeholder-model-14apr08-en. pdf＞［5 April 2013］）；Jay Kesan and Anres Gallo（2008），"Pondering the Politics of Private Procedures：The Case of ICANN"，*I/S：A Journal of Law and Policy for the Information Society*，Vol. 4，pp. 345 – 409，esp. 362.

④　"Bylaws for Internet Corporation of Assigned Names and Numbers：A California Nonprofit Public-Beneft Corporation"，ICANN website.（＜http：//www. icann. org/en/about/governance/bylaws＞［5 April 2013］）

ICANN 管理模式中与中国相关的最有争议的部分是其将政府降级为顾问角色。①鉴于此，北京只是偶尔参与 ICANN 活动；对私营部门突出地位的不满以及认为 ICANN 是由美国控制的、因而是其扩大全球霸权的主要工具的观念阻碍了北京参与 ICANN。② 2001 年，中国自愿退出政府咨询委员会（GAC），直到 2009 年才重新加入。③中国政府从政府咨询委员会（GAC）的退出是在抗议 ICANN 的一些特权，不仅是因为政府被授予一个顾问角色，也不仅是决策制定者的角色，而且因为台湾的 GAC 会员资格问题。④中国决定重新加入 ICANN 的部分原因是，马英九主动和解两岸关系，结果台湾在 ICANN 被定名为"中国台北"。此外，北京似乎已经决定，它需要参与政府咨询委员会（GAC）来推动其在国际化域名（IDN）政策中的利益。支持这一论点的事实是，ICANN 和政府咨询委员会（GAC）开会讨论国际化域名（IDN）之后，ICANN 正式批准国际化域名（IDNs）加入全球根，中国代表崔淑田，在中国重返 ICANN 之后第二次参加政府咨询委员会（GAC）时，通知政府咨询委员会（GAC），中国将第一轮申请快速跟踪国家代码国际化域名（IDN）。中国代表还在政府咨询委员会（GAC）2010 年会上就国际化域名（IDN）政策发表了评论。

随着这些更直接的关注，北京似乎已经确定，参与政府咨询委员会（GAC）是必要的，因为这样中国可以最大限度地影响全球互联网技术治理。2010 年 3 月，ICANN 的首席执行官在访问北京时会见了中国互联网络信息中心

---

① Jay Kesan and Anres Gallo (2008), "Pondering the Politics of Private Procedures: The Case of ICANN", I/S: *A Journal of Law and Policy for the Information Society*, Vol. 4, pp. 390 – 401.

② "Comment: Internet—New Shot in the Arm for US Hegemony", *China Daily*, 22 January 2010.

③ Nick Thorne (2010), "Notes from ICANN CEO's Visit to China", ICANN website, 5 March 2010. (< http://blog. icann. org/2010/03/notes-from-icann-ceos-visit-to-china/ > ［5 April 2013］); and Tso Chen-dong (2008), "Computer Scientists and China's Participation in Global Internet Governance", *Issues & Studies*, Vol. 44, No. 2, p. 132.

④ Rebecca MacKinnon (2009), "China @ ICANN: Thoughts from Former CEO Paul Twomey", RConversations, 3 July 2009. (< http://rconversation. blogs. com/rconversation/2009/07/china-icann-thoughts-from-former-ceo-paul-twomey. html > ［5 April 2013］)

（CNNIC）主任（注：中国互联网络信息中心是一个社会组织，管理中文域名和
IP 地址）和中国工业和信息化部（MIIT）的代表们，并随后在 2011 年又到中
国进行了一次更深入的访问。自此之后，这种参与模式不断加强。2012 年，中
国工业和信息化部（MIIT）部长就国际化域名 IDN 政策相关问题致信 ICANN 首
席执行官；2013 年 4 月，ICANN 在北京召开常规会议，开设新的"全球参与办
公室"。下文即将讨论到，中国政府的政策转变可能是信息社会世界高峰会议
（WSIS）和互联网治理论坛（IGF）的失败所致，从根本上改变了该领域全球治
理的权力中心，转向了更加传统的政府间实体，如国际电信联盟（ITU）。①

　　然而，中国整体参与 ICANN 远比中国政府的参与更加广泛。即使在中国
政府缺席的时候，私营部门、公民社会和私人参与者仍然持续参与 ICANN。
经常活跃在中国互联网技术社区的清华大学教授吴建平，在 1999 至 2001 年
期间担任 ICANN 地址委员会 ASO 理事。薛虹，一位与中国政府和互联网社区
关系密切的学者，是 ALAC 的创始成员，并至此之后一直担任 ICANN 内部的
职务。中国非政府行为体也参与到高级别的 ICANN 国际化域名（IDN）高级
总裁顾问委员会中，该委员会成立于 2005 年，向 ICANN 主席报告与国际化域
名 IDN 相关事项，包括两位中国成员，其中一人是该委员会的主席。2011 年，
中国教授李晓东，曾短期担任 ICANN 代表亚洲区的副总裁。2002 年，中国互
联网络信息中心（CNNIC）和中国互联网协会（ISC）共同在上海举行会议，
都频繁向 ICANN 提交政策建议。事实上，早在 2003 年，中国互联网络信息中
心（CNNIC）让其中的一位成员钱华林竞选 ICANN 理事会理事。②然而，中国
互联网络信息中心（CNNIC）在 2008 年才加入国家代码域名支持组织（CC-
NSO）。除了这些机构，由私营部门和公民社会组成的中国互联网技术社团一
直都在通过普通会员咨询委员会（ALAC）和通用名称支持组（GNSO）积极

---

① Rebecca MacKinnon, "ICANN, Civil Society, and Free Speech", R Conversations, 27 July 2009.
（<http: //rconversation. blogs. com/rconversation/2009/07/icann-civil-society-and-free-speech. html > ［5 A-
pril 2013］）

② Tso Chen-dong（2008），"Computer Scientists and China's Participation in Global Internet Govern-
ance", *Issues & Studies*, Vol. 44, No. 2, p. 132.

参与 ICANN 的政策过程。中国的非国家行为体一直在追求中文国际域名（IDNs）在 ICANN 中的利益，主要通过中国互联网络信息中心（CNNIC）和中文域名协调联合会（CDNC）向 ICANN 提交申请这两种途径。① 自 2008 年成立以来，政务和公益机构域名注册管理中心（CONAC）负责管理中国重要的国际域名（IDNs）—— CONAC 是一个正式的非盈利的公民社会机构，但直接隶属于中国政府—— 已经越来越多地参与 ICANN 的政策和管理过程。②

　　总体而言，中国政府参与 ICANN 反映了三点：不赞同私营企业在制定决策和设置政策中占据首要地位；认为 ICANN 是美国霸权的工具；对台湾在 GAC 中拥有代表资格不满。中国政府在这方面的行为显然是出于对硬和软实力的考虑——北京不默许美国政府或非政府对互联网技术架构的隐形控制；不认同中国政府和美国政府或非政府行为者之间的任何不平等；更不接受与台湾对等地识别和对待。③然而，中国一直有限度地与 ICANN 打交道。因为完全在 ICANN 管理之外来运营中国互联网将损害中国经济和技术的发展目标、中国在全球互联网技术治理的影响力以及中国作为一个负责任的利益攸关方在国际社会中的声誉。一个纯粹孤立的中国互联网将损害中国的竞争力，具体指抑制全球贸易和技术转让，并发出一个强烈的孤立主义的信号。中国政府的参与、退出又重返 GAC 部分是因为对台湾参与状况的担心，但也因为在信息社会世界高峰会议（WSIS）出现之前，参与 ICANN 是参与全球互联网技术治理的前提，从而是通向权力的唯一途径。信息社会世界高峰会议（WSIS）以及后来的互联网治理论坛（IGF）的出现，提高了一种期待，期待

---

① Chinese Domain Name Consortium（CDNC）（2005），"The Proposal for Internationalizing ccTLD Names"，ICANN website，June 2005. （< http：//www. icann. org/en/announcements/idn-tld-cdnc. pdf > [5 April 2013]）；Xue Hong（2004），"The Voice of China：A Story of Chinese-Character Domain Names"，Cardozo Journal of International and Comparative Law，Vol. 12，pp. 583 – 585.

② China Organizational Name Administrative Center（CONAC），"Welcome to CONAC"，CONAC web-site. （< http：//www. chinagov. cn/english/aboutconac/ > [5 April 2013]）

③ Wang Fei-ling（2005），"Beijing's Incentive Structure：The Pursuit of Preservation，Prosperity，and Power"，in Deng Yong and Wang Fei-Ling（ed.），*China Rising: Power and Motivation in Chinese Foreign Policy*，Oxford：Rowman & Littlefields Publishers，pp. 19 – 49，esp. 39.

ICANN 能够重建倾向于更多的政府权力的结构，这意味着北京即使不参加
ICANN 也能保持其影响力。中国重返 GAC 意味着它承认信息社会世界高峰会
议（WSIS）和 IGF 没有达到重建作用，深思熟虑后权衡利弊，不参加 GAC 只
会意味着中国的权力减少，尤其是有利可图的与中文域名相关的政策制定。[①]
以上这点，再加上 ICANN 对台湾参与 GAC 的妥协，鼓励和促使中国政府重返
GAC。还有一事证明这一评价，在中国政府不参与 ICANN 期间，北京对中国
私营部门和公民社会参与 ICANN 持容忍态度，这意味着中国政府意识到完全
从这个组织退出将损害中国的利益，还很有可能损害中国的声誉。

四、联合国倡导全球网络技术治理

（一）信息社会世界峰会（WSIS）

信息社会世界峰会（WSIS）是一个跨国峰会，最初由国际电信联盟组织
（ITU）在 2008 年提议，之后由联合国在 2001 年批准。峰会是由国际电信联
盟（ITU）组织主持，经历了两个阶段，第一次峰会于 2003 年在日内瓦举办，
第二次峰会于 2005 年在突尼斯举办。[②]信息社会世界峰会（WSIS）关注的不
仅仅是互联网治理，还试图探讨由于信息社会的出现而引发的全方位的问题，
很明显全球互联网治理（GIG）是其中一个主要原因促使全球社会意识到世

---

① Internet Governance Forum (IGF) (2009), "Transcript of the 2009 IGF Taking Stock 1 Meeting",
pp. 9 - 10. (< http: //www. intgovforum. org/cms/2009/sharm _ el _ Sheikh/Transcripts/Sharm% 20El%
20Sheikh% 2018% 20November% 20Stock% 20Taking% 20Part% 20I. pdf > [5 April 2013]); Rebecca
MacKinnon (2009), "ICANN, Civil Society, and Free Speech", RConversations, 27 July 2009, (< ht-
tp: //rconversation. blogs. com/rconversation/2009/07/icann-civil-society-and-free-speech. html > [5 April
2013]); Tso Chen-dong (2008), "Computer Scientists and China's Participation in Global Internet Govern-
ance", *Issues & Studies*, Vol. 44, No. 2, pp. 134 –135.

② International Telecommunications Union (ITU) (2006), "About WSIS: Basic Information". (<
http: //www. itu. int/wsis/basic/about. html > [5 April 2013])

界需要一个峰会，因此成了最主要的优先工作任务。①信息社会世界高峰会议
（WSIS）流程包括峰会之前的筹备阶段，即利益攸关方、国家和非国家行为
体三方在内的筹备委员会共同开会决定峰会的议程以及其他与峰会相关的事
宜。此外，每个峰会之前会召开区域会议，这样可以进一步提高效率。信息
社会世界峰会（WSIS）中有一个与全球互联网治理（GIG）有关的重要元
素——互联网治理工作组（WGIG），一个创建于两个峰会之间的组织，专注
于互联网治理。美国在日内瓦避谈此话题，因为它明显感觉到公开谈论全球
互联网治理（GIG）会增加 ICANN 被取代的风险。②从一开始，信息社会世界
高峰会议（WSIS）就被明确定位为"多利益攸关方"事务。③然而，信息社会
世界峰会（WSIS）中的"多利益攸关方"治理模式与 ICANN 采取的模式形
成了鲜明对比。信息社会世界峰会（WSIS）治理模式更像传统的以国家为中
心的全球治理模式，将非国家行为体边缘化。④在信息社会世界峰会（WSIS）
中，私营部门和公民社会的参与是被积极鼓励的，而许多国家却很不情愿这
样做，在某些情况下，按照中国政府的要求，非国家行为体是不允许参加讨
论的。⑤

　　中国政府从一开始就深度参与信息社会世界峰会（WSIS）过程。在信息
社会世界峰会（WSIS）的第一阶段，中国代表出席了所有筹备委员会会议、
区域会议和正式峰会。北京参与第一次峰会的筹备会议和实际峰会时，主要

① Victor Mayer-Schönberger and Malte Ziewitz（2007），"Jefferson Rebuffed: The United States and the Future of Internet Governance", *Columbia Science and Technology Law Review*, Vol. 8, pp. 188 – 204, esp. 188 – 191.

② Marcus Kummer（2007），"The Debate on Internet Governance: From Geneva to Tunis and Beyond", *Information Polity*, Vol. 12, No. 1, pp. 5 – 13.

③ UN General Assembly（2002），"Resolution on the World Summit on the Information Society A/Res/ 56/183", United Nations.（＜http://www.itu.int/wsis/docs/background/resolutions/56_183_unga_ 2002.pdf＞［5 April 2013］）

④ Marcus Kummer（2007），"The Debate on Internet Governance: From Geneva to Tunis and Beyond", *Information Polity*, Vol. 12, No. 1, p. 6.

⑤ Richard Collins（2007），"Trilateralism, Legitimacy and the Working Group on Internet Governance", *Information Polity*, Vol. 12, No. 1, pp. 23 – 24.

关注的主题是政府主导信息社会管理和解决数字鸿沟问题的必要性，坚持认为峰会应该关注经济和技术，而不是诸如言论自由之类的社会或文化问题，网络安全问题应该给予高度重视。有趣的是，在亚太区域会议上，中国要求来自台湾地区的非政府参会者离席。① 总的来说，中国就全球互联网治理（GIG）提出了一系列问题，其关注点非常明确——重建有利于国家技术管理部署的必要性。

与信息社会世界峰会（WSIS）第一阶段类似，中国政府在互联网治理工作组（WGIG）中非常活跃，正是在这个论坛上，中国政府做出了对于全球互联网技术治理"多利益攸关方"立场的最有力的声明。除了第一次会议，在互联网治理工作组（WGIG）四次会议上，中国代表每次都表明中国政府的立场，即全球互联网技术治理应该主要由国家来主导。随着互联网治理工作组（WGIG）的发展进步，中国更加坚决和强硬地谴责当前私营部门和美国控制ICANN；尽管中国容许私营部门或公民社会保留以顾问的身份角色参与相关活动。最终，在信息社会世界峰会（WSIS）第三和第四次会议上，中国提出了大致的改革框架，即：在联合国下创建一个政府间组织，承担 ICANN 目前的角色，但允许私营部门和公民社会以顾问的身份加入。当互联网治理工作组（WGIG）完成审议后，发布了一个报告，同时给出了互联网治理的定义，提供了一套改革全球互联网技术治理制度的四条建议。②在互联网治理工作组（WGIG）随后出版的单册中，中国代表团团长胡启恒撰写了一篇文章来表明了他的立场：四种改革方案中，以全球互联网理事会为首的模式 1 最合理。③此选项最接近于中国在 WGIG 的提议。然而，尽管 WGIG 建议了新的制度模

---

① "Taiwan NGOs out of IT Meeting on Chinese Protests", IT World. com, 2003. （< http：//www. itworld. com/030114taiwanngos > ［5 April 2013］）

② Working Group on Internet Governance（WGIG）, "Report of the Working Group on Internet Governan", WGIG, June 2005, pp. 13 – 16. （< http：//www. wgig. org/docs/WGIGREPORT. pdf > ［5 April 2013］）

③ Hu Qiheng（2005）, "Internationalized Oversight of Internet Resource Management", in William Drake（ed.）, *Reforming Internet Governance: Perspectives from the Working Group on Internet Governance*, New York：The UN Information and Communication Technologies Task Force, pp. 200 –201.

式，它们并没有被采纳并付诸实践。

中国政府在参与信息社会世界峰会（WSIS）第二阶段会议时，没有在日内瓦会议和 WGIG 上那么活跃，虽然在筹备委员会第二次会议上作了总结陈词，重申其对 WGIG 的立场，专门提到政府占首要地位的必要性。中国也在正式峰会上对涉及数字鸿沟、国际合作、尊重文化差异以及加强网络安全等方面做了广泛但没有争议的陈述。新加坡全球互联网治理方面的专家汪炳华认为，中国政府在突尼斯放低姿态是由于中国对中美贸易赤字的担心。①然而，也有可能是因为北京已经在互联网治理工作组表达了鲜明立场，预计如果进一步支持对"多利益攸关方"改革会适得其反。以下事实可以支持这种解释：中国代表团在日内瓦会议上比突尼斯会议派出了更多代表、更高调地参会。

中国的私营部门和民间社会也参与了 WSIS 过程，虽然远不及政府声势浩大。只有一个中国公司（华为）参加了第一个峰会，但这已经让出席突尼斯信息社会世界峰会会议的中国企业增加到了四个，华为和中兴都派出了代表。这两家中国电信设备制造商是突尼斯信息社会世界峰会的主要赞助商，中兴至少参与了政策讨论，中兴董事长讨论了数字鸿沟问题、介绍了中兴更新升级非洲电信基础设施的工作。②中国的公民社会组织也出席了两个峰会，至少有四个组织出席了日内瓦会议，至少有五个组织出席了突尼斯会议。在这些公民社会参与者中，中国互联网安全大会（ISC）最为知名、最高调，在互联网治理工作组会议上参与了关于垃圾邮件治理和政府在互联网管理中的角色

---

① Ang Peng-Hwa（2005），"So What Happened at WSIS?"，The Singapore Internet Research Centre.（＜http：//internetinasia. typepad. com/blog/2005/12/so_what_happene. html＞［5 April 2013］）

② "Huawei as Offcial Partner of World Summit on the Information Society Tunis 2005"，Huawei website.（＜http：//www. huawei. com/en/about-huawei/newsroom/press-release/hw-088615-news. htm＞［5 April 2013］）；Rebecca MacKinnon（2005），"China at WSIS：Cisco Beware！"，RConversations.（＜http：//rconversation. blogs. com/rconversation/2005/11/china_at_wsis_c. html＞［5 April 2013］）；ZTE（2006），"UN's World Summit on the Information Society（WSIS）Selects ZTE as Offcial Telecoms Partner"，ZTE web-site.（＜http：//wwwen. zte. com. cn/endata/magazine/ztetechnologies/2006year/no1/articles/ 200602/t20060207_161562. html＞［5 April 2013］）

的政策讨论；它完全支持中国政府的立场，有趣的是，它也认为政府应该在制定互联网技术标准中扮演主要角色。

中国参与世界信息社会峰会，特别参加互联网治理工作组的贡献是提供了大量关于中国政府在全球互联网技术治理领域应对"多利益攸关方"管理的方法的信息。它清楚地表明，北京担心政府在 ICANN 中的附属地位和美国在全球互联网技术治理中的霸权地位会对自身权利和地位产生间接的不良影响。①中国力求将全球互联网技术治理的重心转移到政府间机构，这样，它就可以拥有更大的权力，同时还能消除美国霸权。为了推进这个目标，中国与其他和自己有一样偏好的发展中国家结盟，并通过倡导其立场、通过表达支持加强发展中国家的参与来壮大自己，中国的国际声誉在发展中国家间得到极大的加强和改善。接纳中国私营部门和公民社会的参与进一步增强了中国政府的影响力和声誉软实力。然而，某些行为，如限制普通非政府行为体参与信息社会世界峰会让这些努力付之东流，前功尽弃。需要注意的是，虽然中国在信息社会世界峰会和互联网治理工作组中的行为表明了对"多利益攸关方"治理一定程度上的支持，但它明显更倾向国家主导，并且早已谨慎地澄清它支持的是私营部门和公民社会参与，而不是赋予他们领导权或被认为与政府拥有平等的管理权力。

（二）互联网治理论坛（IGF）

虽然已经在信息社会世界峰会讨论过，包括中国政府代表团在内的参会者一致同意，全球互联网治理讨论应该在一个新创建的互联网治理论坛中继续进行。论坛每年举办一次年会，为期五年，始于 2006 年雅典，于 2011 年

---

① Wang Fei-ling (2005)，"Beijing's Incentive Structure： The Pursuit of Preservation， Prosperity， and Power"，in Deng Yong and Wang Fei-Ling （ed.），*China Rising： Power and Motivation in Chinese Foreign Policy*，Oxford： Rowman & Littlefields Publishers，p. 39.

到期后又延长了五年。①类似于信息社会世界峰会，互联网治理论坛遵循相似的模式：在正式论坛和地区会议开始之前进行包括国家和非国家行为体在内参与的筹备过程，以便讨论和设定议程。②互联网治理论坛主要针对网络治理问题，但没有决策权；只能通过共识来做建议。正如下面所讨论的，政府与私营部门和公民社会行为体之间存在明显的分歧，后者支持 ICANN、IGF 只保留协商，而那些对 ICANN 不满的包括北京在内的利益攸关方，则认为 IGF 应该发出更强的声音、做出更强硬的建议。这种分歧最终导致作为改革全球互联网技术治理机制的 IGF 很大程度上成了一个毫无实权、不起作用的机构。

像 WSIS 一样，IGF 明确定位为"多利益攸关方"论坛。但"多利益攸关方"的治理形式略有不同。③IGF 设有一个秘书处，负责管理论坛，包括决定 IGF 治理结构的过程。实际上，IGF 由一个多利益攸关方咨询组（MAG）来组成的，包括40 至 60 名来自政府、私营部门和公民社会的代表，其中大约有一半成员是政府代表，四分之一来自私营部门，四分之一来自公民社会。多利益攸关方咨询组（MAG）与秘书处一起，管理筹备过程，组织 IGF 正式大会。在筹备过程中，组织结构较为松散，随后是多利益攸关方咨询组（MAG）会议、IGF 区域会议以及进一步的筹备会议。在此过程中，正式论坛将拟讨论的议题按照主题来组织安排，多利益攸关方咨询组（MAG）选择专题发言人来主持 IGF 各主题会议。在此之后，IGF 将向所有"多利益攸关方"开放会议。除了正式会议外，一系列非正式的工作坊和动态联盟会在 IGF 会议期间向所有感兴趣的利益攸关方开放。工作坊和动态联盟的研究成果之后将在 IGF 的相关会议上汇报或在 IGF 网站上公布。

像中国政府参与 WSIS 一样，北京也一直积极参与 IGF 并就全球互联网治

---

①　UN General Assembly（2011），"Resolution Adopted by the General Assembly ［on the Report of the Second Committee （A/65/433）］A/RES/65/141"，UN，para. 17. （＜http：//www. unctad. org/en/docs/ares65d141_en. pdf＞［5 April 2013］）

②　Jeremy Malcolm （2008），*Multi - Stakeholder Governance and the Inter - net Governance Forum*，Perth，WA：Terminus Press，pp. 355，364 – 378.

③　Mernance Forum （IGF）（2013），"The Multi-Stakeholder Advisory Group"，IGF website，（＜http：//www. intgovforum. org/cms/magabout＞［5 April 2013］）

理相关的各种问题提出了广泛的建议，但其明显的关注点是加强政府在全球互联网技术治理中的地位。在 IGF 第一次筹备过程中，中国联合由发展中国家组成的 77 国集团，成功地倡导了多利益攸关方咨询组（MAG）结构，如前所述，巩固了政府在 IGF 中的影响力，对 IGF 的议程设置提出了建议，提倡在 IGF 范围内纳入更广泛的讨论议题。一位来自中国工信部的代表被任命为多利益攸关方咨询组（MAG）成员，一位工信部的代表一直在多利益攸关方咨询组（MAG）留任，除了 2010 年以外。在第一次论坛期间，中国政府认可保护国家互联网安全的重要性，并特别强调中国国内对互联网内容没有限制。第一次 IGF 没有把 ICANN 相关的治理问题列入日程，在 2007 年筹备阶段，中国代表与其他国家代表一起，成功补救了这一缺憾。在筹备会议的收尾阶段，北京表示不满，认为 IGF 不是"结果导向型"，并表明期待 IGF 能对全球互联网治理改革提出更多建议。在正式论坛上，中国政府代表做出评论：推动有利于政府的全球互联网治理改革非常必要，如同在 WSIS 一样，中国还间接地提到了美国在现行体系中的霸权统治。除此之外，中国政府在互联网治理以及互联网治理中的动态联盟原则等发展问题相关的工作上做出了贡献，重申了对世界互联网标准的支持，此标准是中国公民社会参与者在 2006 年 IGF 会议上提出的，明确强调发展一个安全、可信赖的互联网。①

中国政府在 2008 年筹备过程中不是很活跃，仅表示对现行日程的支持，重申北京对"多利益攸关方"治理的观点：在 ICANN 中，政府应该处于领导地位并被给予更多权利，并再一次间接提到当今互联网世界由美国统治。在此次 IGF 上，中国就多语种相关问题的讨论提出了自己的看法，全球互联网治理应该纳入更多的政府参与，这也是对巴西号召的响应和支持。2008 年，中国首次表态：对 IGF 缺乏进步失望至极，如果它不能提出具体的改革方案，建议暂时废弃 IGF。除此以外，中国政府参与讨论了发展问题、互联网安全问

---

① Richard Winfeld and Kristin Mendoza（2008），"Does China Hope to Remap the Internet in Its Own Image?"，*Journal of International Media & Entertainment Law*，Vol. 2，p. 185.

题、互联网域名管理中的在线纠纷解决问题等工作坊。有趣的是，世界互联网规范第三个版本受到推广，但不幸的是再也无法获得。在 2009 年筹备过程中，中国代表团明确表示，IGF 已经失败，应该被废除，并用一个在联合国框架下的政府间组织取而代之，解决美国控制全球互联网技术治理的问题。中国代表团还强调，安全和网络犯罪是重要议题，知识产权与传统图书馆资源的相关议题应该被纳入 IGF。此外，中国政府评论到，利益攸关方在讨论内容限制的话题上应该非常谨慎，并断言限制内容是国家的权利。正式会议上，中国政府代表团评论了新互联网协议（第六版本）的部署，并指出，它应该由国际社会共同完成。北京在最后陈述中宣称，IGF 未能完成改革全球互联网治理的任务，因此，不应该复审任期，重申支持联合国直接解决全球互联网技术治理改革的问题。

2009 年互联网治理论坛之后，联合国开始复审 IGF 任期。中国外交官沙祖康，曾代表北京出席世界信息社会峰会，随后被提拔为联合国负责经济和社会事务的副秘书长，他试图把全新的 IGF 转型为一个更多政府间的、结果导向型的机构。[1]各方对 IGF 作为一个"多利益攸关方"组织的未来特征争论不休，联合国复审和一系列 IGF 论坛也在同时进行，这些汇聚在一起组成了一场关于全球互联网技术治理前途的更大的联合国争斗。[2]

2010 年 IGF 筹备阶段，中国政府的参与低调冷淡，仅言辞谨慎地表示，IGF 的活动应该继续在联合国有关会议中进行、复审 IGF 任期的相关决策应该早日做出。鉴于联合国秘书长当时表示联合国大会将更新 IGF，按照 IGF 利益

---

① Milton Mueller（2010），"China and Global Internet Governance：A Tiger by the Tail"，in Ronald Deibert，John Palfrey，Rafal Rohozinski and Jonathan Zittrain（ed.），*Access Contested: Security, Identity and Resistance in Asian Cyberspace*，Cambridge，MA：The MIT Press，p. 185.

② UN General Assembly Economic and Social Council（2010），"Report of the Working Group on Im-prove - ments to the Internet Governance Forum A/67/65-E/2012/48"，United Nations Conference on Trade and Development，16 March 2010.（< http：//unctad. org/meetings/en/SessionalDocuments/a67d65_en. pdf >［5 April 2013］）

攸关方多数人的意见，北京没有在更换 IGF 问题上坚持己见。①也许是为了表达中国政府对 IGF 的不满，中国没有派出工信部代表出席 2010 年多利益攸关方咨询组（MAG）专家小组会。IGF 正式大会上，中国代表阐述了全球互联网技术治理的重要性并表示中国将全力与世界合作共同解决互联网治理问题。中国政府似乎没有参与 IGF 2010 相关的工作坊，工作坊参会者在两个场合都提到了这点。尽管中国政府反对 IGF 延期，但工信部代表在 2011 年重返多利益攸关方咨询组（MAG），出席了 2011 年 IGF 筹备进程的第二阶段，参加了其中一个 IGF 主要会议，并作为专家小组成员加入了言论自由相关的讨论和工作坊。2011 年 IGF 上，中国和其他国家共同在联合国上提出一个被多次提到的倡议：制定一个有关网络安全的政府间协议，协议中包含推进国家在全球互联网技术治理中的首要地位的表述。②虽然一位中国外交部代表在 IGF 上承认了这点，但他的评论仅限于指出争议，并说明拟定的协议将不具约束力。有趣的是，2011 年，没有进一步关于 IGF 或整个 ICANN 应该被政府间组织取代的言论出现。在 2012 年举行的 IGF 上，虽然由工信部代表和中国外交部代表组成的中国政府代表团非常活跃，但并没有就"多利益攸关方"治理改革的任何问题做出任何评论。在 2013 年筹备过程中，工信部代表强调关键的互联网资源——ICANN 范围内的问题——应该被添加到主要议程中。

中国私营部门和公民社会代表也一直积极参与互联网治理论坛，其中，中国科学技术协会（CAST）参与了每一届 IGF 的工作坊。更确切地讲，在 2006 年互联网治理论坛上，中国互联网协会（ISC）和国家计算机网络应急

---

① UN General Assembly (2010), "Continuation of the Internet Governance Forum: Note by the Secretary-General A/65/78-E/2010/68", United Nations General Assembly, Economic and Social Council, 7 May 2010. (< http://unpan1.un.org/intradoc/groups/public/documents/un/unpan039400.pdf > ［5 April 2013］)

② UN General Assembly (2011), "Letter Dated 12 September 2011 from the Permanent Representatives of China, the Russian Federation, Tajikistan and Uzbekistan to the United Nations addressed to the Secretary-General, A/66/359", United Nations, Disarmament Reference Library, 11 September 2011, pp. 3 - 4. (< https://disarmament-library.un.org/UNODA/Library.nsf/f446fe4c20839e50852578790055e729/329f71777f4b4e4e85257a7f005db45a/$FILE/A-66-359.pdf > ［5 April 2013］)

技术处理协调中心（CNCERT/CC）一个处理计算机安全的准政府组织，就垃圾邮件问题提供了政策建议，中国互联网安全大会还对国际化域名（IDN）政策讨论做出贡献，首次提出了世界互联网规范。2007 年，一位中国互联网应急小组的代表发言表示支持政府的观点，认为单独一个国家控制整个全球互联网技术治理是不公平的，这位代表很有可能是来自国家计算机网络应急技术处理协调中心（CNCERT/CC）。中国互联网络信息中心（CNNIC）报告了中国国内不依赖 IP 地址而发展起来的域名系统（DNS）。中国互联网安全大会（ISC）秘书长对垃圾邮件和政府参与互联网治理的必要性做出了评论。除了 2007 年 IGF 正式会议外，中国科学技术协会（CAST）、中国互联网协会（ISC）和其他中国组织参与了发展议题的工作坊，中国科学技术协会参与了关于全球互联网治理原则问题的动态联盟。2008 年，中国私营部门和公民社会的参与逐渐扩大，出现在不同主题的工作坊之中：互联网与残疾人、数字教育、发展与 DNS 管理中的在线纠纷解决等；中国互联网协会参与了 IGF 一个关于垃圾邮件和儿童色情的会议。2009 年，中国私营部门和公民社会参加 IGF 有所减少，只有中国互联网协会（ISC）参与了 IGF 的一个讨论，中国互联网协会（ISC）副主席表示，IGF 的重点应该放在跨国问题、尊重民族和文化差异的探讨上。2010 年，令人奇怪的是，虽然政府缺席，中国私营部门和公民社会却参与了大量的与互联网相关的国际法律问题、发展问题、互联网权利和原则问题、云计算问题的主题工作坊。这种不断参加工作坊的状态一直贯穿 2011 年和 2012 年。2012 年，中国第一个民营代表被任命为多利益攸关方咨询组（MAG）成员，同时被吸纳为会员的还有中国社会科学院代表郭良，他也表达了支持发展中国家更多地参与 IGF。郭良仍然保留他在 IGF 2013 多利益攸关方咨询组（MAG）的位置。

　　中国政府参与互联网治理论坛（IGF）提供了一个侧面，让我们能够大致了解北京在努力改革"多利益攸关方"全球互联网治理制度时的学习过程。中国的举措始终围绕提高中国在全球互联网技术治理中的影响力而进行。中国一直坚持有利于国家行为体的制度改革立场，但是已经适度调整行为来反思自身的局限性，通过国家行为体代理者或非国家行为体来最大限度发挥其影响力。IGF 建立之初，中国联合其他发展中国家一起推动扩大国家行为体对多利益攸关方咨询组（MAG）的控制力，随后游说其他行为体将全球互联网技术治理囊括在 IGF 日程当中。这两个举动的结合增加了一种可能性：IGF 向联合国建议 ICANN 应该被取代。然而，当 IGF 没有提出这样的建议时，北京明确表示了失望，试图按照自己的偏好来重建 IGF 本身，至少在中国政府层面，有一整年拒绝参加 IGF 的任何活动。然而，中国政府调整了这种行为，继续支持、至少是默许中国非政府行为体参与活动。这很可能是因为他们认识到自己的行为部分会对中国软实力造成损害，而损害也许是由两点引起的：拒绝参加一个联合国发起的并受到广泛支持的活动，承认中国政府缺乏强力推动全球互联网技术治理体制改革的必要实力。中国非政府行为体的参与也是一个学习过程，政府似乎代表优于其他行为体的先进性，中国公民社会呼唤加强国家代表性和中国非国家行为体逐渐扩大在 IGF 的参与就充分证明了这点。

五、结论

总体而言，北京对全球互联网技术治理"多利益攸关方"模式的改革路径和方向受其愿望控制：期望将现行的私营部门主导的体制改革成一个更加传统、国家主导的体制。在全球互联网技术治理的几个主要机构中，中国政府已经明确表示不赞同 ICANN 的私营部门主导的"多利益攸关方"治理模式，并在信息社会世界高峰会议（WSIS）、互联网工作组（WGIG）和互联网治理论坛（IGF）中极力倡导更多的政府间权力介入全球互联网技术治理。它积极主张建立一个新的政府间机构来监管互联网，始终对现存的私营部门和美国政府控制 ICANN，非国家行为体在 WSIS、WGIG 和 IGF 中占据突出地位表示不满。中国的偏好很明确，坚持政府在全球互联网技术治理中的主要地位，虽然它承认私营部门和小部分公民社会也发挥着重要的作用。本文认为，北京对全球互联网技术治理的方式最容易从前文提及的中国国内的体制来理解。中国在此领域的政策立场和行为很可能表达了两点：一是北京自己源自国内治理的偏好（认可非国家行为体在某些方面的治理是有价值的），二是吸引其他利益攸关方的策略（其他利益攸关方赞同国家拥有更多的代表性但认为非国家行为体的在管理过程中的输入是必不可少的）。

然而，尽管非常努力，北京的全球互联网技术治理效果却有待商榷。这很大程度上归结于美国拥有更强大的硬实力。作为互联网的发明者，美国政府已经能够建立和巩固有利于自身以及美国和其他非政府行为体利益的全球互联网技术治理体制；尽管中国政府以国家为中心的改革得到全世界很多其他国家政府大力支持。软实力也是北京未能在全球互联网技术治理中确保其偏好的重要原因。发达民主国家和发展中国家对非国家行为体参与全球互联网技术治理的支持广泛但态度分化，这让中国政府试图让非国家行为体在全球互联网技术治理组织中边缘化的努力变得更加复杂。中国政府边缘化非政府人员参与全球互联网技术治理的行为、试图淡化跨国民营机构的介入等都限制了其获取各跨国行为体支持其政策偏好的程度。北京在这些机构中追求其议程的主要驱动力量为中国政府获取了更大的影响力，包括获得互联网技术架构中更大的影响力，和认同中国在互联网全球治理中的主权平等。权力是中国在全球互联网治理体制中所有行为的驱动力量，在追求权力时呈现出极强的实用主义。在信息社会世界高峰会议（WSIS）和互联网治理论坛（IGF）成立前，中国政府原本准备参与 ICANN，尽管对私营部门与美国的主导地位持保留态度，随后在评估了互联网治理论坛（IGF）未能纠正这种失衡后，北京重新参与 ICANN，将其作为影响力的次优选择。中国对待非国家行为体参与全球互联网技术治理体制也呈现出明显的实用主义。

中国政府容忍私营部门和公民社会大量参与 ICANN、信息社会世界高峰会议（WSIS）和互联网治理论坛（IGF），而且这种参与越来越多。北京变得越来越老练成熟，默许中国的非国家行为体，主要是公民社会共同促进共享的利益。然而，这并不表明中国非国家行为体在北京全球互联网技术治理政策中拥有更多的影响力，正如卓陈东的研究所述。①本文认为，这也可能是因

---

① Tso Chen-dong（2008），"Computer Scientists and China's Participation in Global Internet Govern-ance"，*Issues & Studies*，Vol. 44，No. 2，pp. 138 – 139.

为中国国内的政治制度限制了非国家行为体影响政策制定的程度以及表达政策分歧的渠道。①这也可以解释中国的非国家行为体支持国家在全球互联网技术治理中拥有更大的主导力量，这个观点并不普遍为其他国家的非国家行为体所接受认同。中国政府也许试图引导中国的非国家行为体在全球互联网技术治理中的行为，正如一位作者采访过的中国公民社会参与者所经历的。②然而，中国政府与非国家行为体在政策立场之间缺乏公开透明，这也许是因为中国的非国家行为体不愿意以文字或可记录的形式来批评北京政策。中国已经能够分别从其他国家和非国家行为体中获得支持，支持国家在全球互联网技术治理中占主导地位、支持消除美国政府单方面对全球互联网技术治理体制的权威。面对来自国家以及更小程度上非国家行为体的阻力，中国政府也减少了追求政策偏好的强度，尽管北京改革全球互联网技术治理"多利益攸关方"治理的方式日益老练成熟，中国的硬实力和软实力仍然不足以获得主张国家至上的必要支持。

本文将讨论重点限制在中国政府参与几个关键的"多利益攸关方"全球互联网技术治理组织以及其改革现行"多利益攸关方"治理模式的偏好和潜力，应该认识到中国在全球互联网治理以及更广范围的相关问题中的利益和参与的重要性。这种广泛的参与非常重要，因为它表明，尽管中国政府重在纠正全球互联网技术治理领域中的权力失衡，中国在全球互联网技术治理中一直是一个相对的建设者角色。从整体上看，北京行为的驱动力和它在"多利益攸关方"全球互联网技术治理体制中面临的结构限制共同导致它采取挑战美国霸权地位的角色、传统的威斯特伐利亚主权的倡导者角色和发展中国家的利益代表的角色。随着时间的推移，中国对"多利益攸关方"治理模式的立场几乎没有改变，尽管它呼吁改革的力度时大时小，这种调整是建立在感知到的成功的潜力和感知到的在追求相关政策目标时的有力坚持的适当性。

---

① On Chinese government's approach to non – state actors or civil society, see He Baogang (1997), *The Democratic Implications of Civil Society in China*, Basingstoke, London: MacMillan and He Baogang (2013), "Working with China to Promote Democracy", *The Washington Quarterly*, Vol. 36, No. 1, pp. 37 – 53.

② 被采访人要求匿名。

至于中国政府未来在全球互联网技术治理领域的行动，据预测，它将继续坚持更多的国家参与，同时允许中国的非国家行为体参与"多利益攸关方"全球互联网技术治理。北京不太可能在近期和中期的未来发展起来改革体制的能力，部分是因为任何中国硬实力的增长都不可能迫使一个观念根深蒂固的由美国和其他国家支持的 ICANN 同意改革，部分是因为中国缺乏实质性的可能会改变其潜在偏好的国内政治改革，中国的软实力不太可能增长到足够劝服美国或其他国家接受国家主导全球互联网技术治理优于现存的私营部门主导"多利益攸关方"全球互联网技术治理。

中国的崛起和互联网全球治理[*]

刘杨钺 著　王 艳 译^{**}

一、引言

　　对中国和国际政治感兴趣的学生对中国有多种描述：一个潜在的威胁者、一个赢家、一种模式，或者将其归为某团体的一员，比如"金砖四国"，"G2"和"中美共和体"。这么多样的话语表明中国作为正在崛起中国家惊人的影响力和吸引力，这可以从世界上人口最多的国家、第一大外汇储备国、第二大贸易国、第三大经济体中反映出来。随着国力的持续增长，中国被认为应该在国际政治领域发挥更重要的作用。事实上，国际关系研究领域的结构体系理论，如肯尼迪·沃尔兹和约翰·米尔斯海默，早就指出在无政府主义状态下，自主国家和全球结构互动的方式。沃尔兹强调了国家权力的决定性作用后写到，体系结构随着体系单元分配能力的变化而变化。① 米尔斯海默

　　* 本文首次发表于 *China Media Research*，2012 年第 8 卷第 2 期，第 46—55 页。文章原名"The rise of China and Global Internet Governance"。

　　** 作者简介：刘杨钺，国防科技大学讲师。译者简介：王艳，中央编译局世界发展战略研究部助理研究员。

　　① Waltz, K. (1979), *Theory of International Politics*, New York, NY: McGraw Hill.

进一步肯定了崛起大国对国际体系不可避免的冲突，因为它同时具备了能力和动机。①

按照这样的逻辑，我们不仅见证了中国与其他大国（尤其是美国）变化中的战略关系，同时也见证了中国对现存国际规则的挑战，甚至是构成逆转的过程。第二点可以从中国在 IMF 中扩张的投票权，在关于全球变暖的哥本哈根会议上坚决不妥协的立场，以及在区域合作体制中娴熟的运作技巧（比如六方会谈和上合组织）中看出来。此外，中国领导人不止一次表达了他们对"旧国际政治和经济秩序的不满"，他们旨在构建一种新的国际秩序，正如他们在中共十六大会议上所宣称的那样。旧的国际政治经济秩序由一系列国际组织、全球准则和多边条约构成，反映和保证了等级化的权力分配机制。互联网的到来及其爆炸式增长需要构建一种全球治理新秩序。哪些机构和应该以什么样的方式来治理互联网是一个典型的例子，中国试图重组，至少是改革完全由美国主导的互联网架构。

本文旨在探索中国是如何积极加入并影响全球互联网治理框架的。"互联网治理"一词在官方的定义是，各国政府、企业界和民间团体从他们各自的角度出发，对于公认的那些塑造互联网的演变及应用的原则、规范、规则、决策方式和程序所作的发展和应用。② 自从中国 20 世纪 90 年代早期开始发展互联网，就出现了大量关于中国在信息时代的政治和社会变迁的学术著作。③ 但是，很少有研究关注这个问题的反面。很多著作强调中国是如何通过多样

---

① Mearsheimer, J. (2001), *The Tragedy of Great Power Politics*, New York, NY: W. W. Norton, p. 37.

② WSIS (2005), "Tunis Aganda for the Information Society", paragraph 34, Retrieved from http://www. itu. int/wsis/docs2/tunis/off/6rev1. html.

③ Esarey, A. & Xiao, Q. (2008), "Political Expression in the Chinese Blogosphere: Below the Radar", *Asian Survey*, Vol. 48, No. 5, pp. 752 – 772; Hughes, C. & Wacker, G. (eds.) (2003), *China and the Internet: Politics of the Digital Leap Forward*, London: Routledge; Yang, G. (2009), *The Power of the Internet in China: Citizen Activism Online*, New York, NY: Columbia University Press; Zheng, Y. (2008), *Technological Empowerment: the Internet, State, and Society in China*, Stanford: Stanford University Press; Zhou, Y. (2006), *Historicizing Online Politics: Telegraphy, the Internet, and Political Participation in China*, Stanford: Stanford University Press.

化的手段来控制互联网的，它们仅仅集中在互联网的利用层面，而没有研究在全球层面中国对互联网架构的影响。① 但是，目前的研究已经否定了互联网系统是完全分权化和不受控制的说法，这就使在国内和国际互联网治理分析中，国家的回归成为可能。② 约翰·麦迪生（John Mathiason）指出，全球互联网治理的功能主要表现在三个方面：（1）技术标准，即决定网络协议、软件应用和数据格式等；（2）资源分配，比如域名以及网络协议地址的分配和管理；（3）涉及"制定、操作、服务的应用和网络协议"方面的公共政策。根据他的分类，这篇文章将分别从三个方面来探讨中国的影响。③ 关于中国在多大程度上动摇了目前互联网治理框架的说法是不一致的。在一些领域，比如国内互联网政策和域名管理方面，影响是比较明显的；而在另外一些领域影响则不达，尽管从长期来看影响力势必增长。先不说这些不同的影响，首先有必要回顾中国和互联网体系的早期互动，这将有利于我们理解互联网治理的变迁以及中国战略选择的逻辑所在。

二、中国和互联网：早期参与阶段

互联网这一可能是 20 世纪最有影响力的技术萌芽于冷战时期。④ 苏联在

---

① Goldsmith, J. & Wu, T. (2006), *Who Controls the Internet? Illusions of a Borderless World*, New York, NY: Oxford University Press; Kalathil, S. & Boas, T. (2003), *Open Networks, Closed Regimes: the Impact of the Internet on Authoritarian Rule*, Washington: Carnegie Endowment for International Peace; Open-Net Initiative (2009), "Internet Filtering in China", Retrieved from http://opennet.net/sites/opennet.net/files/ONI_China_2009.pdf.; Wacker, G. (2003), "The Internet and Censorship in China", in C. Hughes & G. Wacker (eds.), *China and the Internet: Politics of the Digital Leap Forward*, London: Routledge, pp. 58 – 82.

② Cukier, K. (2005), "Who Will Control the Internet?", *Foreign Affairs*, Vol. 48, No. 6; Giacomello, G. (2005), *National Governments and Control of the Internet: a Digital Challenge*, Oxon: Routledge.

③ Mathiason, J. (2009), *Internet Governance: the New Frontier of Global Institutions*, Oxon: Routledge, pp. 17 – 18.

④ Rosenzweig, R. (1998), "Wizards, Bureaucrats, Warriors, and Hackers: Writing the History of the Internet", *The American Historical Review*, Vol. 103, No. 5, pp. 1530 – 1552.

1957 年发射的人造卫星给了五角大楼的官员们以巨大的压力，这直接催生了美国国防部的 DARPA 计划。DARPA 的主要任务是确保美国在军事技术竞争方面保持领先优势。[①] 在这样的背景下，美国于 1969 年建立了第一个计算机网络（帕特网），旨在为服务于美国军事机构的科学家实现研究数据和信息的"封包交换"。由于互联网发展轨迹和其对美国大战略的极端重要性，在互联网的早期发展和管理中，美国具有排他性的优势并不奇怪。10/13 的根服务器位于美国；基础技术标准，如 IP 协议也是由美国技术人员发明改进的。1998年成立的 ICANN 负责全球范围内域名的分配和管理，它只对美国商务部负责，并受到加利福尼亚法律的制约。正如肯尼思·库克耶（Kenneth Cukier）指出，在互联网发展的大部分历史上，它主要是由美国技术人员和学术界主导。[②] 因此，互联网体系在全球层面并非是一个纯粹的非技术性、自治的和非政治的机制，而是由美国占绝对优势和等级化比较明显的结构。该结构包含了互联网发展所依仗的技术标准——即网络资源的分配，和与互联网有关的公共政策制定。所有这些方面都具有战略性意义，因此雷克斯·休斯（Rex Hughes）称之为"下一个战场"。[③]

中国加入了这场重要的战役，尽管在一个相对较晚的时期。1987 年，中国科学家向德国卡尔斯鲁厄大学发出了第一封邮件，只有一句话，即"跨越长城，我们可以到达世界的任何角落"。但是直到 1994 年，由于中美之间正式联系的建立，中国连接世界的全面的互联网服务才开始。事实上，在某种程度上，是美国出于政治上的考虑才推迟了中国接入国际互联网体系的进程。那时，由西方国家所构筑的对中国出口限制仍然有效，即禁止高科技的设备和机器出口到中国，而这些设备对于互联网基础发展至关重要。也有报告说，1987 年，中德

[①] Carr, M. (2009), "The Political History of the Internet: A Theoretical Approach to the Implications for US Power", Paper presented at the 2009 Conference of International Studies Association, New York.

[②] Cukier, K. (2005), "Who Will Control the Internet?", *Foreign Affairs*, Vol. 48, No. 6; Giacomello, G. (2005), *National Governments and Control of the Internet: a Digital Challenge*, Oxon: Routledge.

[③] Hughes, R. (2010), "A Treaty for Cyberspace", *International Affairs*, Vol. 86, No. 2, pp. 523 – 541.

工作小组就发出了电邮联结申请，但是美国国家科学基金会下属的 CSNET 忽视了该申请，白宫命令 CSNET 拒绝该申请，因此，中国第一封邮件只收到一份非正式的回应，既"OK"作为实验的回应。根据在建立中国互联网系统方面扮演了关键的角色的维纳·措恩教授（Werner Zorn）的说法，在中国发出第一份电子邮件之后，还有两个根本性的问题没有解决：一是美国关于中国接入互联网的官方认证；二是网络协会对中国参加设在普林斯顿国际网络学术工作坊的许可。① 中国互联网信息中心（CNNIC）也指出，在 1992 年 INET 的年会上，中国代表得到 NSF 官员的正式通知，是政治原因使中国互联网接入美国非常困难。② 结果，在最初阶段，中国在全球互联网结构中处于边缘地位，所以其影响力十分有限。但是在中国为授权接入互联网系统之后，其影响力随着网民人数火箭式增长迅速显现出来。从图 1 可以看出，中国网民的总人数从 2002年的 5900 万迅速增到到 2009 年的 3.84 亿，年均增长率为 30.6%。

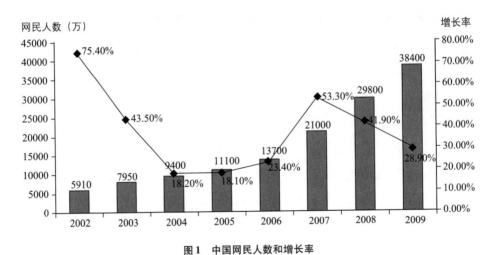

图1　中国网民人数和增长率

数据来源：CNNIC，Staristical Report on China's Internet Development，January 2010

---

① Zorn，W.（2007），"How China Was Connected to the International Computer Networks"，*The Amateur Computerist*，Vol. 15，No. 2，pp. 36 – 49.

② CNNIC.（2007），"China's Internet Memorabilia（1986 – 1993）"，Retrieved from http：//research. cnnic. cn /html/2009 – 05 – 26/1243315654d525_1. html.

2008年6月，中国的网民已占到全球网民人数的21.3%，中国超越美国，成为拥有网民最多的国家。中文网页数量之多也可以看出中国网络崛起的程度。2009年，中国拥有336亿网页，反映出中国线上活动的多样性和密集性。综合考虑互联网基础设施和使用情况，世界经济论坛提供的网络就绪指数表明，中国在2009—2010年的排名是37名，相比之前两年的46名和57名得到稳步提升（WEF，2010）。互联网能如此快速的发展不仅因为中国稳健而强劲的经济增长，也因为中国将互联网视作战略资产。比如，中国政府在2005年发布了《国家信息发展战略（2006—2020）》，其中

> 明确了互联网发展的优先地位以提升国家经济信息化程度，同时调整经济结构并转变经济发展模式；建立电子政府以加强治理能力；刺激社会服务的信息化以构建和谐社会。（国务院信息办公室，2010）

这意味着，互联网以及相关的技术已变成或被认为是中国现代化进程以及中国伟大复兴的催化剂。所以，它为中国提供了足够的理由要求互联网全球治理改革，事实上，互联网全球治理体系已经受到中国的挑战并已做出了一定的改变。

三、标准化的力量

在很大程度上，互联网体系的无缝功能是由一系列技术标准实现的，比如（TCP/IP）协议、HTML、WiFi等。这些技术和标准构成了互联网的核心。[①] 控制他们就相当于主宰了全球网络系统。于是，采用哪里的标准以及谁主导标准化的进程将毫无疑问会影响网络世界的权力结构。正如斯科特·肯尼迪（Scott Kennedy）指出："过去30年，世界范围内的标准化战争一直以

---

① Mathiason，J.（2009），*Internet Governance: the New Frontier of Global Institutions*，Oxon：Routledge，pp. 17 – 18.

信息技术的标准为特征——特别是网络技术。"①

尽管作为网络发展的一个后发国家,中国已意识到了这个问题,并积极倡导"本土创新"以实现网络空间的独立。赵月枝指出,官方政策强调重点的转化,即从强调一般意义上的信息化重要性到鼓励发展最前沿的技术创新,尤其是互联网相关的技术领域。在 2007 年中共十七大会议上,胡锦涛总书记指出国家发展战略的核心是"加强中国自主创新的能力,将中国打造为创新型国家"。支持该提议的是一系列文件、计划和项目,他们支持原始创新和标准。具体的例子有,《国家信息化战略(2006—2020)》勾勒出国家中长期科技发展的计划,《十一五规划》中有关于信息产业发展的科技发展计划以及《2020 年中长期发展纲要》。尤其是,正在起草的《国家标准战略纲要》准备将其目标定位为"提升中国标准化的国际地位,促进具有中国知识产权的技术标准成为国际标准"。结果,伴随着一系列的本土技术和标准的实施,比如,3G 移动通信标准 TD-SCDMA,WLAN 标准 WAPI,家用网络标准,IP 协议 9 等等,中国信息化产业得到跨越式发展,并实现了国际化和全球合法化。

谈到与互联网密切相关的技术,WAPI 的发展轨迹提供了一个有趣的案例,它说明中国在网络标准化方面的不懈努力和持续增加的影响。WAPI,是无线局域网鉴别和保密基础结构的简称,是中国发展的用于无线网络系统的标准。它在安全性方面的设计要比 Wi-Fi 标准高,并且在 1999 年的时候通过了 IEEE 的认证。在看到了 Wi-Fi 在技术方面的不足,中国意识到了发展本土标准的机会,它于 2001 年组建了多频无线 IP 标准工作组。两年后,WAPI 标准得以建立并由 SAC 予以发布。同时,中国政府设定了 6 个月的时限,让所有在中国市场销售的无线装置都必须符合 WAPI 标准。此外,涉及相关工业的外国公司必须和有资格的中国合伙人合作,因为出于国家安全的考虑,外国人无法参与到 WAPI 加密程序中。

这个举动,威胁到了"Wi-Fi 联盟"的利益,引起了美国强烈的抗议。

---

① Kennedy, S. (2006), "The Political Economy of Standards Coalitions: Explaining China's Involvement in High-Tech Standards Wars", *Asian Policy*, Vol. 2, pp. 41 – 62.

2004 年，美国商务部秘书长唐纳德·埃文斯（Donald Evans）、国务秘书科林·鲍威尔（Colin Powell）以及贸易代表罗伯特·佐利克（Robert Zoellick）联合给他们中国相对应的机关发信，表达他们对强制 WAPI 政策的关切，并表示这是国际贸易壁垒。① 集成电路领域的两大国际巨头，因特尔和博通公司联合起来抵制 WAPI 标准，并威胁中国，如果执行最后期限，他们将禁止相关的产品出口到中国。考虑到与美国的关系以及对高科技产品进口的依赖，中国政府勉强宣布推迟 WAPI 的执行期限。此外，中国试图使 WAPI 标准国际化的进程也由于美日在国际标准制定体系方面的主导地位而受挫。② 另一个受挫的案例是，2004 年 12 月在奥兰多举行的 ISO/IECJTC1 - S6 会议上要讨论 WAPI 标准，中国的技术代表由于美国大使馆没有及时发放签证而错过了出席会议。③

　　然而，中国政府并没有放弃看起来要搁置的 WAPI 标准。而是将其注意力从申请国际标准（已暂时被相关利益集团搁置）转到首先在国内市场使其普及化。为了实施这一战略，中国实施了一些大的工程，包括在 2008 年奥运会上和政府工程中广泛使用 WAPI，使 WAPI 成为一种事实上的工业标准。尤其重要的行动是，中国在 2006 年成立了 WAPI 工业协会，并吸收了几乎所有中国信息技术市场上重要的力量。所有的这些努力得到了回报。由美国为首的十个国家以及之前持强烈反对态度的因特尔和博通公司改变了他们的态度，在 2009 年在东京举行的 ISO/IEC JTC1/SC6 会议上，他们接受了 WAPI 标准，并一致同意将 WAPI 作为国际标准。中国国内市场巨大的规模和利益促成了这个改变。当中国决定发展其技术标准时，美国信息技术产业委员会主席兼

---

① Lemon, S. (2004), "US gov't voices opposition to China's WLAN standard", Retrieved from http://www.itworldcanada.com/news/us-govt-voices-opposition-to-chinas-wlan-standard/114030.

② Zhao, Y. (2008), "China's Pursuit for Indigenous Innovations and Technological Developments: Hopes, Follies, and Uncertainties", Paper presented at the annual meeting of the International Communication Association, Montreal, Quebec, Canada.

③ Suttmeier, R., Yao, X. &Tan, Z. (2006), Standards of Power? Technology, Institutions, and Politics in the Development of China's National Standards Strategy, *Report for the National Bureau of Asian Research.*

首席执行官迪恩·加菲尔德（Dean Garfield）曾在美国国会前说过，"美国和其他外国公司不得不制造不同的产品———一种向中国市场提供，一种向世界其他地方提供——不然的话这些产品只能滞留在市场上。考虑到中国经济的前景，后者显然不是一个好的选择。

事实上，WAPI 案例只是众多中国在互联网治理标准化进程中影响力日益增长的众多案例的其中一个。比如，Dai 评论了 TD - SCDMA（中国移动通信标准）是如何向国际社会发送出强烈信号，即中国有能力在技术发展的一些关键方面实现跨越式发展。[①] 他也指出，基于 IPv6 的中国下一代互联网示范工程所取得的进展"已被定义为中国国家级战略"，张青松教授也指出，IPv9 标准作为一个本土标准优于 IPv4 和 IPv6，已被 ISO 非正式认可，并且将会在中国互联网系统中更加重要，更加有影响力。[②]

毋庸置疑，由于美国主导网络的历史，中国在互联网治理的技术标准方面仍然处于起步阶段。但是正如 WAPI，TD - SCDMA，IPv6/v9 以及很多其他案例已表明的那样，不管是在技术还是经济领域，中国力量的火箭式增长使得其可以在全球网络结构方面起更重要的作用，甚至起到和美国一样的作用。中国试图影响标准化的努力使一些参与网络治理的西方国家感到担忧，因为"这些努力挑战了西方国家之前认为它们有高度竞争力的领域并且以此可以很容易对抗中国作为制造业大国的崛起"。[③]

四、中国和网络资源分配

互联网治理的第二个方面是与互联网有关资源的分配问题，其中域名系

---

① Dai, X. (2003), "ICTs in China's Development Strategy", in C. Hughes & G. Wacker (eds.), *China and the Internet: Politics of the Digital Leap Forward*, London: Routledge, pp. 8 - 29.

② Zhao, Y. (2008), "China's Pursuit for Indigenous Innovations and Technological Developments: Hopes, Follies, and Uncertainties", Paper presented at the annual meeting of the International Communication Association, Montreal, Quebec, Canada.

③ Kennedy, S. (2006), "The Political Economy of Standards Coalitions: Explaining China's Involvement in High - Tech Standards Wars", *Asian Policy*, Vol. 2, pp. 41 - 62.

统的分配最为关键。在网络系统中，数码信息在不同的终端中传输——这一进程被称为"封包交换"，每一个终端都以十进制的格式"xxx. xxx. xxx. xxx"被赋予32位地址（在更新的版本中是128位）。域名系统发明于1984年，由一组字母来代表其对应的数字含义。然而，伴随域名创新的一个战略性问题是谁应该管理这个系统，正如埃蒙特和休斯指出，考虑到DNS在分配、储存和检索网络地址方面的功能，它是一个重要的政治资源。DNS出现的早些年，在至少超过十年的时间里，这个重要的政治权力被两个独立的机构所把控：一个是由南加利福尼亚大学一位教授所领导的IANA，负责分配无法复制的互联网地址数据和为各个国家分配域名编码（比如中国是. cn）；另一家是美国的私人公司NSI，负责检查其他非国家的顶级域名的分配和注册，包括". com"，". org"，". edu"等等。① 美国由于对互联网管理资源的垄断而遭受到了激烈的批评，在此压力下，克林顿当局1998年建立了非盈利性的互联网公司——ICANN来应对这个压力。然而，ICANN服从加利福尼亚法律并且只对美国商务部负责，这个组织仍然体现了"美国中心"的本质。穆勒和他的同事指出，

　　　　通过ICANN体制，美国成功的建立了一个非国家角色参与，但事实上由其主导的管理机制。美国政府将关键的政策制定功能私有化和国际化，但是仍然为其保留了相当程度的权威，它就像ICANN的承包商，还断言对根域名系统的"政策权威"。美国保留了审视和批准ICANN关于根区文件任何变化的权力。②

　　上面提到的ICANN的组织架构，其设计是有利于美国以及私人部门的：因此，它几乎没有为其他国家分享权力留下空间。事实上，政府参与的唯一

---

① Ermert, M. & Hughes, C. (2003), *What's in a Name? China and the Domain Name System*, Oxon: Routledge, p. 127.

② Mueller, M., Mathiason, J. & Klein, H. (2007), "The Internet and Global Governance: Principles and Norms for a New Regime", *Global Governance*, Vol. 13, No. 2, p. 240.

途径是政府咨询委员会（GAC），但它仅仅被授权"考量并为 ICANN 的活动提意见"。毫无疑问，这个制度安排受到了中国和其他发展中国家尖锐的批评和反对，尤其是考虑到 2007 年 ICANN 委员会 21 个委员中没有一个是中国人，并且只有一个是国家代表。在 2003 年信息社会的世界峰会上，信息产业部部长王旭东提出了一种不同的制度安排，他指出："我们呼吁在互联网相关的公共政策领域有更多的政府组织参与和协调以构建一种更加和谐的互联网环境以促进互联网的发展"。在两年后的突尼斯峰会上，副总理黄菊进一步明确了中国的态度，即全球互联网治理应该遵循"政府主导，多利益主体参与，政策民主，透明高效"的原则。通过宣传这些主张，中国事实上在倡导建立国家间的组织——类似 ITU——通过政府间代表的辩论和协商履行职责，这其实是直接呼吁改变目前 ICANN 的架构。

这些原因在很大程度上解释了中国为什么直到 2009 年才加入 ICANN。丽贝卡·麦金农，一位研究中国和研究互联网领域的专家指出，中国最近加入 ICANN 最大的动机在于它要抓住与中文域名利益相关的权威。最开始，DNS 仅局限于拉丁文地址，这就使 DNS 决定要开放很多的互联网资源后，谁将获得以及控制非拉丁文域名变得非常关键。2000 年，一家名为 VeriSign 的美国公司，宣布其可以注册非拉丁文域名，包括可以注册中文域名。但是当中国强烈反对并声称"中国人应该管理中国的域名"时，该公司并没有进一步发展中文域名，这使得中国进一步疏远了 ICANN 和以美国为中心的互联网资源分配系统。在中国重返 ICANN 至少一年内，ICANN 就同意中国管理中文字域名——以简体版或繁体版的问题——并未取得完全一致。[①] 事实上，ICANN 同样需要中国的合作，很难想象一个占全球网民人数的五分之一的国家没有积极参与的国际性组织该如何保持其合法性。结果，ICANN 同意中国管理中文域名，可以视作 ICANN 和中国加入该组织的一个交换。

然而，它们关系的蜜月期是临时和不稳定的，因为中国和以美国为中心

---

① China Daily（2010），"CNNIC：'. Zhongguo' domain name approved"，Retrieved from http：//www2. chinadaily. com. cn/china/201004/28/content_ 9787727. htm.

的 ICANN 结构性矛盾依然存在。双方都想控制域名管理和地址分配的权力。从中国的角度来看，每一个国际性机构都应该是政府主导而不是私人部门主导，更不用说在关系到中国未来发展和繁荣的大战略——互联网管理领域。因此，中国从未暴露过其要改革甚至是破除目前 ICANN 架构及其相关的机构的雄心。比如，2006 年首次于雅典召开的国际互联网论坛是 WSIS 的继任机构，为互联网治理的多利益主体提供了讨论的空间。在出席了三次年会之后，中国于 2009 年指出，IGF 在 5 年任期结束之后不应该有新的发展。中国不支持 IGF 的主要理由在于，正如来自工信部的中国代表指出：由单边控制关键资源的 IGF 不能解决实际问题。随着中国在网络空间实力的增长，尤其是在技术能力和潜在用户群方面，中国与以美国为主导的机构为争夺资源分配权的斗争也会持续下去，从这个角度来讲，ICANN 和其子公司的前途也比较灰暗。

五、互联网主权 vs 华盛顿共识

无论是在技术标准还是资源分配方面，中国日益成为现存互联网治理架构的潜在反对者，它成为主张重新定义互联网公共政策全球标准的组织者。这些标准包括，一旦公众被授权接入互联网，公众如何获取互联网内容和使用互联网申请，包括已存在的互联网搜索、E-mail、网上论坛、社会网络和其他服务。正如互联网技术早期历史所表明的那样，一小部分美国科学家和工程师主导了互联网体系最开始的设计和管理，它只允许和美国政府有关的机构以及实验室接入互联网。由于申请者和使用者非常有限，使得对互联网的控制和调整也不太可能。杰恩·罗杰斯注意到了互联网发展的影响并支持"不管是有意还是无意，互联网都天然地成为分权化的沟通技术，它可以成为个人和机构直接或非直接的沟通渠道。

因此，在互联网早期用户中早已深刻认识到这个特征以及分权化的本质，这些用户无一例外地来自由美国主导的 OECD 国家以及欧洲。它进一步发展成一种共识，即互联网应该远离政府的控制和审查，因为它赋予公民信息和表达自由。与此同时，西方国家的私人部门也在呼吁重新控制网络空间以扩大商业化网络服务和产品的利润。Giacomello 以美国为例一针见血地指出："公民自由、消费者组织、用户团体和 ICT 工业的交叠利益使他们开始合作并集体行动以争取政府不插手互联网领域"。① 早在 1994 年克林顿执政期间，美国就设想了"信息高速公路"的前景，在布宜诺斯艾利斯举行的 ITU 世界电信发展会议上介绍并提出了美国的原则——是市场导向且政府不能插手。② 也许关于互联网自由最清楚的表述可以从美国国务卿希拉里·克林顿的讲话中看出来，她宣称：

> 最终的自由符合我曾经提到过的：联系的自由——政府不能阻止人们联结互联网、网页以及彼此……美国将坚定地运用外交、经济以及技术方面的资源来捍卫这些自由。

这个演讲不仅得到了支持互联网自由的公民团体和非政府组织的支持，也得到了其他西方国家政治人物和政策制定者的拥护。比如，法国外长贝尔纳·库什内指出，捍卫互联网的基本自由必须是互联网治理首要关注的问题。基本上，关于解除互联网管制的新自由主义的方法符合华盛顿共识的信条，即私有化、市场化和自由。③

　　与此相对应，中国政府追求一种截然不同的路径，即以国家严格管理互联网及严密监测网络内容为基本特征。这部分是由于其威权的政治体制，中国寻求一种控制方法来实施其压制政策，这遭到了非政府组织、活动家和政治人物的猛烈批评。中国互联网控制的核心是"一个世界上最大、最复杂的过滤系统"，正如在开放网络促进会中所见。中国的过滤系统，即"长城防火

---

　　① Giacomello, G. (2005), *National Governments and Control of the Internet: a Digital Challenge*, Oxon: Routledeg, p. 103.

　　② Hundt, R. (2000), *You Say You Want a Revolution: A Story of Information Age Politics*, Yale University Press.

　　③ Kouchner, B. (2010), "The Battle for the Internet", *New York Times*, March 13.

墙"能够探测出网络上敏感的关键词,封锁目标地址和网页,进而阻止用户获取被政府视作非法的和有害的信息。① 为了清除不适宜的信息和行为,政府不同的部门建立了一系列的法律和法规来管理个人用户和网络服务提供商。这些法律定义了非法的内容,包括"危害国家安全,与国家政治理论相抵触,以非法的公民组织进行活动,组织非法集会或扰乱社会秩序"②。

　　不像西方所形成的互联网天然无边界的思维定势,中国关于互联网治理的路径假设是:网络空间是国家主权的自然延伸或者说新领域。从这个角度来说,民族国家在互联网系统中应该拥有毋庸置疑的权威。这个观点由中国国家关于互联网的报告中得到体现,它宣称:"中国政府相信互联网是国家重要的基础设施。"在中国领域内,互联网在中国主权的管辖之下。中国的网络主权应该得到尊重和保护。通过宣传这些注重,中国改变了以市场为导向、无边界的互联网系统的西方规则,其转向另外一边,即认为安全高于自由。结果,当约翰·伊肯伯里很乐观地在讨论美国主导的"自由的互联网秩序"的未来时,中国在互联网治理方面提出了一种替代方案,这不仅对西方模式构成挑战,同样对其邻国以及其他发展中国家产生了影响。③

　　缅甸和越南开始模仿中国互联网的国家管理模式。由于网络传播而导致的大众动员和信息扩散,缅甸于 2007 年爆发了番红花革命,目前该国已向中国派遣官员学习其信息技术;而越南也在设计基于中国过滤和封锁信息的互联网防火墙装置。④ 甚至该区域内的民主政体也不能完全抵制中国路径的吸引。比如,印度尼西亚信息官员 Tifatul 在谈到网络媒体时,指出:"我认为我

　　① OpenNet Initiative. (2009), "Internet Filtering in China", Retrieved from http: //opennet. net/sites/opennet. net/files/ONI_China_2009. pdf. ; Goldsmith, J. & Wu, T. (2006), *Who Controls the Internet? Illusions of a Borderless World*, New York, NY: Oxford University Press.

　　② OpenNet Initiative. (2009), "Internet Filtering in China", Retrieved from http: //opennet. net/sites/opennet. net/files/ONI_China_2009. pdf.

　　③ Ikenberry, J. (2010), "The Liberal International Order and its Discontents", *Millennium-Journal of International Studies*, Vol. 38, pp. 509 –521.

　　④ Cain, G. (2009), "The Cyber-Empire Strikes Back", *Far Eastern Economic Review*, Vol. 172, No. 2, pp. 50 –52.

们介于中国和美国之间。是的，我们是自由的。但是自由伴随着责任"。[1] 这些实际案例有力地支撑了 Cain 的预言，即在中国日益增强的影响下，西方大国在亚洲的影响式微，互联网监管在这个区域不是反复的潮流而是日益向前发展。从这个意义上说，中国对互联网治理全球规范的影响并不是微不足道的，而是颠覆性的。

六、结论

考虑到互联网对经济、安全甚至是意识形态方面的影响，"在当前世界，互联网治理系统成为最激烈的地缘政治斗争地"。[2] 由于美国科学家和工程师的历史贡献，目前由美国主导的互联网治理体制还要持续 20 年以上，其实美国并不愿意放弃它的权威。本文讨论了中国在全球互联网治理领域的参与，尽管中国参与比较晚，但是中国已经挑战或甚至在一定程度上改变了以美国为首的互联网治理的技术、机构和社会标准。

在技术标准方面，中国为将其本土创新的成果提升为国际标准以及成为下一代网络的领军者做了大量的努力，由此在之前被西方国家视为其拥有唯一优势的领域开拓了一个战场。在互联网资源分配方面，中国强烈反对目前基于美国主导的 ICANN，以及私人为导向的分配域名和互联网地址的制度安排。中国坚持这样的反对态度，从中国获得中文域名的分配权威就可以看出中国现在已在有限的互联网资源分配领域获益。然而，从其不断呼吁更广泛的政府代表参与 ICANN 和相关机构的改革，就可以预测中国会继续反对目前互联网资源分配体制。此外，中西方国家关于互联网公共政策的标准及原则方面存在巨大的分歧。长久以来，西方追求新自由主义，在互联网体制中追求自由、市场和私有化；而中国是极端对立面，它强调安全和监管，这在一

---

① Norimitsu, O. (2010), "Debate on Internet's Limits Grows in Indonesia", *New York Times*, April 19.

② Drissel, D. (2006), "Internet Governance in a Multipolar World: Challenging American Hegemony", *Cambridge Review of International Affairs*, Vol. 19, No. 1, p. 116.

定程度上源于其政治体制和外交关系。这个路径看起来对中国邻国有影响，比如缅甸、越南和印度尼西亚。

　　然而，中国在互联网全球治理中所起的作用不应该无限放大和过度渲染。目前，互联网治理的国际体制依然全面牢牢掌握在美国手中。比如，2007 年在 ICANN 21 个代表委员中，美国人就有 7 个，占总决策人数的三分之一。中国挑战美国主导的互联网体制主要是源于其快速发展的互联网产业和作为促进国家发展和现代化催化剂的国家信息化产业的大战略。这种有中国特色的国家发展战略，强调对互联网的国家监管，不仅因为互联网的内容和易接入性，也因为其关键的基础设施、资源和独立的技术。因此，从中国要构建富强、和谐国家的中长期目标来看，中国显示其影响的三个方面是相互关联和交织在一起的。从这个意义上，有理由相信崛起的中国和互联网全球治理体制的故事才刚刚开始。